SCHRIFTENREIHE ANTRIEBSTECHNIK

Herausgegeben von der

Fachgemeinschaft Getriebe und Antriebselemente

im Verein Deutscher Maschinenbau-Anstalten e. V. (VDMA)

Heft 4

Reibscheiben-Regelgetriebe

bearbeitet von

Dr.-Ing. **W. Thomas**

herausgegeben von

Prof. Dr.-Ing. **Gustav Niemann,** T. H. München

Springer Fachmedien Wiesbaden GmbH

ISBN 978-3-663-00978-8 ISBN 978-3-663-02891-8 (eBook)
DOI 10.1007/978-3-663-02891-8
1954

Ursprünglich erschienen bei Springer Fachmedien Wiesbaden 1954
Softcover reprint of the hardcover 1st edition 1954

V O R W O R T

Die vorliegende Arbeit entstand im Institut für Maschinenelemente der Technischen Hochschule Braunschweig. Sie wurde auf Anregung des Leiters des Institutes, Herrn Prof. Dr.-Ing. G.Niemann, begonnen mit dem Zweck, über die bislang vorliegenden Arbeiten über Reibscheiben-Regelgetriebe, die sich nur mit den kinematischen Verhältnissen und den einfachen Kräftebeziehungen befassen, hinaus die theoretische Behandlung der Werkstoffpaarung, die Erfassung der Belastungsgrenzen, der Verluste und der Lebensdauer vorzunehmen, und durch Versuche die zur Berechnung notwendigen Kennwerte der Werkstoffpaarung zu bestimmen.

Die Grundlagen des theoretischen Teiles für die einfache Reibpaarung stammen aus gemeinsamer Arbeit von Herrn Prof. Dr.-Ing. C. Weber, Dresden, und Herrn Prof. Dr.-Ing. G. Niemann, Braunschweig, und sind von Herrn F. Kutter in der Diplom-Arbeit "Theoretische Untersuchung eines Reibgetriebes" am Lehrstuhl für Festigkeitslehre der Technischen Hochschule, Dresden (Prof. Dr.-Ing. C. Weber), weiter ausgearbeitet worden.

Aufbauend hierauf sind in der vorliegenden Arbeit ausgedehnte theoretische Untersuchungen über verschiedene Systeme von Reibscheiben-Regelgetrieben durchgeführt, um zu einer vergleichenden Beurteilung derartiger Getriebe zu kommen.

Zur Bestimmung der Kennwerte der Werkstoffpaarungen wurde ein geeignetes Prüfverfahren festgelegt, die Prüfeinrichtungen entworfen und gebaut, das notwendige Versuchsmaterial beschafft und die Versuche durchgeführt.

Braunschweig, Sommer 1954

W. Thomas

INHALTSÜBERSICHT

ERSTER TEIL

ZWEITER TEIL

ERSTER TEIL

1. Einführung

1.1 Arten, Anwendung und Eigenschaften der Reibscheiben-Regelgetriebe

In der Praxis werden Reibscheiben-Regelgetriebe in zahlreichen Ausführungsformen angewendet.
Die Eigenart dieser Getriebe liegt
1. in der Übertragung von Umfangskräften durch Reibung zwischen zwei sich berührenden Wälzkörpern und
2. in der stufenlosen Veränderung des Abstandes der Reibstelle von der Drehachse der einen Reibscheibe.

Derartige Getriebe findet man
1. als Regelgetriebe für Steuer-, Meß- und Rechengetriebe [6] [+)], wobei nur geringe Kräfte zu übertragen sind (z.B. Planimeter).
2. als Regelgetriebe in Antrieben oder Vorschüben von Werkzeugmaschinen, Papiermaschinen, Textilmaschinen und Hebezeugen, wobei eine Leistung zu übertragen ist. Diese Getriebe sollen nachfolgend als "Leistungs"-Getriebe behandelt werden.

Die in der Praxis vorhandenen Ausführungen von Reibscheiben-Regelgetrieben haben teils Punktberührung, teils Linienberührung. Sie haben sich bislang nur für kleinere Leistungen bewähren können. Bei größeren Leistungen werden die Bauabmessungen sehr groß.
Für einen Vergleich der Reibscheiben-Regelgetriebe mit feinstufig regelbaren Zahnrad-Getrieben, stufenlos regelbaren hydraulischen Getrieben und stufenlos regelbaren Elektromotoren gleicher Leistung und gleichen Regelbereiches ist anzuführen:

1. Zahnrad-Getriebe zeigen etwa gleiche oder etwas kleinere Bauabmessungen, geringere Lagerdrücke, kleinere Verlustleistung, kleinere Erwärmung, kleineren Verschleiß und größere Lebensdauer. Der Wirkungsgrad liegt infolge der geringen Verlustleistung sehr hoch (98%). Bei feiner Abstufung ist der Preis höher als der der Reibscheiben-Regelgetriebe, bei grober Abstufung niedriger.

2. Stufenlos regelbare hydraulische Getriebe ergeben eine bequeme Möglichkeit, die Drehzahl sehr sanft zu ändern, sogar über die Drehzahl Null in die umgekehrte Drehrichtung zu regeln. Sie sind in den Bauabmessungen größer als Reibscheiben-Regelgetriebe und konstruktiv erheblich komplizierter.
   Die feine Passungsarbeit (Vermeidung von Leckverlusten) bedingt einen höheren Preis. In Bezug auf Verlustleistung liegen diese Getriebe ungünstiger, besonders im Gebiet kleiner Abtriebsdrehzahlen liegt der Wirkungsgrad niedriger als bei hochwertigen mechanischen Getrieben. Die Spitzenwirkungsgrade erreichen 88%. Hydraulische Getriebe zeigen auch den Nachteil unangenehmer Laufgeräusche.
   Die Gesetzmäßigkeit der Regelung ist bei diesen Getrieben entweder durch konstantes Drehmoment bei Veränderung der Drehzahl und Leistung oder durch Veränderung des Drehmoments bei konstanter Leistung und veränderlicher Drehzahl gekennzeichnet.

[+)] Die in eckigen Klammern angegebenen Zahlen bezeichnen die laufende Nummer im Schrifttumsverzeichnis S. 79

3. Die elektrischen Regelmethoden (Gleichstrom-Nebenschlußmotor mit Erregungsänderung, Zu- und Gegenschaltung beim Gleichstrommotor, Drehstrom-Nebenschluß - Kollektormotor, stufenlose Frequenzumwandlung u.a.) gestatten ebenfalls eine stufenlose Änderung der Drehzahl. Als Nachteil ist anzuführen, daß die elektrischen Verstellmotore zu teuer und baulich zu groß werden. Dazu kommt, daß der Wirkungsgrad vor allem bei geringen Drehzahlen erheblich abfällt. Spitzenwirkungsgrade liegen bei 92%. Bei elektrischen Verstellmotoren ist durch entsprechende Wahl der Widerstände jede gewünschte Gesetzmäßigkeit in der Regelung zu erreichen.

4. Die mechanisch stufenlos regelbaren Getriebe lassen eine einfache und bequeme Regelung ohne Unterbrechung des Kraftflusses zu. Die Bauabmessungen sowie die Wirkungsgrade erreichen bei ausgewählten Konstruktionen die gleiche Größe wie die von Zahnradgetrieben. Der Wirkungsgrad fällt von einem Spitzenwert (98%) bei kleinerer oder größerer Abtriebsdrehzahl ab, allerdings nicht so stark, wie bei Flüssigkeitsgetrieben und elektrischen Verstellmotoren. Die Erwärmung kann bei guten Reibscheiben-Regelgetrieben infolge der geringen Verlustleistung beherrscht werden. Es läßt sich eine große Lebensdauer erreichen, die allerdings hinter der der Zahnradgetriebe zurückbleibt. Im Preis liegen die Reibscheiben-Regelgetriebe besser als die übrigen stufenlosen Getriebe, (grobabgestufte Zahnradgetriebe liegen niedriger).

1.2 Typische Reibscheiben-Regelgetriebe

Einige typische Beispiele für ausgeführte Reibscheiben-Regelgetriebe zeigt Bild 1,1 bis 8. [9]

1. Das Wesselmann-Getriebe [1)] mit zwei Planscheiben [1] entsprechend Bild 1,1, verwendet für Bohrmaschinen-Antriebe.
2. Der Prym-Köhl-Trieb [2)] mit Außen- und Innenkegel [2] entsprechend Bild 1,2, verwendet für Werkzeugmaschinen-Antriebe und sonstige Arbeitsmaschinen.
3. Das Heynau-Getriebe [3)] mit je einem verstellbaren Kegelscheibenpaar auf Antriebs- und Abtriebswelle und einem beide umfassenden Stahlring als Übertragungsmittel [1,2,5] entsprechend Bild 1,3, verwendet für Werkzeugmaschinen-Antriebe und sonstige Arbeitsmaschinen.
4. Der Flender-Variator [4)] mit je einem verstellbaren Kegelscheibenpaar auf Antriebs- und Abtriebswelle und einem beide gemeinsam umfassenden Riemen als Übertragungsmittel [1,5] entsprechend Bild 1,4, verwendet für Werkzeugmaschinen-Antriebe und sonstige Arbeitsmaschinen.

---

1) Baufirma Wesselmann-Bohrer und Co., Gera/Thür.
2) Baufirma William Prym, Stolberg/Rheinland
3) Baufirma Heynau, Leipzig
4) Baufirma A. Friedr. Flender und Co., Bocholt/Westf.

5. Das Sack-Getriebe [5] mit zwei konischen Walzen, einem beide umfassenden Stahlring und einer Rolle zwischen den Walzen [4,5] entsprechend Bild 1,5, verwendet für Getriebe bei Drillmaschinen.
6. Das Hayes-Getriebe mit schwenkbaren Rollen zwischen zwei entsprechend profilierten Reibscheiben [4] entsprechend Bild 1,6, verwendet als Fahrzeuggetriebe.
7. Das Grade-Reibradgetriebe mit Tellerscheibe [4] entsprechend Bild 1,7, verwendet für Fahrzeuggetriebe.
8. Das Arter-Getriebe [6] mit schwenkbaren Kegeln zwischen zwei entsprechend profilierten Reibscheiben [5] entsprechend Bild 1,8, verwendet für Werkzeugmaschinen-Antriebe.

1.3 Aufgabenstellung für die vorliegende Arbeit

Während in den bislang vorliegenden Arbeiten über Reibscheiben-Regelgetriebe nur die kinematischen Verhältnisse und die Kraftbeziehungen der einfachen Regelgetriebe untersucht wurden, soll es die Aufgabe der vorliegenden Arbeit sein

1. die theoretischen Grundlagen zur Erfassung der Belastungsgrenzen, der Verlustleistung, der Lebensdauer zu schaffen, um zu vergleichender Beurteilung derartiger Getriebe zu kommen.
2. einige typische Baumöglichkeiten hinsichtlich der übertragbaren Leistung und Verluste mit Hilfe theoretischer Kennwerte zu vergleichen.
3. für einige typische Werkstoffpaarungen die zur Berechnung erforderlichen Kennwerte wie Reibwert, Verschleißwert, Elastizitätsmodul, maximal ertragbare Flächenpressung und maximal ertragbare Temperatur durch Verluste zu ermitteln.

2. Theoretische Grundlagen für die Untersuchung

2.1 Aufbaumöglichkeiten für Reibscheiben-Regelgetriebe

Reibscheiben-Regelgetriebe bestehen in ihrer einfachsten Form aus Antriebsscheibe und Abtriebsscheibe, von denen eine einen Reibring [7] trägt, der die andere entweder punktförmig oder linienförmig berührt. An dieser Berührungsstelle werden beide Scheiben mit einer Anpreßkraft aufeinander gedrückt. Bei Drehung der einen Scheibe wird durch die zwischen beiden Scheiben auftretende Reibung die andere ebenfalls in Drehung versetzt. Diese Kombination zweier Reibscheiben als Element eines Reibscheiben-Regelgetriebes wird als einfache Reibpaarung bezeichnet. Zur Ausführung des Regelvorgangs wird eine der beiden relativ zur anderen so verschoben, daß unter Aufrechterhaltung der Berührung das Verhältnis der wirksamen Halbmesser

---

5) Baufirma Sack, Leipzig
6) Baufirma J. Arter, Männedorf, Schweiz, Kanton Zürich
7) Bei Veränderung der Berührungsstelle durch Wälzen statt durch Verschieben ist es möglich, auch die Gegenfläche als volle Lauffläche statt einer Ringfläche auszubilden

r_1/r_2 der jeweiligen Laufbahnen sich verändert. Entsprechend ändert sich das Drehzahlverhältnis n_1/n_2 und umgekehrt das Drehmomentverhältnis M_2/M_1. Abgesehen von den Verlusten im Getriebe bleibt dabei das Produkt aus Drehmoment und Drehzahl für An- und Abtriebscheibe das gleiche.

Die Mannigfaltigkeit der Aufbaumöglichkeiten einfacher Reibpaarungen ergibt sich daraus, daß An- und Abtriebsscheibe verschiedene Grundformen haben können. Eine Übersicht über die Aufbaumöglichkeiten einfacher Reibpaarungen gibt Bild 2. Die Durchführung der Regelmöglichkeit ergibt sich aus der Bedingung, daß sich in jeder Regellage beide Scheiben berühren müssen. Die Regelbewegung wird also entsprechend der Grundform der An- bzw. Abtriebsscheibe entweder durch eine geradlinige Verschiebung oder durch eine Schwenkung auf einem Kreisbogen ausgeführt.

Neben den verschiedenen Möglichkeiten der Grundformen einfacher Reibpaarungen bestehen noch die verschiedenen Möglichkeiten ihrer Anordnung:

1. Hintereinanderschaltung zweier oder mehrerer einfacher Reibpaarungen (Bild 3, 1 und 2).
2. Parallelschaltung zweier oder mehrerer einfacher Reibpaarungen (Bild 3, 3).
3. Kombinierte Parallel- und Hintereinanderschaltung zweier oder mehrerer einfacher Reibpaarungen (Bild 3, 4 und 5).

Bei der Anwendung der einfachen Reibpaarung als Getriebe hat man den Nachteil, zur Ausführung des Regelvorgangs entweder den gesamten Antrieb oder den gesamten Abtrieb mitzubewegen. Durch Hintereinanderschalten einfacher Reibpaarungen kann erreicht werden, daß die feste Lage der An- und Abtriebswelle erhalten bleibt und zur Ausführung des Regelvorgangs nur Zwischenteile bewegt zu werden brauchen. Für die praktische Anwendung stellt dies einen besonderen Vorteil dar.

In Bild 3 sind einige Aufbaumöglichkeiten von Hintereinanderschaltung, Parallelschaltung und kombinierter Parallel- und Hintereinanderschaltung zweier oder mehrerer einfacher Reibpaarungen dargestellt.

2.2 Maßgebliche Gesichtspunkte für die Bemessung und die Beurteilung der Reibscheiben-Regelgetriebe

Für die Bewertung und Weiterentwicklung von Reibscheiben-Regelgetrieben als Leistungsgetriebe sind folgende Punkte von Bedeutung:

1. die maximal übertragbare Leistung
2. die Baugröße
3. der maximale Regelbereich als das Verhältnis von minimaler zu maximaler Abtriebsdrehzahl
4. die Reibungsverluste der Reibpaarung (Wirkungsgrad)
5. die Lebensdauer der Reibpaarung
6. die Erwärmung infolge der Reibungsverluste der Reibpaarung.

Außerdem können Laufruhe und Geräusch, Betriebssicherheit und geringe Anforderung an die Wartung von Bedeutung sein.

Zur Beurteilung von Punkt 1 bis 6 werden von Seiten der Werkstoffpaarung folgende Kennwerte benötigt:

1. der Reibwert μ
2. der Verschleißwert f in g oder cm^3 pro PSh - Reibarbeit
3. der Elastizitätsmodul E in kg/cm^2
4. die maximal ertragbare Wälzpressung k_{zul} bzw. die maximal ertragbare Hertz'sche Pressung p_{zul} in kg/cm^2
5. die maximal ertragbare Temperatur t_{zul} in ^oC

Je nach den vorliegenden Verhältnissen und Umständen sind für die Bemessung von Reibscheiben-Regelgetrieben verschiedene Belastungsgrenzen maßgebend.

1. Belastungsgrenze durch die Wälzfestigkeit

   Die höchst zulässige Wälzpressung in der Berührungsfläche begrenzt die Anpreßkraft, die in der inneren Regellage, also beim kleinsten Reibscheibenradius aufgewendet werden darf. Die Begrenzung der Anpreßkraft bedeutet eine Begrenzung des Drehmoments.

2. Belastungsgrenze durch höchst zulässigen Verschleiß

   Der Verschleiß darf einen höchst zulässigen Wert nicht überschreiten, da sonst die Lebensdauer der Werkstoffpaarung zu gering wird.

3. Belastungsgrenze durch höchst zulässige Reibungsverluste

   Die Reibungsverluste dürfen einen höchst zulässigen Wert nicht überschreiten, da der Reibwirkungsgrad sonst zu schlecht wird.

4. Belastungsgrenze durch höchst zulässige Erwärmung

   Die Reibungsverluste bedingen durch Umwandlung der geleisteten Reibarbeit in Wärme eine Erwärmung des Getriebes. Diese Erwärmung wird bei Überschreitung einer höchst zulässigen Grenze für die Reibungsverluste zu hoch, da die Wärme nicht mehr in genügendem Maße abgegeben werden kann.

2.3 Voraussetzungen und Vorbehalte für die theoretische Untersuchung

Für die theoretischen Untersuchungen, die eine allgemeine Anwendbarkeit für alle Anordnungsmöglichkeiten haben sollen, werden folgende Voraussetzungen und Vorbehalte gemacht:

1. der Reibwert μ ist konstant
2. die Berührung beider Reibscheiben erfolgt in einer Linie. Durch die elastische Formänderung wird diese Berührungslinie zur Berührungsfläche von der Form eines Rechtecks
3. der Verschleiß ist als gleichmäßig über die ganze Berührungsfläche angenommen. [8]
4. der Schlupf infolge der elastischen Formänderung bleibt unberücksichtigt. [7]
5. bezogen auf die Gesamtbetriebszeit wird das Getriebe in jeder Regellage gleichmäßig lange gefahren
6. die Konstruktion des Getriebes soll so ausgeführt sein, daß die Anpreßkraft proportional der Umfangskraft gehalten wird

Bei Hintereinander- und Parallelschaltung sind evtl. Abweichungen im einzelnen bei der Untersuchung angegeben.

2.4 Das Kegelscheibengetriebe als Grundlage für sämtliche Arten von Scheibengetrieben

2.4.1 Bezeichnungen und Dimensionen (Seite 7 u. 8)

2.4.2 Die einfache Reibpaarung [7a]

Als Element eines Reibscheiben-Regelgetriebes wurde unter 2.1 die einfache Reibpaarung, bestehend aus An- und Abtriebsscheibe, bezeichnet.
Möge bei einer einfachen Reibpaarung die Ausbildungsform von An- und Abtriebsscheibe gewählt sein wie sie wolle, in jedem Fall und für jede Regelstellung läßt sich das Getriebe als momentanes Kegelscheibengetriebe auffassen. (Bild 4: Antrieb: Kugelteil; Abtrieb: Kegelscheibe; für die gegebene Regelstellung ist der momentane Ersatzkegel gestrichelt eingezeichnet.)

Beim Aufeinanderpressen von An- und Abtriebsteil wird eine Druckfläche erzeugt, in der die erzeugte Reibkraft in Umfangsrichtung als Umfangskraft U wirkt.
In der Regelstellung mit der Übersetzung i=1:1 liegt, wenn man den Schlupf durch elastische Formänderung [7] vernachlässigt, reines Abwälzen vor. In allen anderen Regellagen wird in der Druckfläche stets ein geringer Schlupf vorhanden sein. Die Druckfläche ist ein Rechteck und der Verschleiß ist über die Druckfläche gleichmäßig.

Bei längerem Betrieb in einer Regelstellung würde allerdings die Druckfläche durch ungleichen Verschleiß infolge verschiedenen Schlupfes der einzelnen Flächenelemente von dieser Rechteckform abweichen [8]. Durch Veränderung der Regelstellung gleicht sich der unterschiedliche Verschleiß schnell wieder aus. (In [8] ist im übrigen nachgewiesen, daß die Berücksichtigung des ungleichmäßigen Verschleißes und der anders geformten Druckfläche gegenüber gleichmäßigem Verschleiß bei Rechteckform keine wesentliche Änderung der Ergebnisse bringt.)

Bei den einfachen Reibpaarungen werden alle Größen, die sich auf den Antriebsteil (Scheibe 1) beziehen, mit dem Index 1, diejenigen, die sich auf den Abtriebsteil (Scheibe 2) beziehen, mit dem Index 2 bezeichnet.

Der Reibring ist voraussetzungsgemäß auf der Abtriebsscheibe angebracht. Durch Anwendung einer geeigneten Konstruktion wird das selbsttätige Einstellen der Normalkraft in Abhängigkeit vom Abtriebsmoment $M_2 = U.r_2$ bewirkt. r_2 bezeichnet den Reibringhalbmesser. Dabei bleibt für jede Regellage das Verhältnis U/N = konst.

Der Momentanzustand irgendeiner Anordnung einer einfachen Reibpaarung ist durch 2 Kegelscheiben gegeben. (Bild 5). In der Druckfläche tritt Schlupf auf, d.h. die Umfangsgeschwindigkeit v_2 der Scheibe 2 ist in der Mitte der Berührungsfläche etwas kleiner als die Umfangsgeschwindigkeit v_1 der Scheibe 1. Bei beiden Scheiben

7a) Da die Diplom-Arbeit von Herrn Fritz Kutter [8] nicht veröffentlicht worden ist, wird ein Teil derselben inhaltlich in der vorliegenden Arbeit als Unterlage für die weiteren Untersuchungen übernommen. Es sind dies die Abschnitte 2.4.2 bis einschließlich 2.4.6.3. Auch befindet sich in dieser Diplom-Arbeit das grundlegende Zustandsdiagramm (Bild 14), welches in der vorliegenden Arbeit entsprechend den Anforderungen derselben abgeändert und erweitert ist. Im einzelnen wird in den oben angegebenen Abschnitten auf die Diplom-Arbeit Kutter nicht weiter hingewiesen.

2.4.1 Bezeichnungen und Dimensionen

Bez.	Dim.	Benennung
A	kg	Achsialkraft
α	Grad	Winkel zur Angabe der Regelstellung
α_k	•	Wärmeübergangszahl
b	cm	Druckflächenbreite
β	Grad	halber Kegelöffnungswinkel
c	cm	Abstand
d	cm	Abstand
δ	Grad	Steigungswinkel der Schraubenrille
E	kg/cm^2	Elastizitätsmodul der Werkstoffpaarung
E_1	kg/cm^2	E-Modul des Werkstoffs 1
E_2	kg/cm^2	E-Modul des Werkstoffs 2
ε		relativer Leistungsverlust
ε_m		mittl. relativer Leistungsverlust
ε'_m		Kurzbezeichnung für Ausdruck mit ε_m
$(\varepsilon_m)_{min}$		minim. mittl. relat. Leistungsverlust
ε_{m_v}		Vergleichszahl für mittl. relat. Leistungsverlust
$(\varepsilon_{m_v})_{\mu+Schw}$		Vergleichszahl für ε_m bei schwankendem Reibwert
F_k	m^2	wirksame Kühlfläche
f	g/PSh cm^3/PSh	Verschleißwert des Reibwerkstoffes
φ	Grad	Hilfswinkel
H	h	Lebensdauer
H'		Kurzbezeichnung für Ausdruck mit H
H_v		Vergleichszahl für Lebensdauer
$(H_v)_{\mu+Schw}$		Vergleichszahl für H bei schwankendem Reibwert
J_1		Integralwert (Bild 11)
J_2		Integralwert (Bild 11)
i		Übersetzungsverhältnis $\frac{n_{Antrieb}}{n_{Abtrieb}}$
k	kg/cm^2	Wälzpressung
k_{zul}	kg/cm^2	zulässige Wälzpressung
L	PS	Leistung

Bez.	Dim.	Benennung
L_R	PS	Reibleistung
ΔL	PS	Leistungsverlust
l	cm	Reibringbreite
l_a	cm	Länge von Koordinatenanfangspunkt bis Außenkante der Druckfläche
l_i	cm	Länge von Koordinatenanfangspunkt bis Innenkante der Druckfläche
l'		Kurzbezeichnung für Ausdruck mit Reibringbreite l
M	cmkg	Drehmoment
M_1	cmkg	Drehmoment der Scheibe 1
M_2	cmkg	Drehmoment der Scheibe 2
M_o	cmkg	Reibmoment in der Druckfläche
		Reibwert
N	kg	Anpreßkraft-Normalkraft
n	U/min	Drehzahl
p	kg/cm^2	Hertz'sche Pressung
p_{zul}	kg/cm^2	zul. Hertz'sche Pressung
p_{max}	kg/cm^2	max. Hertz'sche Pressung
p_{mi}	kg/cm^2	Hertz'sche Pressung in der Innenlage
p_2		Verhältniswert $l/(b/2)$ (Seite 11)
p_3		Integralwert, abhängig von p_2 (Seite 12)
p_4		Integralwert, abhängig von p_2 (Seite 14)
p_5		Verhältniswert $U/\mu . N$
p_6		Verhältniswert $\frac{E l^3 \cdot \pi}{7.25 \cdot N \cdot \varrho}$
p_7		Verhältniswert $U/l . M_o$
$p_{7Mittel}$		Mittelwert von p_7
p'_8		Verhältniswert $\frac{M_o}{U}\left(\frac{\mu \cdot p_{max}}{U}\right)^{1/2}$
R	cm	Halbmesser von Kegelspitze zur Achse 0
R'	cm	Halbmesser von Kegelspitze zur Mitte der Druckfläche
R_k	kg	Reibkraft
r	cm	Halbmesser von Drehachse bis Mitte Druckfläche

Bezeichnungen und Dimensionen (Fortsetzung)

Bez.	Dim.	Benennung
r_2	cm	Reibringhalbmesser
r_k	cm	Halbmesser für Schraubenrille
r_o	cm	Halbmesser für Kreisbogenprofil
ϱ	cm	Krümmungsradius der Reibfläche in der Normalschnittebene senkrecht zur Berührungslinie
s	cm	verschleißbare Belagstärke
t_{zul}	°C	zulässige Temperatur
$t_{hü}$	°C	Beharrungsübertemperatur
U	kg	Umfangskraft
V	cm^3	Verschleißvolumen
v	m/sec	Umfangsgeschwindigkeit
v_k	m/sec	Umfangsgeschwindigkeit der kühlenden Scheibe
ω	1/sec	Winkelgeschwindigkeit
ω_r	1/sec	relative Winkelgeschwindigkeit
ξ		Verhältniswert $z/(b/2)$
η		Verhältniswert $y/(b/2)$
x		Regelbereich $\frac{n_{2min}}{n_{2max}}$
y		Koordinate
y_m		Proportionalitätsfaktor
y_n		Proportionalitätsfaktor f.Drehzahl n_1
y_p		Proportionalitätsfaktor für Flächenpressung p_{max}
y		Proportionalitätsfaktor für Reibwert
y_f		Proportionalitätsfaktor für Verschleißwert f
y_E		Proportionalitätsfaktor für E-Modul
y_P		Proportionalitätsfaktor für Parallelschaltung
z		Koordinate

Bemerkung zu den Indizes

Wenn nicht hier in Zusammenstellung angegeben, gelten für die Indizes an den Buchstaben folgende Regeln:

1. Index "i" bezeichnet: innere Regellage

   Index "a" bezeichnet: äußere Regellage

2. Für einfache Reibpaarung

   Index 1: Antriebsscheibe
   Index 2: Abtriebsscheibe

   Für kombin. Reibpaarungen

   Index 1: Antriebsscheibe
   Index 2: Regelteil
   Index 3: Abtriebsscheibe

3. Index "g" bezeichnet: die gefährdete Regellage

Hinweis:

Zusammenstellung der Hauptgleichungen siehe Seite 25

Zusammenstellung der Kenngrößen (Verhältniswerte) p_5, p_6', p_7 und p_8 siehe Seite 15 und Diagramm Bild 14

Unter Abschnitt 2.4.6.3 Fußnote 10 ist bei der Bestimmung des Krümmungsradius ϱ in Flächen 2. Ordnung die Bezeichnung x als Koordinate verwendet.

Bez.	Dim.	Benennung
y_t		Proportionalitätsfaktor für Dauerübertemperatur

nimmt die Umfangsgeschwindigkeit v linear in Richtung zur Drehachse (zur Spitze der Momentankegel) ab. Es muß ein Punkt (Achse) 0 existieren, wo die Umfangsgeschwindigkeit v_1 gleich der Umfangsgeschwindigkeit v_2 ist. Diese Geschwindigkeit bezeichnen wir mit v_o. Für diesen Punkt ist also $v_1 = v_2 = v_o$.
Mit der Winkelgeschwindigkeit ω_1 und ω_2 ist die relative Winkelgeschwindigkeit ω_r der Scheibe 1 gegen Scheibe 2 um die Achse 0: $\omega_r = \omega_1 \hat{=} \omega_2$

Mit den Bezeichnungen aus den Bildern 5, 6 und 7

Bild 5: Fall 1 $R_2' < R_1'$
Bild 6: Fall 2 $R_2' > R_1'$ gleichsinniger Umlauf der Scheiben 1 u. 2
Bild 7: Fall 3 gegensinniger Umlauf der Scheiben 1 u. 2

ergibt sich die Lage des Punktes 0:
unterhalb der Druckfläche, wenn $R_2' > R_1'$, Fall 2
oberhalb der Druckfläche, wenn $R_2' < R_1'$, Fall 1
oberhalb der Druckfläche bei Gegenläufigkeit, Fall 3.

Ist Schlupf vorhanden, dann ist stets $v_2 < v_1$, wobei v_1 und v_2 in der Mitte der Druckfläche gemessen sind. Damit ist die Lage des Punktes 0, ob oberhalb oder unterhalb der Mitte der Druckreibfläche liegend, bestimmt. Wird $R_1' = R_2'$, so ist die Lage des Punktes 0 unbestimmt, da für alle Punkte $v_1 = v_2$ ist.

2.4.3 Die Kräfte in der Druckfläche

Durch die Reibung entstehen in den Flächenteilchen der Druckfläche unendliche viele elementare Reibungskräfte, die alle um den Punkt 0 drehen, deren Richtung also auf Kreisen um 0 liegt (Bild 8 u. 9).

Diese Kräfte können ersetzt werden durch die Kraft U, die in Punkt 0 angreift, und das Kräftepaar mit dem Moment M_o. Der Drehsinn für M_o ist für den Fall 2 umgekehrt wie der Fall 1 und Fall 3.
Sind die Größen R_1' und R_2' bekannt, dann ergeben sich:

1. die Drehmomente M (vergleiche dazu Bild 5, 6 und 7)

	Fall 1 $R_2' < R_1'$	Fall 2 $R_2' > R_1'$	Fall 3 Gegenläufigkeit
	$M_1 = UR_1 \sin\beta_1 - M_0 \sin\beta_1$	$M_1 = UR_1 \sin\beta_1 + M_0 \sin\beta_1$	$M_1 = UR_1 \sin\beta_1 + M_0 \sin\beta_1$
(1)	$M_1 = (UR_1 - M_0)\sin\beta_1$	$M_1 = (UR_1 + M_0)\sin\beta_1$	$M_1 = (UR_1 + M_0)\sin\beta_1$
	$M_2 = (UR_2 - M_0)\sin\beta_2$	$M_2 = (UR_2 + M_0)\sin\beta_2$	$M_2 = (UR_2 - M_0)\sin\beta_2$

2. die Leistungen L $\quad L = M \cdot \omega \quad \omega = \frac{v_0}{R \sin\beta}$

$$L_1 = \frac{(UR_1 - M_0)\sin\beta_1 \cdot v_0}{R_1 \sin\beta_1} \qquad L_1 = \frac{(UR_1 + M_0)\sin\beta_1 \cdot v_0}{R_1 \sin\beta_1} \qquad L_1 = \frac{(UR_1 + M_0)\sin\beta_1 \cdot v_0}{R_1 \sin\beta_1}$$

$$(2) \quad L_1 = \left(U - \frac{M_0}{R_1}\right) v_0 \qquad L_1 = \left(U + \frac{M_0}{R_2}\right) v_0 \qquad L_1 = \left(U + \frac{M_0}{R_1}\right) v_0$$

$$L_2 = \left(U - \frac{M_0}{R_2}\right) v_0 \qquad L_2 = \left(U + \frac{M_0}{R_2}\right) v_0 \qquad L_2 = \left(U - \frac{M_0}{R_2}\right) v_0$$

3. der Leistungsverlust ΔL $\quad \Delta L = L_1 - L_2$

$$(3) \quad \Delta L = M_0 v_0 \left(\frac{1}{R_2} - \frac{1}{R_1}\right) \qquad \Delta L = M_0 v_0 \left(\frac{1}{R_1} - \frac{1}{R_2}\right) \qquad \Delta L = M_0 v_0 \left(\frac{1}{R_1} - \frac{1}{R_2}\right)$$

4. der relative Leistungsverlust $\quad \varepsilon = \frac{\Delta L}{L_1}$

$$\varepsilon = \frac{\left(\frac{1}{R_2} - \frac{1}{R_1}\right) M_0 v_0}{\left(\frac{U}{M_0} - \frac{1}{R_1}\right) M_0 v_0} \qquad \varepsilon = \frac{\left(\frac{1}{R_1} - \frac{1}{R_2}\right) M_0 v_0}{\left(\frac{U}{M_0} + \frac{1}{R_1}\right) M_0 v_0} \qquad \varepsilon = \frac{\left(\frac{1}{R_1} + \frac{1}{R_2}\right) M_0 v_0}{\left(\frac{U}{M_0} + \frac{1}{R_1}\right) M_0 v_0}$$

$$(4) \quad \varepsilon = \frac{\frac{R_1}{R_2} - 1}{\frac{UR_1}{M_0} - 1} \qquad \varepsilon = \frac{1 - \frac{R_1}{R_2}}{\frac{UR_1}{M_0} + 1} \qquad \varepsilon = \frac{1 + \frac{R_1}{R_2}}{\frac{UR_1}{M_0} + 1}$$

Nach diesen Gleichungen (1) bis (4) ist für die Berechnung der unter 1. - 4. aufgeführten Größen M, L, ΔL u. ε außer der Kenntnis der Konstruktionsmaße auch die Kenntnis von U und M_0 notwendig.

2.4.4 Berechnung von U und M_0 (Bild 10 und 11)

Mit der Voraussetzung der rechteckigen Druckreibfläche (Länge b, Breite l = Reibringbreite) wird unter Annahme elliptischer Druckverteilung nach den Gleichungen von Hertz (Walze auf Walze):

$$b = 7{,}25 \cdot p_{max} \cdot \frac{\rho}{E}$$

Hierin ist ρ (cm) = Krümmungsradius im Normalschnitt

$$\frac{1}{\rho} = \frac{1}{\rho_1} \pm \frac{1}{\rho_2}$$

E (kg/cm^2) = Elastizitätsmodul der Werkstoffpaarung

$$\frac{1}{E} = \frac{1}{2}\left(\frac{1}{E_1} + \frac{1}{E_2}\right)$$

p_{max} (kg/cm^2) = maximaler Druck

Mit den Bezeichnungen nach Bild 10 und 11 wird, wenn p_{max} an der Stelle z=0 wirkt, der Druck an einer beliebigen Stelle z

$$p = p_{max} \cdot \sqrt{1 - \left(\frac{2z}{b}\right)^2}$$

Die Anpreßkraft N in kg wird

$$N = \frac{\pi}{4} \cdot b \cdot l \cdot p_{max}$$

$$N = \frac{\pi}{4} \cdot p_{max} \cdot \frac{b^2}{2}\left(\frac{l_a - l_i}{b/2}\right)$$

(5) $$N = \frac{\pi}{4} \cdot p_{max} \cdot \frac{b^2}{2} \cdot p_2$$

wobei $\frac{l_a - l_i}{b/2} = \frac{l}{b/2} = p_2$ gesetzt ist.

Die Umfangskraft U in kg ergibt sich als Summe aller z-Komponenten der Reibkräfte (Bild 11).

$$dR_K = \mu\, dN$$

$$U = \int_{(F)} \mu \cdot p \cdot \cos\varphi \cdot dF \qquad \cos\varphi = \frac{y}{\sqrt{z^2 + y^2}}$$

$$U = \mu \cdot p_{max} \int_{y=l_i}^{y=l_a} \int_{z=-b/2}^{z=b/2} \frac{\sqrt{1 - \left(\frac{z}{b/2}\right)^2}}{\sqrt{\left(\frac{z}{b/2}\right)^2 + \left(\frac{y}{b/2}\right)^2}} \cdot \frac{y}{b/2} \cdot dz \cdot dy$$

Es wird $\frac{z}{b/2} = \xi$ und $\frac{y}{b/2} = \eta$ gesetzt und damit

(6) $$U = \mu \cdot p_{max} \cdot \frac{b^2}{4} \int_{\eta = \frac{l_i}{b/2}}^{\eta = \frac{l_a}{b/2}} \int_{\xi=-1}^{\xi=1} \frac{\sqrt{1-\xi^2}}{\sqrt{\xi^2 + \eta^2}} \cdot \eta \cdot d\xi \cdot d\eta$$

Zunächst wird über ξ integriert, wobei das elliptische Integral

$$J_1 = \int_{-1}^{+1} \frac{\sqrt{1-\xi^2}}{\sqrt{\xi^2+\eta^2}} \cdot \eta \cdot d\xi$$

zu lösen ist.

Die Lösung des Integrals wird folgendermaßen vorgenommen:

$$J_1 = \eta \int_{-1}^{+1} \frac{\sqrt{1-\xi^2}}{\sqrt{\xi^2+\eta^2}} \cdot d\xi = 2\eta \int_0^1 \frac{\sqrt{1-\xi^2}}{\sqrt{\xi^2+\eta^2}} \cdot d\xi$$

$$= 2 \cdot \eta \cdot \int_0^1 \frac{\eta^2 - \eta^2 + \sqrt{1-\xi^2} \cdot \sqrt{1-\xi^2}}{\sqrt{\xi^2+\eta^2} \cdot \sqrt{1-\xi^2}} \cdot d\xi = 2\eta \int_0^1 \frac{\eta^2 - \eta^2 + 1 - \xi^2}{\sqrt{\xi^2+\eta^2} \cdot \sqrt{1-\xi^2}} \cdot d\xi$$

$$= 2\eta\left[-\int_0^1 \frac{\sqrt{\eta^2+\xi^2}}{\sqrt{1-\xi^2}}\cdot d\xi + (1+\eta^2)\cdot\int_0^1 \frac{d\xi}{\sqrt{1-\xi^2}\cdot\sqrt{\xi^2+\eta^2}}\right]$$

$$= 2\eta\left[-\sqrt{1+\eta^2}\cdot E + \frac{(1+\eta^2)}{\sqrt{1+\eta^2}}\cdot K\right] = 2\eta\left[\sqrt{1+\eta^2}\cdot K - \sqrt{1+\eta^2}\cdot E\right]$$

$$J_1 = 2\cdot\eta\cdot\sqrt{1+\eta^2}\cdot(K-E)$$

wobei K und E die elliptischen Integrale I. und II. Gattung sind. Dabei sind folgende Beziehungen verwendet:

$\int_0^1 \frac{d\xi}{\sqrt{1-\xi^2}\cdot\sqrt{\xi^2+\eta^2}}$ ergibt unter Einführung von $\cos\varphi = \xi$

und $\eta^2 = \frac{1-k^2}{k^2}$

$$\int_0^{\pi/2} \frac{\sin\varphi\cdot d\varphi}{\sqrt{\frac{1-k^2}{k^2}+\cos^2\varphi}\cdot\sqrt{1-\cos^2\varphi}} = k\int_0^{\pi/2}\frac{d\varphi}{\sqrt{1-k^2+k^2\cos^2\varphi}}$$

$$= k\int_0^{\pi/2}\frac{d\varphi}{\sqrt{1-k^2\sin^2\varphi}} = k\cdot K$$

$\int_0^1 \frac{\sqrt{\eta^2+\xi^2}}{\sqrt{1-\xi^2}}d\xi$ unter Einführung von $\cos\varphi = \xi$ und

$\eta^2 = \frac{1-k^2}{k^2}$ $\qquad \int_0^{\pi/2}\frac{1}{k}\sqrt{1-k^2\sin^2\varphi}\,d\varphi = \frac{1}{k}E$

Bild 12 zeigt $J_1 = f(\eta)$

Hieraus muß der Ausdruck $p_3 = \int_{l_i/(b/2)}^{l_a/(b/2)} J_1 d\eta$ durch graphische Integration gefunden werden.

Dann wird

$$U = \mu\cdot p_{max}\cdot\frac{b^2}{4}\cdot p_3 \tag{7}$$

Das Moment M_o ergibt sich als Summe aller Momente der Reibkräfte um O.

$$M_0 = \int_{(F)} \mu \cdot p \cdot \sqrt{z^2+y^2} \cdot dF$$

$$M_0 = \mu \cdot p_{max} \int_{l_i}^{l_a} \int_{-b/2}^{b/2} \sqrt{1-\left(\frac{z}{b/2}\right)^2} \cdot \sqrt{\left(\frac{z}{b/2}\right)^2+\left(\frac{y}{b/2}\right)^2} \cdot \frac{b}{2} \cdot dz \cdot dy$$

Die Ausdrücke $z/_{b/2} = \xi$ und $y/_{b/2} = \eta$ werden wieder eingesetzt und damit

$$(8) \qquad M_0 = \mu \cdot p_{max} \cdot \frac{b^3}{8} \cdot \int_{l_i/b/2}^{l_a/b/2} \int_{-1}^{+1} \sqrt{1-\xi^2} \cdot \sqrt{\xi^2+\eta^2} \cdot d\xi \cdot d\eta$$

Auch hier erfolgt zunächst die Integration über ξ

$$\mathfrak{J}_2 = 2 \cdot \int_0^1 \sqrt{1-\xi^2} \cdot \sqrt{\xi^2+\eta^2}\, d\xi$$

Die Lösung des Integrals wird folgendermaßen vorgenommen:

$$\mathfrak{J}_2 = 2 \cdot \int_0^1 1 \cdot \sqrt{1-\xi^2} \cdot \sqrt{\xi^2+\eta^2} \cdot d\xi$$

Wir integrieren partiell und zwar den Faktor 1. Dieser gibt beim Integrieren ξ.

$$\mathfrak{J}_2 = 2 \cdot \xi \cdot \sqrt{1-\xi^2} \cdot \sqrt{\xi^2+\eta^2}\Big|_0^1$$

$$-2 \cdot \int_0^1 \frac{-\xi^2 \cdot \sqrt{\xi^2+\eta^2}}{\sqrt{1-\xi^2}} \cdot d\xi - 2 \cdot \int_0^1 \frac{\xi^2 \cdot \sqrt{1-\xi^2}}{\sqrt{\xi^2+\eta^2}} \cdot d\xi$$

Der erste Ausdruck gibt den Wert Null.

$$\mathfrak{J}_2 = -2 \cdot \int_0^1 \frac{(-1+1-\xi^2) \cdot \sqrt{\xi^2+\eta^2}}{\sqrt{1-\xi^2}}\, d\xi - 2 \cdot \int_0^1 \frac{(-\eta^2+\eta^2+\xi^2) \cdot \sqrt{1-\xi^2}}{\sqrt{\xi^2+\eta^2}} \cdot d\xi$$

$$= -2 \cdot \int_0^1 \sqrt{1-\xi^2} \cdot \sqrt{\xi^2+\eta^2} \cdot d\xi + 2 \cdot \int_0^1 \frac{\sqrt{\xi^2+\eta^2}}{\sqrt{1-\xi^2}} \cdot d\xi$$

$$-2 \cdot \int_0^1 \sqrt{1-\xi^2} \cdot \sqrt{\xi^2+\eta^2}\, d\xi + 2\eta^2 \int_0^1 \frac{\sqrt{1-\xi^2}}{\sqrt{\xi^2+\eta^2}} \cdot d\xi$$

$$= -2 \cdot \mathfrak{J}_2 + 2 \cdot \int_0^1 \frac{\sqrt{\xi^2+\eta^2}}{\sqrt{1-\xi^2}} \cdot d\xi + 2\eta^2 \int_0^1 \frac{\sqrt{1-\xi^2}}{\sqrt{\xi^2+\eta^2}} \cdot d\xi$$

Die Integrale sind schon bei der Berechnung von J_1 gefunden. Wir erhalten

$$3 \cdot J_2 = 2 \cdot \sqrt{1+\eta^2} \cdot E + 2 \cdot \eta^2 \cdot \sqrt{1+\eta^2} \cdot (K-E)$$

$$J_2 = \frac{2}{3} \cdot \sqrt{1+\eta^2} \cdot \left[\eta^2 \cdot K + (1-\eta^2) \cdot E\right]$$

Da $\eta^2 = \frac{1-k^2}{k^2} = \frac{1-\sin^2\alpha}{\sin^2\alpha} = \frac{\cos^2\alpha}{\sin^2\alpha} = \frac{1}{tg^2\alpha}$; $\eta = \frac{1}{tg\,\alpha}$

(mit k = sin α nach Hütte, 26. Auflage I. Band Seite 50) können die Integrale J_1 und J_2 in Abhängigkeit von η mit Hilfe der Tabellen für K und E in Hütte, I. Band 26. Auflage Seite 50, ausgerechnet werden. Diese Werte sind in Tabelle 1, Seite 7, Teil II dieser Arbeit aufgeführt.
Bild 12 zeigt $J_2 = f(\eta)$

Der Ausdruck $p_4 = \int_{l_a/b/2}^{l_i/b/2} J_2 \cdot d\eta$ muß durch graphische Integration gefunden werden.
Dann wird

(9) $$M_0 = \mu \cdot p_{max} \cdot \frac{b^3}{8} \cdot p_4$$

2.4.5 Kennzeichnung eines Getriebes und seines Betriebszustandes

Zur Kennzeichnung eines Getriebes sowie seines Betriebszustandes benötigen wir außer den Konstruktionsmaßen (alle geometrischen Abmessungen des Getriebes) und den Werkstoffkenngrößen (siehe unter 2.2) das Verhältnis U/N bzw. $U/\mu.N$, ferner, wie aus Gleichung (4) ersichtlich, das Verhältnis U/M_0.

Wir haben jetzt folgende Gleichungen für die Druckreibfläche:

(5) $$N = \frac{\pi}{2} \cdot p_{max} \cdot \frac{b^2}{2} \cdot p_2 \qquad p_2 = \frac{l_a - l_i}{b/2}$$

(7) $$U = \mu \cdot p_{max} \cdot \frac{b^2}{4} \cdot p_3 \qquad p_3 = \int_{(l)} J_1 \cdot d\eta$$

(9) $$M_0 = \mu \cdot p_{max} \cdot \frac{b^3}{8} \cdot p_4 \qquad p_4 = \int_{(l)} J_2 \cdot d\eta$$

ferner die Hertz'schen Gleichungen:

(10) $$N = \frac{\pi}{4} \cdot p_{max} \cdot b \cdot l = \frac{\varrho}{E} \cdot p_{max}^2 \cdot \frac{7{,}25 \cdot \pi \cdot l}{4}$$

(11) $$b/2 = p_{max} \cdot \frac{\varrho}{E} \cdot \frac{7{,}25}{2}$$

(12) $$\left(\frac{b}{2}\right)^2 = 2{,}32 \cdot \frac{N \cdot \varrho}{E \cdot l}$$

und können folgende Verhältnisgrößen bilden:

(13) $$\frac{U}{\mu N} = p_5 \qquad p_5 = \frac{2}{\pi} \frac{p_3}{p_2}$$

(14) $$\frac{E \cdot l^3 \cdot \pi}{7{,}25 \cdot N \cdot \varrho} = p_6' \qquad p_6' = p_2^2$$

(15) $$\frac{U \cdot l}{M} = p_7 \qquad p_7 = p_2 \cdot \frac{p_3}{p_4}$$

(16) $$\frac{M_0}{U}\left(\frac{\mu \cdot p_{max}}{U}\right)^{1/2} = p_8' \qquad p_8' = \frac{p_4}{p_3^{3/2}}$$

Diese Verhältnisgrößen kommen in den Gleichungen, durch die der Betriebszustand charakterisiert wird, vor und eignen sich daher sehr gut zur Aufstellung eines "Zustandsdiagramms für die Reibfläche", in dem diese Größen über den Verhältnisgrößen $la/(b/2)$ und $li/(b/2)$ aufgetragen werden.

2.4.6 Das Zustandsdiagramm für die Reibfläche

2.4.6.1 Berechnung des Zustandsdiagramms

Die Berechnung der Größen p_3 und p_4 durch graphische Integration für verschiedene $la/(b/2)$ und $li/(b/2)$, sowie die Berechnung der elliptischen Integrale

$$J_1 = \int_{-1}^{+1} \frac{\sqrt{1-\xi^2}}{\sqrt{\xi^2+\eta^2}} \cdot \eta \cdot d\xi \, ; \qquad J_2 = 2\int_0^1 \sqrt{1-\xi^2}\,\sqrt{\xi^2+\eta^2}\, d\xi$$

ist in der Dipl.Arbeit von Kutter durchgeführt.
Für die Erweiterung des Zustandsdiagramms für große Werte $la/(b/2)$ (lange Reibflächen) müssen die obigen Integrale für große η -Werte ausgewertet werden.

$$\eta \gg 1 \; ; \; \eta \gg \xi$$

$$J = \int_{-1}^{+1} \frac{\sqrt{1-\xi^2}}{\sqrt{\eta^2+\xi^2}} \cdot \eta \cdot d\xi = \int_{-1}^{+1} \frac{\sqrt{1-\xi^2}}{\eta\left(1+\frac{\xi^2}{2\eta^2}+\dots\right)} \cdot \eta \cdot d\xi = \int_{-1}^{+1} \frac{\sqrt{1-\xi^2}}{\eta}\left(1-\frac{\xi^2}{2\eta^2}+\dots\right)\eta\, d\xi$$

$$= \int_{-1}^{+1} \sqrt{1-\xi^2}\, d\xi - \frac{1}{2\eta^2} \int_{-1}^{+1} \sqrt{1-\xi^2}\,\xi^2\, d\xi = \frac{\pi}{2} - \frac{1}{2\eta^2} \cdot 2\int_0^{\pi/4} \cos^2\varphi \sin^2\varphi\, d\varphi$$

$$= \frac{\pi}{2} - \frac{1}{2\eta^2} \cdot \frac{1}{2} \int_0^{\pi/4} (2 \sin\varphi \cos\varphi)^2 d\varphi = \frac{\pi}{2} - \frac{1}{4\eta^2} \cdot \frac{1}{2} \int_0^{\pi/4} (\sin 2\varphi)^2 d 2\varphi$$

$$= \frac{\pi}{2} - \frac{1}{8\eta^2} \int_0^{\pi/2} \sin^2\psi \, d\psi = \frac{\pi}{2} - \frac{\pi}{32\eta^2} \qquad \underline{J_1 = \frac{\pi}{2} - \frac{\pi}{32\eta^2}}$$

$$J_2 = 2\int_0^1 \sqrt{1-\xi^2}\sqrt{\eta^2+\xi^2}\, d\xi = 2\eta \int_0^1 \sqrt{1-\xi^2}\, d\xi + \frac{1}{\eta}\int_0^1 \sqrt{1-\xi^2}\,\xi^2\, d\xi$$

$$\underline{J = \frac{\pi}{2} \cdot \eta + \frac{\pi}{32\eta}}$$

In der Tabelle 1 [8)] sind die Werte J_1 und J_2 als Funktion von η zusammengestellt, und zwar sind die Werte $\eta = 0$ bis $\eta = 3$ aus der Arbeit von Kutter (Seite 30) in Auswahl übernommen, während von $\eta = 3$ bis $\eta = 7{,}1$ die Werte nach obigen Formeln ausgerechnet sind. Es zeigt sich dabei, wie gut die obigen Formeln den Anschluß an die Kutter'schen Werte ergeben.

Zur Bestimmung der Ausdrücke $p_3 = \int J_1\, d\eta$ und $p_4 = \int J_2\, d\eta$ sind in der Tabelle 2 [8)] die Werte $p_3' = J_1 \cdot \Delta\eta$ für $\Delta\eta = 0{,}1$ und $p_4' = J_2 \Delta\eta$ für $\Delta\eta = 0{,}1$ als Funktion von η zusammengestellt. Will man $p_3 = \int J_1\, d\eta$ und $p_4 = \int J_2\, d\eta$ bilden, so müssen die in der Tabelle 2 aufgeführten Zahlenwerte zwischen den in Betracht kommenden η-Werten ($la/(b/2)$ u. $li/(b/2)$) summiert werden.

Als Beispiel ist diese Summierung in Tabelle 3 [9)] für $li/(b/2) = 0$ durchgeführt, wobei die $la/(b/2)$ -Werte bis 7,2 eingesetzt und jeweils die zugehörigen p_3 und p_4-Werte ausgerechnet sind. Ferner sind in der Tabelle 3 auch die nach den Gleichungen (13 - 16) ausgerechneten Werte für p_5, p_6', p_7 und p_8' angegeben.

Für die in Tabelle 3 zusammengestellten Zahlenwerte wird noch für die Werte $\eta \to 0$ und $\eta \to \infty$ die Grenzwertbestimmung durchgeführt, da hierbei zum Teil der unbestimmte Ausdruck 0/0 auftritt.

Für $\eta \to 0$ gilt:

$$p_5 = \frac{2}{\pi} \cdot \frac{p_3}{p_2} = \frac{2}{\pi} \cdot \frac{\int_0^\eta J_1\, d\eta}{\eta} = \frac{2}{\pi} \cdot J_{1\,Mittel} \to 0$$

$$p_2 = \frac{l_a - l_i}{b/2} = \eta\,; \qquad J_{1\,Mittel\ \eta \to 0} \to 0, \ da\ J_{1\ \eta \to 0} \to 0$$

$$p_7 = p_2 \cdot \frac{p_3}{p_4} = \eta \cdot \frac{\int_0^\eta J_1\, d\eta}{\int_0^\eta J_2\, d\eta} = \eta \frac{\int_0^\eta J_1\, d\eta}{0{,}667 \cdot \eta} = \frac{\eta \cdot J_{1\,Mittel}}{0{,}667} \to 0$$

$$da\ \eta \to 0\ u.\ J_{1\,Mittel\ \eta \to 0} \to 0$$

8) Tabelle 1 und 2, Teil II (Seite 6 und 7)
9) Tabelle 3, Teil II (Seite 8)

$$p_8' = \frac{p_4}{p_3^{3/2}} = \frac{\int_0^\eta \mathfrak{J}_2\, d\eta}{\left[\int_0^\eta \mathfrak{J}_1\, d\eta\right]^{3/2}} = \frac{0{,}667 \cdot \eta \cdot \eta^{1/2}}{\left[\int_0^\eta \mathfrak{J}_1\, d\eta\right]^{3/2} \cdot \eta^{1/2}} = \frac{0{,}667}{\left[\mathfrak{J}_{1\,\mathrm{Mittel}}\right]^{3/2} \cdot \eta^{1/2}} \longrightarrow \infty$$

$$\text{da } \eta \longrightarrow 0 \text{ u. } \left[\mathfrak{J}_{1\,\mathrm{Mittel}}\right]^{3/2}_{\eta \to 0} \longrightarrow 0$$

Für $\eta \longrightarrow \infty$ gilt:

$$p_5 = \frac{2}{\pi}\frac{p_3}{p_2} = \frac{2}{\pi}\,\frac{\int_0^\eta \mathfrak{J}_1\, d\eta}{\eta} = \frac{2}{\pi}\,\mathfrak{J}_1 \longrightarrow \frac{2}{\pi}\cdot\frac{\pi}{2} = 1$$

$$\text{da } \mathfrak{J}_{1\eta \to \infty} \longrightarrow \frac{\pi}{2}$$

$$p_7 = p_2 \frac{p_3}{p_4} = \eta \cdot \frac{\int_0^\eta \mathfrak{J}_1 d\eta}{\int_0^\eta \mathfrak{J}_2\, d\eta} \longrightarrow \frac{\eta \cdot \frac{\pi}{2} \cdot \eta}{\frac{\pi}{2} \cdot \frac{\eta^2}{2}} = 2 \quad \text{da } \mathfrak{J}_{1\eta} \xrightarrow[\to \infty]{} \frac{\pi}{2}$$

$$\text{u. } \mathfrak{J}_{2\,\eta \to \infty} \longrightarrow \eta \cdot \frac{\pi}{2}$$

$$p_8' = \frac{p_4}{p_3^{3/2}} = \frac{\int_0^\eta \mathfrak{J}_2\, d\eta}{\left[\int_0^\eta \mathfrak{J}_1\, d\eta\right]^{3/2}} \longrightarrow \frac{\frac{\pi}{2} \cdot \frac{\eta^2}{2}}{\left[\frac{\pi}{2}\cdot\eta\right]^{3/2}} = \frac{1}{\sqrt{2\pi}} \cdot \eta^{1/2} = \infty$$

Für andere Werte $l_i/(b/2)$ ist sinngemäß der Rechnungsgang genau in gleicher Weise durchgeführt, hier aber nicht wiedergegeben. Die Ergebnisse dieser Berechnungen sind bei der Aufstellung des Zustandsdiagramms für die unabgenutzte Reibfläche verwertet.

In dem Zustandsdiagramm für die unabgenutzte Reibfläche sollen über den Größen $l_a/(b/2)$ und $l_i/(b/2)$ die Verhältnisgrößen p_5, p_6', p_7 und p_8' = konst. als Niveaulinien eingezeichnet werden. Zunächst werden Hilfsdiagramme gezeichnet, in denen die Verhältnisgrößen p_5, p_6', p_7 und p_8' als Funktionen von $l_a/(b/2)$ dargestellt sind. Diese Hilfsdiagramme müssen für verschiedene $l_i/(b/2)$ aufgestellt werden. In Bild 13 ist ein solches Hilfsdiagramm für $l_i/(b/2)$ = 0 wiedergegeben. Zur Aufzeichnung der Niveaulinien werden nun jeweils für bestimmte Werte p_5, p_6', p_7 und p_8' aus den Hilfsdiagrammen die zugehörigen $l_a/(b/2)$ abgelesen und in das Zustandsdiagramm übertragen. Die zueinandergehörenden Punkte ergeben die Linien p_5, p_6', p_7 und p_8' = konst. als Niveaulinien.

Zur Erleichterung der Aufzeichnung der Niveaulinien wurden noch die Asymptoten der Kurven p_5 und p_7 für $l_i < 0$, also der Verlauf der Kurven für große $l_a/(b/2)$ berechnet. Die Berechnung ergibt:

$$p_5 = \frac{2}{\pi} \cdot \frac{p_3}{p_2} \qquad p_2 = \frac{l}{b/2} = \frac{l_a}{b/2} + \frac{|l_i|}{b/2} \; ; \quad p_3 = \int_{|l_i|/b/2}^{l_a/b/2} J_1 \, d\eta \longrightarrow \frac{\pi}{2}\left(\frac{l_a}{b/2} - \frac{|l_i|}{b/2}\right)$$

$$p_5 = \frac{2}{\pi} \cdot \frac{\pi}{2} \cdot \frac{\frac{l_a}{b/2} - \frac{|l_i|}{b/2}}{\frac{l_a}{b/2} + \frac{|l_i|}{b/2}} = \frac{l_a - |l_i|}{l_a + |l_i|} \qquad \frac{l_a}{|l_i|} = \frac{p_5 + 1}{1 - p_5}$$

$$p_7 = p_2 \cdot \frac{p_3}{p_4} \qquad p_4 = \int_{|l_i|/(b/2)}^{l_a/(b/2)} J_2 \, d\eta \longrightarrow \frac{\pi}{2} \cdot \frac{1}{2}\left[\left(\frac{l_a}{b/2}\right)^2 + \left(\frac{l_i}{b/2}\right)^2\right]$$

$$p_7 = \left(\frac{l_a}{b/2} + \frac{|l_i|}{b/2}\right) \cdot \frac{\frac{\pi}{2}\left(\frac{l_a}{b/2} - \frac{l_i}{b/2}\right)}{\frac{\pi}{2} \cdot \frac{1}{2}\left[\left(\frac{l_a}{b/2}\right)^2 + \left(\frac{l_i}{b/2}\right)^2\right]}$$

$$p_7 = \frac{2(l_a^2 - l_i^2)}{l_a^2 + l_i^2} \qquad \frac{l_a^2}{l_i^2} = \frac{2 + p_7}{2 - p_7}$$

$$\frac{l_a}{|l_i|} = \sqrt{\frac{2 + p_7}{2 - p_7}}$$

Wir können hiermit für bestimmte Werte von p_5 und p_7 die dazugehörigen Werte $l_a/(l_i)$ der Asymptoten finden:

p_5	$l_a/(l_i)$
0,2	1,5
0,4	2,35
0,6	4,0
0,7	5,67
0,8	9,02
0,85	12,35
0,9	19,0
0,92	24,0
0,94	32,4
0,95	39,0

p_7	$l_a/(l_i)$
0,2	1,1o7
0,4	1,225
0,6	1,365
0,8	1,527
1,0	1,73
1,2	2,0
1,4	2,38
1,5	2,64
1,6	3,0
1,7	3,5
1,8	4,35

Die Kurven $p_6' =$ konst. lassen sich sehr einfach genau aufzeichnen, indem man folgende Gleichung dafür heranzieht:

$$p_6' = p_2^2 = \left(\frac{l_a}{b/2} - \frac{l_i}{b/2}\right)^2$$

Diese Gleichung wird nach $l_a/(b/2)$ aufgelöst:

$$\frac{l_a}{b/2} = \frac{l_i}{b/2} \pm \sqrt{p_6'}$$

Die Funktion $p_6' = f\left(\frac{l_a}{b/2}; \frac{l_i}{b/2}\right)$ ergibt unter 45° geneigte parallele Geraden, so daß hierfür immer nur ein Punkt, z.B. auf der Abzissenachse $l_i/(b/2) = 0$ ausgerechnet zu werden braucht.

Das Zustandsdiagramm für die unabgenutzte Reibfläche ist in Bild 14 dargestellt.

$l_i/(b/2) = 0$

p_6'	$l_a/(b/2)$
0,01	0,1
0,1	0,316
0,2	0,447
0,3	0,547
0,4	0,632
0,5	0,707
1,0	1,0
1,5	1,22
2,0	1,41
2,5	1,58
3,0	1,73
4,0	2,0
5,0	2,24
7,5	2,74
10,0	3,16
15,0	3,87
20,0	4,47
25,0	5,0
30,0	5,47
35,0	5,9
40,0	6,32
50,0	7,07
60,0	7,32

2.4.6.2 Beschreibung des Zustandsdiagramms (Bild 14)

Auf der Abzissenachse ist die Verhältnisgröße $l_a/(b/2)$, auf der Ordinatenachse die Verhältnisgröße $l_i/(b/2)$ abgetragen.

Die strichpunktiert ausgezogenen eiförmigen Kurven sind die Linien p_8' = konst. Die Kurven p_7 = konst. sind gestrichelt, die Kurven p_6' = konst. sind dünn ausgezogen, die Kurven p_5 = konst. sind dick ausgezogen gezeichnet.

Bei den Kurven p_8' = konst. haben wir bei $l_a/(b/2)$ = 1,72 und $l_i/(b/2)$ = +0,01 einen Talpunkt. Der Anstieg in Richtung $l_a/(b/2)$ ist sehr schwach, in Richtung $l_i/(b/2)$ etwas stärker, aber auch langsam fortschreitend. Die Linien p_6' = konst. steigen wertmäßig quadratisch in Richtung von $l_a/(b/2)$ vom Wert p_6' = 0 bei $l_a/(b/2) = + l_i/(b/2)$ an. Die Kurven p_7 = konst. steigen wertmäßig vom Wert p_7 = 0 bei $l_a/(b/2) = \pm\, l_i/(b/2)$ bis zum Grenzwert p_7 = 2 bei $l_a/(b/2) = \infty$ an. Die Kurven p_5 = konst. steigen wertmäßig von p_5 = 0 bei $l_a/(b/2) = - l_i/(b/2)$ bis zum Wert p_5 = 1 bei $l_a/(b/2) = + l_i/(b/2) = +\infty$ an.

2.4.6.3 Erklärung des Zustandsdiagramms

Die Erklärung und Anwendung des Zustandsdiagramms sowie die Auffindung des Betriebspunktes sollen an einem Beispiel eines vorliegenden Getriebes vorgenommen werden. Liegt ein Regel-Reibgetriebe in seiner Konstruktion vor, so sind für jede Regelstellung folgende Werte bekannt:

1. das Antriebsmoment M_1 (cmkg)
2. die Antriebsdrehzahl n_1 (U/min)
3. die Antriebsleistung L_1 (PS)
4. die Anpreßkraft (Normalkraft) N (kg)

5. der Radius R_1 der Scheibe 1 (cm)
6. der Radius r_1 der Scheibe 1 (cm)
7. der Radius R_2 der Scheibe 2 (cm)
8. der Radius r_2 der Scheibe 2 (cm)
9. der Krümmungsradius ρ[10] (cm)

---

10) Für die Bestimmung des Krümmungsradius ρ in Flächen zweiter Ordnung gilt: Die Krümmungshalbmesser in einem Punkte P einer Fläche zweiter Ordnung in zwei senkrecht aufeinanderstehenden Richtungen seien ρ_1 und ρ_2 (Bild 15), so daß die Fläche in unmittelbarer Umgebung dieser Stelle dargestellt werden kann durch die Funktion:

$$z = \frac{x^2}{2\rho_1} + \frac{y^2}{2\rho_2}$$

Schneiden wir die Fläche in einer zur yz-Ebene senkrechten Ebene, die mit der z-Achse den Winkel φ bildet (d. bedeutet, wir drehen die zx-Ebene in die z'x-Ebene und die yx-Ebene in die y'x-Ebene), so führen wir zur Bestimmung der Krümmungshalbmesser in der z'x-Ebene die Koordinaten z' und y' für z und y ein.

$$z = z'\cos\varphi - y'\sin\varphi$$
$$y = z'\sin\varphi + y'\cos\varphi$$

$$z'\cos\varphi - y'\sin\varphi = \frac{x^2}{2\rho_1} + \frac{(z'\sin\varphi + y'\cos\varphi)^2}{2\rho_2}$$

Für y' = 0 wird: $z'\cos\varphi = \frac{x^2}{2\rho_1} + \frac{(z')^2\sin^2\varphi}{2\rho_2}$

Da die Funktionen nur in unmittelbarer Umgebung von P gelten, wo z' sehr klein ist, kann das quadratische Glied vernachlässigt werden.

$$z' = \frac{x^2}{2\rho_1\cos\varphi}$$

Der Krümmungsradius in der z'x-Ebene ist daher $\rho' = \rho_1\cos\varphi$, also nur von ρ_1 nicht von ρ_2 im zy-Schnitt abhängig.
Die Anwendung bei den im Falle des Reibgetriebes vorliegenden Verhältnissen ist gegeben bei dem Momentankegel (Bild 16).
Die Kegelmantelfläche hat im Punkte P in der zy-Ebene die Krümmung Null, in der zx-Ebene die Krümmung $1/\rho_1$. Es soll ρ_1 berechnet werden. In der um den halben Kegelwinkel φ gedrehten z'x-Ebene hat die Fläche den Krümmungsradius r_1 (Kreisquerschnitt). Nach obiger Formel ist

$$r_1 = \rho_1\cos\varphi$$

Folglich liegt der Krümmungsmittelpunkt im Schnitt N-N auf der Kegelachse.
Diese Schlußfolgerung ist bei der Angabe der Krümmungsradien in den Untersuchungen dieser Arbeit angewendet.

10. die Reibringbreite l (cm)
11. der Kegelbereich $x = r_{1i}/r_{1a}$

und außerdem die Werkstoffkennwerte:

12. der Reibwert μ
13. der Elastizitätsmodul E (kg/cm^2) der Werkstoffpaarung
14. die max. zul. Flächenpressung p_{max} (kg/cm^2)
15. der Verschleißwert f (cm^3/PSh) des Reibbelages

1. Der Betriebspunkt des Getriebes im Zustandsdiagramm

Es soll der für eine Regelstellung zugehörige Betriebspunkt im Zustandsdiagramm aufgesucht werden; ferner soll angegeben werden, wie groß die Flächenpressung wird, wie die Reibfläche $l \cdot b$ aussieht und wo der Wälzpunkt O liegt. In den meisten praktischen Fällen liegt der Wälzpunkt O dicht bei oder in der Reibfläche des Reibringes. Es wird daher mit genügender Genauigkeit $U = M_1/r_1$ angesetzt. (Genaue Angabe von O kann nach Auffindung des Betriebspunktes durch Ablesen der Verhältnisgrößen $l_a/(b/2)$ und $l_i/(b/2)$ aus dem Zustandsdiagramm erfolgen.) Der Wert p_5 läßt sich aus der Beziehung $U/\mu . N$ berechnen und diese Linie p_5 kann im Zustandsdiagramm aufgesucht werden. Der Betriebspunkt ist dann durch einen Punkt dieser Linie p_5 gegeben. Aus den als bekannt vorgegebenen Größen wird der Wert

$$p_6' = \frac{E \cdot l^3 \cdot \pi}{7.25 \cdot N \cdot \rho}$$

berechnet und diese Linie p_6' ebenfalls im Zustandsdiagramm aufgesucht. Der Schnittpunkt der Linien p_5 und p_6' ist der dieser Regelstellung entsprechende Betriebspunkt. Hierfür können die Größen p_2, p_7 und p_8' abgelesen und daraus wiederum die Größen p_3 und p_4 berechnet werden.

Lesen wir aus dem Zustandsdiagramm die zum Schnittpunkt der p_5 und p_6'-Linie gehörenden $l_a/(b/2)$ und $l_i/(b/2)$ ab, so haben wir damit sowohl den Wälzpunkt O, als auch den Wert b/2.

Aus dem Wert p_7 läßt sich nach Gleichung (15) M_o finden, so daß hierdurch nach Gleichung (4) ε bestimmt ist. Weiter läßt sich aus Gleichung (16) die Flächenpressung und nach Gleichung (11) die Reibflächenbreite b berechnen.

Wir sind also mit Hilfe des Zustandsdiagramms in der Lage, für jedes Reibscheiben-Regelgetriebe und für jede Regelstellung den Betriebszustand anzugeben.

2. Änderung der Lage des Betriebspunktes

a) Änderung infolge Regelns

Beim Regelvorgang ändert sich r_1 und damit auch U. Je nach Konstruktion des Getriebes ändert sich auch ρ bzw. bleibt ρ konst.

Der Einfluß der Änderung von ϱ soll bei der Untersuchung der einzelnen Systeme mit untersucht werden. Bei der hier vorgenommenen Erläuterung des Zustandsdiagramms wird das Getriebe nach Bild 21 zugrundegelegt, bei dem beim Regeln ϱ = konst. bleibt.
Meist wird, wie auch hier, die Konstruktion des Getriebes so ausgeführt sein, daß die Normalkraft N von $M_2 = U.r_2$ abhängt und r_2 = konst. ist, also der Reibring auf der Abtriebsscheibe angeordnet ist. Das selbsttätige Einstellen muß durch die Scheibe, auf der der Reibring sitzt, durch geeignete Konstruktion (Schraubenrille mit Kugeln) vorgenommen werden. Dann bleibt das Verhältnis U/N konstant, der Betriebspunkt wandert somit beim Regeln auf der Linie $p_5 = U/\mu.N$ = konst. Beim Regeln ändert sich r_1 von r_{1i} (Innenstellung Index i) bis r_{1a} (Außenstellung Index a). Nach Gleichung (13 und 14) bekommen wir den Betriebspunkt für die Innenstellung als Schnittpunkt der p_5-Linie mit der p_6'-Linie für die Innenlage (p_{6i}'). Dann wandert der Betriebspunkt beim Regeln auf der Linie p_5 = konst. und zwar finden wir den Betriebspunkt jeweils als Schnittpunkt der entsprechenden p_6'-Linie mit der p_5-Linie. In der äußeren Regellage entspricht der Betriebspunkt dem Schnittpunkt der p_5-Linie mit p_{6a}'.
Nach Gleichung (14) ändert sich p_6' bei dem nach Bild 21 vorliegenden Getriebe nur mit 1/N d.h. proportional r_1. Ist z.B. $r_{1a} = 4.r_{1i}$, so ist $p_{6a}' = 4.p_{6i}'$ und die Betriebspunkte für die dazwischenliegenden Regelstellungen liegen bei p_6'-Werten zwischen p_{6i}' und p_{6a}', die nach der Beziehung $p_6' = p_{6i}'.r_1/r_{1i}$ errechnet werden können.

b) Änderung infolge des Schwankens des Reibwertes μ .

Schwankt der Reibwert μ zwischen μ_{max} und μ_{min}, so kann der Betriebspunkt zwischen den Linien

$p_{5\mu_{max}} = U/\mu_{max}.N$ und $p_{5\mu_{min}} = U/\mu_{min}.N$ wandern.

c) Änderung infolge von Teillast

Wird das Getriebe unter Teillast gefahren, also das Antriebsmoment M_1 nicht voll ausgenutzt, so ändert der Betriebspunkt seine Lage zu anderen p_6'-Werten.

Aus Gleichung (14) $p_6' - \frac{1}{U} \cdot \frac{U}{N} \cdot \frac{E \cdot l^3 \cdot \pi}{7{,}25 \cdot \varrho} - \frac{r_1}{M_1} \cdot \frac{U}{N} \cdot \frac{E \cdot l^3 \cdot \pi}{7{,}25 \cdot \varrho}$

folgt die Veränderung von p_6' bei Änderung des Antriebsmomentes M_1. Bei kleinen M_1-Werten werden die p_6'-Werte größer.

3. Das "Gebiet der Betriebspunkte" für ein Getriebe im Zustandsdiagramm

Für ein gegebenes Getriebe läßt sich nunmehr angeben, in welchen Grenzen die Betriebspunkte im Zustandsdiagramm liegen können.

Aus dem Regelvorgang, bzw. aus dem Betrieb unter Teillast haben wir die Grenzen durch die Linien p'_{6i} und p'_{6a}, und aus dem Schwanken des Reibwertes μ die Grenzen durch die Linien p_5 für μ_{max} und μ_{min}. Diese Linien grenzen ein Kurvenviereck ab, das "das Gebiet der Betriebspunkte" für ein gegebenes Getriebe im Zustandsdiagramm kennzeichnet.

2.4.6.4 Kennzeichnung der Güte eines Getriebes

Zur Beurteilung der Güte eines Getriebes ziehen wir folgende Größen in Betracht:

1. den relativen Leistungsverlust ε.

Nach Gleichung (4) ist der relative Leistungsverlust ε für die 3 Fälle bestimmt:

Fall 1 $R'_2 < R'_1$	Fall 2 $R'_2 > R'_1$	Fall 3 Gegenläufigkeit
$\varepsilon = \dfrac{\frac{R_1}{R_2} - 1}{\frac{U \cdot R_1}{M_0} - 1}$	$\varepsilon = \dfrac{1 - \frac{R_1}{R_2}}{\frac{U \cdot R_1}{M_0} + 1}$	$\varepsilon = \dfrac{1 + \frac{R_1}{R_2}}{\frac{U \cdot R_1}{M_0} + 1}$

Das Moment M_0 ist gegenüber dem Moment $U.R_1$ klein, so daß der Wert $U.R_1/M$ sehr groß gegenüber 1 ist, und daher die 1 im Nenner der Brüche vernachlässigt werden kann. Es ergibt sich dann:

$$(17)\quad \varepsilon = \frac{(\frac{R_1}{R_2} - 1)M_0}{U \cdot R_1}\,; \qquad \varepsilon = \frac{(1 - \frac{R_1}{R_2})M_0}{U\,R_1}\,; \qquad \varepsilon = \frac{(1 + \frac{R_1}{R_2})M_0}{U \cdot R_1}$$

Diese Gleichung (17) für ε gilt für jede momentane Regellage.

Gleichung (17) gibt den relativen Leistungsverlust für die 3 Fälle getrennt an. Da für den relativen Leistungsverlust nur der absolute Betrag von Interesse ist, kann man die Ausdrücke $(\frac{R_1}{R_2} - 1)$ und $(1 - \frac{R_1}{R_2})$ im Zähler der Brüche als Betrag $\left|\frac{R_1}{R_2} - 1\right|$ schreiben, so daß Fall 1 und 2 die gleichen Formeln ergeben.
Es läßt sich nun für alle 3 Fälle die Gleichung für den relativen Leistungsverlust wie folgt schreiben:

$$(18)\qquad \varepsilon = \frac{\left|\frac{R_1}{R_2} \mp 1\right| M_0}{U \cdot R_1}$$

-Zeichen für gleichsinnigen Umlauf der beiden Scheiben

+Zeichen für gegensinnigen Umlauf der beiden Scheiben

2. den mittleren relativen Leistungsverlust ε_m. [8]

Um Aussagen über den gesamten Leistungsverlust bezogen auf alle Regellagen machen zu können, müssen die Verlustwerte der einzelnen Regellagen nach Gleichung (18) errechnet werden. Dann muß eine Mittelbildung über den gesamten Regelbereich durchgeführt werden. Hierbei werden alle Regellagen als gleichwertig in Bezug auf die Länge ihrer Betriebszeit betrachtet.

Würde man z.B. die relativen Verlustwerte der einzelnen Regellagen über dem jeder Regellage zugehörigen Wert r_1 auftragen, so muß die Mittelbildung von ε zwischen den Werten r_{1i} (innere Regellage) und r_{1a} (äußere Regellage) durchgeführt werden. Das ergibt:

$$(19) \qquad \varepsilon_m = \frac{1}{r_{1a} - r_{1i}} \int_{r_{1i}}^{r_{1a}} \varepsilon \cdot dr_1$$

3. die Erwärmung.

Für die Erwärmung sind die Reibungsverluste in der Druckfläche zugrunde zu legen. Die geleistete Reibungsarbeit wird in Wärme umgesetzt und führt zur Erwärmung der Reibscheiben. Je nachdem, ob als Werkstoffpaarung Stahl gegen Stahl oder Stahl gegen Preß- oder Kunststoff verwendet ist, wird die Wärme in An- und Abtriebsscheibe oder nur in eine der Scheiben übergehen. (Kunst- und Preßstoffe sind fast Wärmeisolatoren). Die Erwärmung der Scheibe nähert sich schneller oder langsamer je nach Größe der wirksamen Kühlfäche F_k und der Wärmeübergangszahl α_k einem Beharrungszustand, der durch die Beharrungsübertemperatur $t_{hü}$ der Scheibe gekennzeichnet wird.

Da wir für die Berechnung der Beharrungsübertemperatur eines Reibscheiben-Regelgetriebes den ungünstigsten Fall des relativen Verlustes, also die ungünstigste Regellage zu Grunde legen müssen, kommt als Reibleistung die Reibleistung in dieser Regellage in Betracht. Wir bezeichnen diese Regellage als gefährdete Regellage mit dem Index "g". (Es kann vorkommen, daß das Getriebe in der ungünstigsten Regellage über längere Zeit gefahren wird). Wird der relative Verlust in dieser Regellage mit ε_g bezeichnet, so ist die Reibleistung L_{Rg}

$$L_{Rg} = L_1 \cdot \varepsilon_g$$

ε_g läßt sich aus Gleichung (18) berechnen, indem wir verschiedene Werte für R_1 einsetzen und den größten Wert bestimmen. In den meisten praktisch vorkommenden Fällen wird die Wahl von R_1/R_2 so vorgenommen, daß die ungünstigste, also gefährdete Regellage die innere Regellage ist.

Die Beharrungsübertemperatur der Scheibe ergibt sich zu:

$$(20) \qquad t_{hü} = \frac{632 \cdot L_{Rg}}{F_k \cdot \alpha_k}$$

wobei L_{Rg} = Reibleistung in PS

F_k = wirksame Kühlfläche der Scheibe in m^2

α_k = Wärmeübergangszahl in $kcal/m^2h^o$

einzusetzen sind.

Die Wärmeübergangszahl α_k ist von der Umfangsgeschwindigkeit v_k der Scheibe abhängig. Nach Erfahrungen bei Brems- und Kupplungsscheiben kann

$\alpha_k = 11 + 2{,}5 \cdot v_k$ gewählt werden.

v_k = Umfangsgeschwindigkeit der Scheibe in m/sec.

4. die Lebensdauer H in Betriebsstunden.

Die Lebensdauer H hängt ab von dem zur Verfügung stehenden verschleißbaren Volumen, von der während der Gesamtbetriebszeit geleisteten Reibarbeit und von dem Verschleißwert f des Reibwerkstoffs.
Bezeichnen wir mit:

r_2 (cm) = mittl. Radius des Reibringes
l (cm) = Reibringbreite
s (cm) = Verschleißstärke des Reibringes
f (cm^3/PSh) = Verschleißwert des Reibwerkstoffs
L_1 (PS) = Antriebsleistung
ε_m = mittl. relativer Leistungsverlust

so erhalten wir die Lebensdauer H in Betriebsstunden:

$$H = \frac{2\pi \cdot r_2 \cdot l \cdot s}{\varepsilon_m \cdot L_1 \cdot f} \text{ (Stdn.)} \qquad (21)$$

5. das Verhältnis Lagerkraft zu Umfangskraft.

Das Verhältnis Lagerkraft zu Umfangskraft ist abhängig vom Verhältnis U/N und von der Konstruktion des Getriebes. Für das Verhältnis U/N ist die Größe des Reibwertes μ der Werkstoffpaarung maßgeblich. Das Verhältnis U/N ist in der Größe $p_5 = U/\mu . N$ enthalten.

6. das Bauvolumen.

Das Bauvolumen eines Getriebes ist gegeben durch seine Abmessungen: Breite mal Höhe mal Länge.
Ein Reibscheiben-Regelgetriebe ist in seiner Güte um so vollkommener, je kleiner der mittlere relative Leistungsverlust, je kleiner die Erwärmung, also die Beharrungsübertemperatur, je kleiner das Verhältnis Lagerkraft zu Umfangskraft, je kleiner das Bauvolumen und je größer die Lebensdauer sind.

2.4.7 Zusammenstellung der Grundgleichungen und Kennwerte für die Berechnung von Reibscheiben-Regelgetrieben

Bei einem Reibscheiben-Regelgetriebe liegen

1. als gegebene Getriebedaten vor:
   1. die Leistung L_1 (PS)
   2. der Regelbereich x
   3. die Drehzahlen von An- und Abtrieb n_1 u. n_2 (U/min)
   4. die Reibringbreite l (cm)
   5. die Halbmesser R_1 und R_2 in der Reibebene (cm)
   6. der relative Krümmungshalbmesser ρ im Normalschnitt der Berührungslinie (cm)
   7. die Reibbelagstärke s des Reibrings (cm)
2. als Werkstoffdaten der Reibpaarung vor:
   1. der Reibwert μ
   2. der Elastizitätsmodul E (kg/cm^2)
   3. der Verschleißwert f (g/PSh oder cm^3/PSh)
   4. die Wälzfestigkeit k_{zul} (kg/cm^2)
   5. die ertragbare Hertz'sche Flächenpressung p_{zul} (kg/cm^2)
   6. die Wärmeübergangszahl α_k ($kcal/m^2h^o$)

7. die ertragbare Temperatur t_{zul} (^{o}C)

Aus der für das Kegelscheibengetriebe durchgeführten Untersuchung ergeben sich für die Berechnung aller Reibscheiben-Regelgetriebe die folgend angegebenen Grundgleichungen und Kennwerte mit allgemeiner Gültigkeit:

1. für die maximale Flächenpressung p_{max} in der ungünstigsten Regellage aus Gleichung (10). Für die praktischen Fälle ist die ungünstigste Regellage die Innenlage; wir wollen diesen Fall annehmen und bezeichnen diese Flächenpressung mit p_{maxi} (Sollte eine andere Lage maßgeben sein, so ist p_{max} für diese Lage zu nehmen).

$$(22) \quad p_{maxi} = 0{,}42 \sqrt{\frac{N_i \cdot E}{l \cdot \rho_i}} \quad (kg/cm^2)$$

mit $N_i = M_1 / r_{1i} \cdot \mu \cdot p_5$

und p_5 abhänging von der Konstruktion des Getriebes.

2. für den relativen Leistungsverlust

$$\varepsilon = \frac{\left| \frac{R_1}{R_2} \mp 1 \right| M_0}{U \cdot R_1}$$

-Zeichen für gleichsinnigen Umlauf der beiden Scheiben

+Zeichen für gegensinnigen Umlauf der beiden Scheiben

mit $\frac{M_0}{U} = \frac{l}{p_7}$ nach Gleichung (15)

und p_7 aus dem Zustandsdiagramm Bild 14 entsprechend dem zugehörigen Schnittpunkt der Linien p_5 und p_6', wobei

$p_6' = \frac{E \cdot l^3 \cdot \pi}{7{,}25 \cdot N \cdot \rho}$ nach Gleichung (14)

3. für den mittleren relativen Leistungsverlust ε_m

$$(19) \quad \varepsilon_m = \frac{1}{r_{1a} - r_{1i}} \int_{r_{1i}}^{r_{1a}} \varepsilon \cdot dr_1$$

mit ε nach Gleichung (18)

4. für die Erwärmung (Dauerübertemperatur)

$$(20) \quad t_{\ddot{u}} = \frac{632 \cdot L_R}{F_K \cdot \alpha_K} \; (^{\circ}C)$$

mit $L_R = L_1 \cdot \varepsilon$

und ε für die gefährdete (innere) Regellage nach Gleichung (18)

5. für die Lebensdauer H

$$(21) \quad H = \frac{2\pi \cdot r_2 \cdot l \cdot s}{\varepsilon_m \cdot L_1 \cdot f} \; (Stdn.)$$

mit ε_m nach Gleichung (19)

6. für das Verhältnis Lagerkraft zu Umfangskraft

   Dies ist abhängig von der Konstruktion des Getriebes und vom Verhältnis U/N.

$$(13) \quad p_s = \frac{U}{\mu \cdot N}$$

7. für das Bauvolumen

   Das Bauvolumen ist gegeben durch die Abmessungen des Getriebes: Breite mal Höhe mal Länge.

2.4.8 Verhältnisse bei geometrisch ähnlicher Vergrößerung

Vergrößern wir bei einem Reibscheiben-Regelgetriebe alle Abmessungen (einschließlich der Verschleißstärke des Reibrings) (y_m)-fach linear (geometrisch ähnliche Getriebe), lassen die Drehzahl konstant und setzen voraus, daß die Werkstoffkenngrößen ebenfalls konstant sind, so können wir für die nachfolgend aufgeführten 3 Fälle folgende Gesetzmäßigkeit ableiten:

1. Fall: Bei konstanter maximaler Flächenpressung p_{max} bleiben die Lebensdauer H nach Gleichung (21) und der mittlere relative Leistungsverlust ε_m nach Gleichung (19) konstant, während das übertragbare Drehmoment $M_1 = Ur_1$ und die übertragbare Leistung $L_1 = M_1 . n_1$ proportional $(y_m)^3$ wachsen. (Die Normalkraft N nach Gleichung (22) und die Umfangskraft U nach Gleichung (13) wachsen proportional $(y_m)^2$, das Reibmoment M_o nach Gleichung (16) bzw. (9) wächst proportional $(y_m)^3$)

2. Fall: Bei konstanter Lebensdauer H bleibt die max. Flächenpressung p_{max} nach Gleichung (22) konstant, d.h. es liegen die gleichen Verhältnisse vor wie beim 1. Fall:

   M_1 proportional $(y_m)^3$

   L_1 proportional $(y_m)^3$

3. Fall: Bei konstanter Erwärmung, d.h. konstanter Beharrungsübertemperatur wächst die wirksame Kühlfläche F_k proportional $(y_m)^2$. Die Reibleistung L_{Ri}, die von der übertragenen Leistung L_1 nach der Beziehung $L_{Ri} = \varepsilon_i \cdot L_1$ abhängt, wächst proportional $(y_m)^3$.

   Wäre die Wärmeübergangszahl α_k konstant, dann müßte die übertragbare Leistung proportional $(y_m)^2$ gehalten werden. Da α_k weniger als proportional (y_m) wächst, vergl. Seite 27, muß die übertragbare Leistung L_1 kleiner als proportional $(y_m)^3$ gehalten werden.

Aus der Betrachtung der 3 Fälle ersehen wir:

Bei (y_m)-facher geometrisch ähnlicher Vergrößerung eines Reibscheiben-Regelgetriebes wächst für konstante maximale Flächenpressung und konstante Lebensdauer die übertragbare Leistung $(y_m)^3$-fach, für konstante Beharrungsübertemperatur $t_{hü}$ nur weniger als $(y_m)^3$-fach, so daß von bestimmter (y_m)-facher Vergrößerung die Grenze durch die Erwärmung maßgeblich wird.

2.4.9 Der Einfluß der Antriebsdrehzahl n_1

Bei konstanter maximaler Flächenpressung p_{max} würde eine (y_n)-fache Vergrößerung der Antriebsdrehzahl n_1 bei einem Reibscheiben-Regelgetriebe eine (y_n)-fache Vergrößerung der übertragbaren Leistung L_1 bringen. Da aber auch die Verlustleistung sich (y_n)-fach vergrößert und die wirksame Kühlfäche F_k die gleiche bleibt, α_k aber weniger als (y_n)-fach wächst (vergl. Seite 21) würde sich die Erwärmung, d.h. die Beharrungsübertemperatur $t_{hü}$ weniger als (y_n)-fach vergrößern. Bei Einhaltung der gleichen Beharrungsübertemperatur $t_{hü}$ darf daher von einem bestimmten Wert (y_n) die Erhöhung der übertragbaren Leistung nur weniger als (y_n)-fach zugelassen werden.

Bei (y_n)-facher Verringerung der Drehzahl erhält man eine (y_n)-fache Verringerung der übertragbaren Leistung. Die Beharrungsübertemperatur $t_{hü}$ verringert sich weniger als (y_n)-fach. Wenn die gleiche Beharrungsübertemperatur erhalten bleiben soll, könnte von einem bestimmten Wert (y_n) die übertragbare Leistung L_1 etwas erhöht werden. Allerdings überschreitet man dann gering die maximal zulässige Flächenpressung und muß einen etwas größeren Verschleißwert in Kauf nehmen.

Auch für die Auswahl der Werkstoffpaarung ist die Größe der Drehzahl zu berücksichtigen. Bei großen Drehzahlen ist eine Werkstoffpaarung mit hoher maximal ertragbarer Temperatur notwendig.

Große Drehzahl ergibt kleine, kleine Drehzahl ergibt große Bauabmessungen bei gleich großer übertragbarer Leistung.

2.4.10 Der Einfluß des Verhältnisses U/N

Wir gehen davon aus, daß bei einem vorliegenden Getriebe die maximale Flächenpressung p_{max} durch die Werkstoffpaarung vorgegeben, also konstant ist, und die Drehzahl n_1 unverändert bleibt. Für das vorliegende Getriebe wollen wir zunächst ein solches annehmen, bei dem wir ohne Veränderung der Baugröße die beiden Größen Krümmungsradius ρ und Reibringbreite l beliebig stark verändern können (z.B. Getriebe nach Bild 4). Der Einfluß des Verhältnisses U/N wird nach Gleichung (13) $U/\mu.N = p_5$ untersucht.

Betrachten wir das Zustandsdiagramm (Bild 14), so müssen wir einen solchen p_5-Wert auswählen, daß der Betriebspunkt für das Getriebe im Gebiet kleiner relativer Verluste ε liegt. (Die Anwendung des Zustandsdiagramms zwecks Feststellung des Betriebspunktes ist unter 2.4.6.3 erläutert). Nach Gleichung (18) muß für kleinen relativen Verlust ε das Verhältnis M_o/U möglichst klein werden; dies ist nach Gleichung (16) gleichbedeutend mit kleinen p_8'-Werten. Bei der Auswahl des p_5-Wertes würden wir nun, unter Voraussetzung von konstantem μ, die Linie p_5 nehmen, die durch das Minimum von p_8' geht, also $p_5 = 0{,}8$. Da μ aber durch Zufälligkeiten nachlassen kann, wird zur Sicherheit p_5 kleiner als 0,8 gewählt, z.B. $p_5 = 0{,}7$. Dann wird beim Nachlassen von μ z.B. auf 75%, bzw. beim Ansteigen auf 125% der Betriebspunkt noch zwischen $p_5 = 0{,}56$ und $p_5 = 0{,}93$ und damit im Gebiet kleiner p_8'-Werte bleiben (z.B. für $p_6' = 3{,}0$: p_8' von 1,3 über 0,8 bis 1,0).

Der Einfluß des Schwankens des Reibwertes μ auf relative Verluste und Lebensdauer ist unter 3.1.1.4 gezeigt.

Es läßt sich konstruktiv erreichen, daß N in Abhängigkeit von $U.r_2 = M_2$ so reguliert wird (z.B. Schraubenrille mit Kugeln), daß das Verhältnis U/N = konst. und als Zahlenwert jeweils so groß ist, daß der gewünschte p_5-Wert erreicht wird.

Sind wir bei dem vorliegenden Getriebe mit der Größe des Krümmungsradius ρ insofern festgelegt, als dieser nur durch Veränderung der Baugröße verändert werden kann (z.B. Getriebe nach Bild 38 und 41), so treten bei den Untersuchungen hinsichtlich des Minimums der Verlustwerte im Zustandsdiagramm (Bild 14) ganz geringe Abweichungen auf [8], die für die praktische Anwendung jedoch ohne Belang sind. Wir können also auch für diese Getriebe für die Wahl des Verhältnisses $p_5 = U/\mu.N$ die vorstehenden Betrachtungen an Hand des Zustandsdiagramms übernehmen und $p_5 = 0{,}7$ als günstigsten Wert zugrundelegen.

Andere Werte p_5 ergeben hinsichtlich der relativen Verluste und damit der Erwärmung und der Lebensdauer schlechtere Verhältnisse.

2.4.11 Der Einfluß von ρ und l

Unter der Voraussetzung, daß die Drehzahl n_1 konstant bleibt, und die maximale Flächenpressung p_{max} eingehalten wird, betrachten wir:

1. Getriebe z.B. nach Bild 4, bei denen sowohl der Krümmungsradius ρ als auch die Reibringbreite l ohne Veränderung der Baugröße beliebig geändert werden können.

   Zurückgreifend auf das Zustandsdiagramm (Bild 14) und die Ausführungen unter 2.4.10 stellen wir fest, daß wir den Betriebspunkt des Getriebes auf der Linie $p_5 = 0{,}7$ so auswählen müssen, daß er beim kleinsten Wert p_8', also bei kleinstem relativen Verlust liegt. Dort lesen wir den Wert $p_6' = p_2'^2 = [l/(b/2)]^2 = 2{,}5$ ab und haben damit das in Bezug auf relative Verluste günstigste Verhältnis $l/(b/2)$. Wir können nun ρ oder l beliebig wählen, beide Werte sind über die maximal zulässige Flächenpressung p_{max} durch die Gleichungen (11) und (14) gekoppelt.

Vergrößern wir ρ und l (y_m)-fach linear, so bleibt das günstigste Verhältnis $l/(b/2)$ erhalten. Die Umfangskraft U wächst proportional $(y_m)^2$, die übertragbare Leistung L_1 wächst ebenfalls proportional $(y_m)^2$. Der relative Verlust ε ist nach Gleichung (18) proportional M_o/U. Da wir im Zustandsdiagramm im gleichen Punkt p_8' bleiben, wird nach Gleichung (16)

$$\frac{M_o}{U} = p_8' \sqrt{\frac{U}{\mu \cdot p_{max}}}$$

d.h. M_o/U wächst proportional $\sqrt{U}$. ε wächst also proportional (y_m). Die Verlustleistung $L_{Ri} = \varepsilon_i \cdot L_1$ wächst damit proportional $(y_m)^3$. Da die wirksame Kühlfläche F_k die gleiche bleibt und auch α_k sich nicht ändert, wird die Erwärmung, d.h. die Beharrungsübertemperatur $t_{hü}$ nach Gleichung (20) $(y_m)^3$-fach anwachsen, also das Getriebe viel zu warm werden.

Die Lebensdauer H nach Gleichung (21) wird $1/(y_m)^2$-fach verringert.

2. Getriebe nach Bild 38 und 41), bei denen der Krümmungsradius festliegt und nur die Reibringbreite l verändert werden kann.

   Hierbei wird durch eine Vergrößerung der Reibringbreite l das Verhältnis $l/(b/2)$ geändert, wir kommen also mit dem Betriebspunkt zu größeren Werten p_6'. Dies bedeutet eine Vergrößerung des relativen Verlustes. Die übertragbare Leistung L_1 wächst bei (y_m)-facher Vergrößerung von l ebenfalls (y_m)-fach. Der relative Verlust ε wächst nach Gleichung (16) etwas weniger als (y_m)-fach, da p_8' nur sehr wenig und U (y_m)-fach wächst.

   Die Reibleistung L_{Ri} wächst daher mehr als (y_m)-fach, jedoch weniger als $(y_m)^2$-fach. Da die wirksame Kühlfläche F_k und die Wärmeübergangszahl α_k die gleichen bleiben, wächst die Erwärmung, d.h. die Beharrungsübertemperatur $t_{hü}$ mehr als (y_m)-fach und weniger als $(y_m)^2$-fach.

   Die Lebensdauer H nach Gleichung (21) wird etwas mehr als $1/(y_m)$-fach verringert.

3. Das Getriebe nach Bild 17. Hierfür ist unter 3.1.5 Seite 43. eine genaue Untersuchung über den Einfluß der Änderung von ρ_i und l auf Verluste und Lebensdauer durchgeführt.

2.4.12 Der Einfluß des Regelbereiches x und der Unterteilung des Regelbereiches (Hintereinanderschaltung)

Eine Vergrößerung des Regelbereiches x bei einem Reibscheiben-Regelgetriebe hat einen Einfluß auf den relativen Leistungsverlust ε_m und die Lebensdauer H des Getriebes. Den Einfluß auf den relativen Leistungsverlust können wir aus Gleichung (18), auf die Lebensdauer aus Gleichung (21) erkennen.
Wir wollen den Regelbereich bei konstantem R_2 vergrößern. Bei größerem Regelbereich kommen zusätzliche Regellagen hinzu, bei denen das Verhältnis R_1/R_2 größer, also auch der relative Leistungsverlust größer wird. Die Lebensdauer wird bei größerem Regelbereich kleiner.
Ein größerer Regelbereich bedingt größere Bauabmessungen. Bei konstanter maximaler Flächenpressung p_{zul} und konstanter Drehzahl n_1 bleibt bei Vergrößerung des Regelbereichs x die übertragbare Leistung konstant.
In Bezug auf die Erwärmung ist zu sagen, daß einer größeren Reibleistung L_R eine größere Kühlfläche F_k und eine entsprechend der größeren Umfangsgeschwindigkeit v_k größere Wärmeübergangszahl α_k gegenübersteht.
Genaue Angaben, um wieviel bei Vergrößerung des Regelbereiches x der mittl. relative Leistungsverlust ε_m und damit die Reibleistung ansteigen, um wieviel die Lebensdauer abfällt, und wie die Beharrungsübertemperatur sich ändert, können erst später bei der Untersuchung bestimmter Systeme gemacht werden.
Ebenso wird der Einfluß der Unterteilung des Regelbereiches (Hintereinanderschaltung von einfachen Reibpaarungen) auf die Größe des mittl. relativen Leistungsverlustes (Erwärmung) und die Lebensdauer bei der Untersuchung bestimmter Systeme festgestellt.

2.4.13 Der Einfluß der Werkstoffpaarung

Die angewendete Werkstoffpaarung mit ihren charakteristischen Kennwerten: max. zul. Flächenpressung p_{zul} (kg/cm^2) bzw. max. zul. Wälzpressung k_{zul} (kg/cm^2), Reibwert μ, Verschleißwert f (g/PSh oder cm^3/PSh), Elastizitätsmodul E (kg/cm^2) und max. zul. Temperatur t_{zul} (°C) hat Einfluß auf die übertragbare Leistung L_1, die Reibleistung L_R, den relativen Leistungsverlust ε, die Erwärmung und die Lebensdauer des Getriebes.
Wir wollen untersuchen, welchen Einfluß die Auswahl der Werkstoffpaarung hat, wenn wir gleiche Bauart und Bauabmessungen und gleiche Drehzahl beibehalten und mit dem Betriebspunkt des Getriebes im Zustandsdiagramm im gleichen Punkt bleiben. Ändert sich durch die Wahl einer anderen Werkstoffpaarung die Druckflächenbreite b, so müssen wir, um im gleichen Betriebspunkt zu bleiben, die Reibringbreite l im gleichen Maße ändern.
Es können durch die Wahl der Werkstoffpaarung folgende Fälle eintreten:

1. <u>die maximale Flächenpressung p_{zul} wird um das (y_p)-fache vergrößert</u>.

Dann ändert sich:
die Druckflächenbreite b proportional (y_p),
die übertragbare Umfangskraft U " $(y_p)^3$,
die übertragbare Leistung L_1 " $(y_p)^3$,
das Reibmoment M_o " $(y_p)^4$,
der relative Verlust ε " (y_p),
da $M_o/U = p'_\delta \sqrt{U/\mu \cdot p_{max}}$
die Reibleistung L_R proportional $(y_p)^4$,
die Erwärmung, d.h. die Dauerübertemperatur $t_{hü}$ proportional $(y_p)^4$,
das Getriebe wird also viel zu warm,
die Lebensdauer H proportional $1/(y_p)^3$.

2. der Elastizitätsmodul E wird um das $(1/y_E)$-fache verringert.

Dann ändert sich:
die Druckflächenbreite b proportional (y_E),
die übertragbare Umfangskraft U " $(y_E)^2$,
die übertragbare Leistung L_1 " $(y_E)^2$,
das Reibmoment M_o " $(y_E)^3$,
der relative Verlust ε " (y_E),
da $M_o/U = p'_\delta \sqrt{U/\mu \cdot p_{max}}$
die Reibleistung L_R " $(y_E)^3$,
die Erwärmung (Dauerübertemperatur) proportional $(y_E)^3$,
die Lebensdauer H " $1/(y_E)^2$.

Bei sehr weichen Werkstoffen - wie z.B. Gummi - mit kleinem E-Modul wird die äußere Geschwindigkeitsdifferenz in der Druckfläche durch die elastische Formänderung mehr oder weniger ausgeglichen (kleinere Reibarbeit L_R), wodurch sich allerdings die innere Verformungsarbeit (Dämpfungsverluste) vergrößert.

3. Der Reibwert μ wird um das (y_μ)-fache vergrößert.

Dann ändert sich:
die übertragbare Umfangskraft U proportional (y_μ),
die übertragbare Leistung L_1 " (y_μ),
das Reibmoment M_o " (y_μ),
der relative Verlust ε " $(y_\mu)^0$,
bleibt also konstant,
die Reibleistung L_R proportional (y_μ),
die Beharrungsübertemperatur $t_{hü}$ " (y_μ),
die Lebensdauer H " $1/(y_\mu)$.

4. Der Verschleißwert f wird um das $1/(y_f)$-fache verringert.

Dann ändert sich die Lebensdauer H proportional (y_f). Die anderen Größen ändern sich nicht.

5. Die max. zul. Dauerübertemperatur wird um das (y_t)-fache erhöht. Dann ändert sich die übertragbare Leistung L_1 proportional (y_t), falls die Bemessung des Getriebes auf Grund der Wärmeabfuhr erfolgte und die übrigen Werkstoff-Kenngrößen hierbei nicht überschritten werden.

An die Werkstoffpaarung müssen bzgl. der Werkstoffkennwerte folgende Anforderungen gestellt werden: Sie soll 1. einen möglichst hohen Reibwert μ, 2. eine möglichst hohe max. zul. Flächenpressung p_{zul}, 3. eine möglichst hohe maximal zul. Temperatur t_{zul}, 4. einen möglichst kleinen Verschleißwert f und 5. einen möglichst kleinen Elastizitätsmodul E haben. Bei solchen Werkstoffpaarungen, wo wegen der Abführung der erzeugten Wärme Ölschmierung angewendet werden muß, ist zu beachten, daß der Reibwert μ dabei stark absinkt.

2.4.14 Der Einfluß der Parallelschaltung (Leistungsverzweigung)

Bei bestimmten Konstruktionen von Reibscheiben-Regelgetrieben wird eine Parallelschaltung von einfachen Reibpaarungen vorgenommen. Bei (y_p)-facher Parallelschaltung kann bei etwa gleichen Bauabmessungen die übertragbare Leistung L_1 proportional (y_p) erhöht werden. Dabei erhöht sich die Verlustleistung ebenfalls proportional (y_p). Der relative Leistungsverlust bleibt konstant. Die Erwärmung wächst direkt proportional (y_p), falls das Gehäuse nicht vergrößert wird, während die Lebensdauer konstant bleibt.

2.4.15 Abschließende Betrachtung

Abschließend ist zu bemerken, daß im Bezug auf die Güte des Getriebes hinsichtlich Baugröße, übertragbarer Leistung, Regelbereich, Leistungsverlust, Erwärmung und Lebensdauer abgewogen werden muß, nach welcher Richtung ein Kompromiß unter Berücksichtigung der jeweils vorliegenden Verhältnisse, Anforderungen und Betriebsbedingungen geschlossen werden muß.

3. Untersuchung verschiedener Systeme von Reibscheiben-Regelgetrieben (Bilder 17, 18, 19 und 20)

Im Folgenden werden 3 Systeme von Reibscheiben-Regelgetrieben untersucht mit dem Ziel, in jedem System die optimale Bauart (günstigste Verhältnisse der geometrischen Abmessungen) einerseits in Bezug auf kleinste relative Verluste und damit Erwärmung, andererseits in Bezug auf größte Lebensdauer zu bestimmen. Dann soll eine Wertung der Systeme untereinander vorgenommen werden, um abzuschätzen, in welcher Richtung die optimale Bauart liegen wird, bzw. ob ein System als "optimal" herauszufinden ist.

System I	(Bild 17)	(Wesselmann) 2 hintereinander geschaltete Einfachpaarungen
System II	(Bild 18)	(Hayes) 4 Einfachpaarungen in Kombination parallel und hintereinander geschaltet, Leistungsverzweigung an der Antriebsscheibe 1
System III	(Bild 19)	Anordnung A: 2 hintereinander geschaltete Einfachpaarungen
"	(Bild 20)	Anordnung B: (Arter) 4 Einfachpaarungen in

Kombination parallel und hintereinandergeschaltet mit Leistungsverzweigung an der Antriebsscheibe 1.

3.1 Untersuchung von System I (Wesselmann)

System I stellt eine Hintereinanderschaltung von 2 einfachen Reibpaarungen dar. Zunächst soll die einfache Reibpaarung (Einfachpaarung I) allein untersucht werden und später zur Doppelpaarung übergegangen werden.

3.1.1 Untersuchung der "Einfachpaarung I" mit Anordnung nach Bild 21

3.1.1.1 Daten für die Untersuchung

Als gegeben wird angesetzt:

1. die zu übertragende Leistung L_1 in PS
2. die Antriebsdrehzahl n_1 in U/min
3. der Regelbereich $x = n_{2min} : n_{2max}$

Aus 1. und 2. läßt sich das zu übertragende Drehmoment M_1 in cmkg errechnen.

Die Antriebsscheibe 1 ist eben oder flach ballig, der Reibring befindet sich auf der Abtriebsscheibe 2. Durch geringe Änderung der Wölbung der Scheibe 1 oder des Kegelwinkels der Scheibe 2 kann ρ stark geändert werden. Es werden daher die Maße Krümmungsradius ρ und Reibringbreite l als frei wählbar betrachtet; sie sind also nicht bereits durch die Konstruktion festgelegt. Die Kraft N ist proportional dem Abtriebsmoment M_2.

Gewählt wird

1. der Außenradius R_{1a} ($\approx r_{1a}$) in cm.
   Hieraus wird R_{1i} ($\approx r_{1i}$) mit Hilfe von x berechnet.
2. die maximale Flächenpressung p_{max} in kg/cm^2 in der Innenstellung, da hier die größte Kraft N auftritt
   $p_{mi} = p_{max}$
3. der Wert p_5
   Wäre μ konstant, so würden wir $p_5 = 0,8$ wählen, um möglichst günstige ε -Werte zu erhalten. Mit Rücksicht auf die Inkonstanz von μ wird sicherheitshalber $p_5 = 0,7$ gewählt. (Siehe unter 2.4.10 und Zustandsdiagramm).
4. der Wert p'_{6a} und damit aus dem Regelbereich $x = R_{1i}/R_{1a}\ p'_{6a}$ und zwar so, daß die Punkte p'_{6i} und p'_{6a} gleichmäßig weit vom Minimum der p'_8-Werte (ε -Werte) im Zustandsdiagramm entfernt sind.

3.1.1.2 Durchführung der Untersuchung

Beim Rechnungsgang gehen wir von der inneren Regelstellung aus, weil in dieser Lage die Kräfte am größten sind.

Die Umfangskraft wird

$$(23)\qquad U_i = \frac{M_1}{R_{1i}} = \frac{M_1}{x \cdot R_{1a}}$$

und daraus die Normalkraft

$$(24)\qquad N_i = \frac{U_i}{\mu \cdot p_s} = \frac{M_1}{x \cdot R_{1a} \cdot \mu \cdot 0{,}7}$$

Nach Gleichung (14) ist

$$p'_{6i} = \left(\frac{l}{b_i/2}\right)^2 \qquad b_i = \frac{2 \cdot l}{\sqrt{p'_{6i}}}$$

Nach Gleichung (10) ist die Normalkraft

$$N_i = \frac{\pi}{4} \cdot p_{mi} \cdot b_i \cdot l$$

gegeben,
so daß durch Gleichsetzen von (10) und (24) folgt:

$$(25)\qquad N_i = \frac{\pi}{4} \cdot p_{mi} \cdot \frac{2 \cdot l^2}{\sqrt{p'_{6i}}} = \frac{M_1}{x \cdot R_{1a} \cdot \mu \cdot 0{,}7}$$

Hieraus wird die Reibringbreite l berechnet zu

$$(26)\qquad l = \sqrt{\frac{M_1}{x \cdot R_{1a} \cdot \mu \cdot 0{,}7 \cdot p_{mi}} \cdot \frac{2}{\pi}} \cdot \sqrt[4]{p'_{6i}}$$

Die Reibflächenbreite b_i (in der Innenstellung) ergibt sich zu

$$(27)\qquad b_i = 2 \cdot \sqrt{\frac{M_1}{x \cdot R_{1a} \cdot \mu \cdot 0{,}7 \cdot p_{mi}} \cdot \frac{2}{\pi}} \cdot \frac{1}{\sqrt[4]{p'_{6i}}}$$

Dann wird der Krümmungsradius ρ aus Gleichung (11) bestimmt zu

$$(28)\qquad \rho = \frac{b_i}{2} \cdot \frac{E}{p_{mi}} \cdot \frac{2}{7{,}25} = \sqrt{\frac{M_1}{x \cdot R_{1a} \cdot \mu \cdot 0{,}7 \cdot p_{mi}} \cdot \frac{2}{\pi}} \cdot \frac{2}{7{,}25} \cdot \frac{E}{p_{mi}} \cdot \frac{1}{\sqrt[4]{p'_{6i}}}$$

Gleichung (26) und (28) geben uns an, wie die zunächst noch nicht in der Konstruktion festgelegten Größen l und ρ durch die gewählten Größen bestimmt werden.

Zur Bestimmung des mittleren relativen Leistungsverlustes gehen wir von den Gleichungen (18) und (15) aus. Aus beiden erhalten wir:

$$(29)\qquad \varepsilon = \left| \frac{R_1}{R_2} - 1 \right| \frac{l}{R_1 \cdot p_7}$$

Wir führen nun nach Gleichung (26) l ein und erhalten

$$(30)\qquad \varepsilon = \left| \frac{R_1}{R_2} - 1 \right| \frac{\sqrt{\frac{M_1}{x \cdot R_{1a} \cdot \mu \cdot 0{,}7 \cdot p_{mi}} \cdot \frac{2}{\pi}} \cdot \sqrt[4]{p'_{6i}}}{R_1 \cdot p_7}$$

Um den mittleren relativen Verlust ε_m zu erhalten, müssen wir eine Mittelbildung der Verluste über alle Regellagen vornehmen (siehe dazu Bild 22). Bei der Mittelbildung wird die schon früher gemachte Voraussetzung, daß im Betrieb alle Regellagen gleichmäßig lange gefahren werden, angewendet. Zweckmäßigerweise führen wir dimensionslose Größen in Gleichung (30) ein, indem wir sie wie folgt umformen:

$$(31)\qquad \varepsilon_m = \sqrt{\frac{M_1}{R_{1a}^3 \cdot \mu \cdot 0{,}7 \cdot p_{mi}} \cdot \frac{2}{\pi}} \left[\frac{\sqrt[4]{p'_{6i}}}{\sqrt{x}} \left| \frac{R_{1a}}{R_2} - \frac{R_{1a}}{R_1} \right| \cdot \frac{1}{p_7} \right]_{\text{Mittel}}$$

Trennt man alle für diese Untersuchung veränderlichen Größen von den festgesetzten, so erhält man Vergleichszahlen ε_{mv} für den mittleren relativen Leistungsverlust.

$$(32) \qquad \varepsilon_{mv} = \frac{\varepsilon_m}{\sqrt{\dfrac{M_1}{R_{1a}^2 \cdot \mu \cdot 0{,}7 \cdot p_{mi}} \cdot \dfrac{2}{\pi}}} = \left[\frac{\sqrt[4]{p_{6i}}}{\sqrt{x}} \left| \frac{R_{1a}}{R_2} - \frac{R_{1a}}{R_1} \right| \cdot \frac{1}{p_7} \right]_{Mittel}$$

Der Rechnungsgang der graphischen Mittelteilung wird zweckmäßig tabellarisch zusammengestellt. Er muß für verschiedene Regelbereiche, verschiedene Werte p'_{6i} und verschiedene Werte R_2/R_{1a} durchgeführt werden.

Der Rechnungsgang wird prinzipiell erläutert an Hand des Bildes 24 für den Regelbereich $x = 1 : 4$ und den Wert $p'_{6i} = 2$.

Der Radius R_1 ändere sich beim Regeln von $R_{1i} = 2{,}5$ bis $R_{1a} = 10$ Maßeinheiten, damit ändert sich das Verhältnis R_{1a}/R_1 von 4,0 bis 1,0. Es werden 5 Regelstellungen ausgewählt, zu denen die Werte R_{1a}/R_1 gleich 4; 2,5; 1,66; 1,25 und 1,0 gehören.

Der Wert für p'_{6i} ist zu 2 gewählt. Die Änderung von p'_6 geht proportional der Änderung von R_1, so daß die p'_6-Werte sich zu 2; 3,2; 4,8; 6,4 und 8 ergeben.

Zu jedem p'_6 können wir aus dem Zustandsdiagramm aus dem Schnittpunkt mit der Linie $p_5 = 0{,}7$ den Betriebspunkt bestimmen und die zugehörigen Werte p_7 gleich 1,2; 1,33; 1,44; 1,52 und 1,56 ablesen.

Jetzt wählen wir die Größe von R_2, indem wir 5 verschiedene Werte R_2/R_{1a} auswählen, nämlich 1,0; 0,8; 0,6; 0,4 und 0,25. Jetzt wird der Ausdruck $|R_{1a}/R_2 - R_{1a}/R_1| : p_7$ für jeden der 5 verschiedenen Werte R_2/R_{1a} und für die 5 Regelstellungen ausgerechnet.

In der Tabelle links auf Bild 24 sind alle diese Zahlen gemäß ihrer gegenseitigen Zuordnung zusammengestellt.

Wir können nun die Werte $|R_{1a}/R_2 - R_{1a}/R_7| : p_7$ als Funktionskurve über R_1/R_{1a} aufzeichnen, wobei wir für jedes R_2/R_{1a} eine Kurve, also insgesamt 5 Kurven, die mit A, B, C, D und E bezeichnet sind, erhalten.

Es muß nunmehr die Fläche unter jeder Kurve zwischen den Werten $R_1/R_{1a} = 0{,}25$ und $R_1/R_{1a} = 1{,}0$ ausgemessen und in ein Rechteck gleichen Flächeninhalts verwandelt werden, dessen Grundlinie die Länge der Strecke von $R_1/R_{1a} = 0{,}25$ bis $R_1/R_{1a} = 1{,}0$ hat und dessen Höhe dann den Mittelwert der Größe $|R_{1a}/R_2 - R_{1a}/R_1| : p_7$ für das entsprechende R_2/R_{1a} angibt.

Die Bestimmung des Flächeninhalts ist durch graphische Integration vorgenommen, die Zahlenwerte sind in der Tabelle links auf Bild 24 zusammengestellt.

Wenn man nun die gefundenen Mittelwerte mit $\sqrt[4]{p_{6i}}/\sqrt{x}$ multipliziert, so erhält man die Vergleichszahlen ε_{mv} •, die in der Zusammenstellung der Zahlen (linke Tabelle) mit eingetragen sind.

Entsprechend ist auch der Rechnungsgang für die anderen p'_{6i}-Werte durchgeführt.

Um die Abhängigkeit der ε_{mv} -Werte von R_2/R_{1a} klar herauszustellen und zu prüfen, ob ein ausgezeichneter Wert ε_{mv} bei einem R_2/R_{1a} existiert, wurde ein Diagramm mit Funktionskurven $\varepsilon_{mv} = f(R_2/R_{1a})$ für verschiedene p'_{6i} aufgezeichnet (Bild 25). Wir erkennen aus dem Bild 25, daß die ε_{mv} -Kurven alle einen flachen Talpunkt bei $R_2/R_{1a} = 0{,}625$ besitzen und die kleinsten ε_{mv} -Werte zunächst bei der ε_{mv} -Kurve für $p'_{6i} = 2$ erreicht zu werden scheinen.
Legt man in Bild 25 Horizontalschnitte ε_{mv} -Konst. und überträgt die Schnittpunkte mit den ε_{mv} -Kurven in ein Diagramm, dessen Koordinaten die Veränderlichen R_2/R_{1a} und p'_{6i} sind, so gewinnt man Niveaulinien ε_{mv} = konst. (Bild 26).
Die Diskussion dieses Diagramms Bild 26 wird unter Abschnitt 3.1.1.3 vorgenommen.
Auf dem gleichen Wege wurde für die Regelbereiche x = 1:2 und x = 1:8 der Rechnungsgang der graphischen Mittelbildung durchgeführt, ist selbst aber hier nicht wiedergegeben, sondern nur das Ergebnis, das Diagramm der Niveaulinien (Bild 27 für x = 1:2; Bild 28 für x = 1:8) aufgezeichnet.
Bei der Aufzeichnung des Diagramms Bild 25 war zu erkennen, daß für ein bestimmtes R_2/R_{1a} ein Bestwert für ε_{mv} erhalten wurde.
Die Gleichung (29) läßt sich unter Annahme eines Mittelwertes für p_7 auch rechnerisch weiter behandeln, indem die Bildung des Mittelwertes durch Integration durchgeführt wird (Bild 23).

$$\varepsilon_m = \frac{1}{R_{1a}\cdot p_{7\,mittel}} \cdot \left[\frac{R_{1a}}{R_{1a}-R_{1i}} \int_{R_{1i}/R_2}^{R_{1a}/R_2} \left| \frac{R_2}{R_1} - 1 \right| d\,\frac{R_1}{R_2} \right]$$

Bezeichnet man den Klammerwert mit p_x, so ist

mit $$\int_{R_{1i}/R_2}^{R_{1a}/R_2} \left| \frac{R_2}{R_1} - 1 \right| d\,\frac{R_1}{R_2} = \int_{R_{1i}/R_2}^{1} \left| \frac{1}{R_1/R_2} - 1 \right| d\,\frac{R_1}{R_2} + \int_{1}^{R_{1a}/R_2} \left| 1 - \frac{1}{R_1/R_2} \right| d\,\frac{R_1}{R_2}$$

$$= \ln 1 - \ln \frac{R_{1i}}{R_2} - 1 + \frac{R_{1i}}{R_2} + \frac{R_{1a}}{R_2} - 1 - \ln \frac{R_{1a}}{R_2} + \ln 1$$

$$= \ln \frac{R_2^2}{R_{1i}\cdot R_{1a}} + \frac{R_{1i}+R_{1a}-2R_2}{R_2}$$

der Wert

$$(33)\quad p_x = \frac{\ln \dfrac{R_2^2}{R_{1i}\cdot R_{1a}} + \dfrac{R_{1i}+R_{1a}-2R_2}{R_2}}{R_{1a}-R_{1i}} \cdot R_{1a}$$

Benutzt man diese Gleichung (33) zu der Überlegung, daß, wenn p_x einen Kleinstwert annimmt, auch ε_m am günstigsten wird, so kann man R_2/R_{1a} für diesen Bestwert aus der Beziehung

$$\frac{\partial p_x}{\partial \frac{R_2}{R_{1a}}} = 0$$ errechnen.

Das ergibt

$$\frac{R_{1a}}{R_{1a}-R_{1i}}\left(\frac{2}{R_2/R_{1a}} - \frac{\frac{R_{1i}+R_{1a}}{R_{1a}}}{\left(\frac{R_2}{R_{1a}}\right)^2}\right) = 0$$

und daraus

$$(34) \qquad \left(\frac{R_2}{R_{1a}}\right)_{Opt.} = \frac{1}{2}\left(\frac{R_{1i}+R_{1a}}{R_{1a}}\right) = \frac{1}{2}(x+1)$$

Setzt man diesen Wert $(R_2/R_{1a})_{Opt}$ der Gleichung (34) in Gleichung (33) ein, so wird

$$(p_x)_{min} = \frac{\ln \frac{R_2^2}{R_{1i}\cdot R_{1a}}}{R_{1a} - R_{1i}} \cdot R_{1a}$$

und weiter ergibt sich

$$(34a) \qquad \varepsilon_m = \frac{l}{R_{1a}\, p_{7\,Mittel}} \cdot (p_x)_{min}$$

Zur Bestimmung der Lebensdauer gehen wir von Gleichung (21) aus

$$H = \frac{2\pi \cdot r_2 \cdot l \cdot s}{\varepsilon_m \cdot L_1 \cdot f}$$

Drücken wir r_2 durch R_2 aus, so ergibt sich

$$r_2 = R_2 \Big/ \sqrt{1+\left(\frac{R_2}{\rho_2}\right)^2}$$

Setzen wir weiter nach Gleichung (26) l und nach Gleichung (32) ε_m ein, so erhalten wir

$$H = \frac{2\pi \cdot R_2}{\sqrt{1+(R_2/\rho_2)^2}} \cdot \frac{\sqrt{\frac{M_1}{R_{1a}\cdot\mu\cdot 0{,}7\cdot p_{mi}}\cdot\frac{2}{\pi}} \cdot \frac{1}{\sqrt{x}}\sqrt[4]{p'_{6i}} \cdot s}{\left[\frac{\sqrt[4]{p'_{6i}}}{\sqrt{x}}\left|\frac{R_{1a}}{R_2}-\frac{R_{1a}}{R_1}\right|\frac{1}{p_7}\right]_{Mittel} \cdot \sqrt{\frac{M_1}{R_{1a}^3\cdot\mu\cdot 0{,}7\cdot p_{mi}}\cdot\frac{2}{\pi}}\cdot L_1\cdot f}$$

$$(35) \qquad H = \frac{2\pi\cdot R_{1a}^2\cdot s}{L_1\cdot f}\cdot\frac{R_2/R_{1a}}{\left[\sqrt{1+(R_2/\rho_2)^2}\left|\frac{R_{1a}}{R_2}-\frac{R_{1a}}{R_1}\right|\cdot\frac{1}{p_7}\right]_{Mittel}}$$

Zunächst sei die Voraussetzung gemacht, daß nur flache Regelscheiben als Abtriebsscheibe in Betracht kommen, so daß der Wert R_2/ρ_2 sehr klein wird und als Quadrat gegenüber 1 vernachlässigt werden kann. (Berücksichtigung der $\sqrt{1+(R_2/\rho_2)^2}$ siehe unter Abschnitt 3.1.5.1).

Dann wird

$$H = \frac{2\pi \cdot s \cdot R_{1a}^2}{L_1 \cdot f} \cdot \frac{R_2}{R_{1a}} \cdot \frac{1}{\left[\left|\frac{R_{1a}}{R_2} - \frac{R_{1a}}{R_1}\right| \cdot \frac{1}{p_7}\right]_{Mittel}} \tag{36}$$

Durch Trennung der veränderlichen von den festgesetzten Größen erhält man für die Lebensdauer ebenfalls eine Vergleichszahl H_v

$$H_v \equiv \frac{H}{\frac{2\pi \cdot s \cdot R_{1a}^2}{L_1 \cdot f}} = \frac{R_2}{R_{1a}} \cdot \frac{1}{\left[\left|\frac{R_{1a}}{R_2} - \frac{R_{1a}}{R_1}\right| \cdot \frac{1}{p_7}\right]_{Mittel}} \tag{37}$$

Die in der Gleichung (37) vorkommenden Größen sind in der Bestimmung von ε_{mv} auch schon gebraucht und die Ausrechnung der H_v-Werte ist ohne Schwierigkeit möglich. In dem für den Regelbereich $x = 1:4$ durchgeführten Rechnungsgang sind gleichfalls die H_v-Werte mit ausgerechnet und in Bild 25 in Abhängigkeit von R_2/R_{1a} aufgetragen. Ferner wurden auch die Niveaulinien H_v = konst. in gleicher Weise wie die Niveaulinien ε_{mv} = konst. in das Diagramm Bild 26 eingezeichnet. Für die Regelbereiche $x = 1:2$ und $x = 1:8$ gilt für H_v das Gleiche wie für ε_{mv}, d.h. die Einzelausrechnungen sind nicht wiedergegeben, aber in den Diagrammen Bild 27 für $x = 1:2$ und Bild 28 für $x = 1:8$ sind als Ergebnis die H_v = konst. Linien eingezeichnet.
Der Maximalwert für H_v und seine genaue Lage lassen sich aus dem Ergebnis der graphischen Untersuchung nicht bestimmen. Mit Gleichung (37) läßt sich die Bestimmung des Maximums von H_v und des zugehörigen Wertes R_2/R_{1a} durchführen, wenn man folgende Überlegung anstellt. H_v wird am größten, wenn p_7 einen Größtwert annimmt. Grenzwert für p_7 ist 2 (siehe unter 2.4.6.1). Setzt man dies in Gleichung (37) ein und führt die Mittelbildung durch Integration durch, so folgt

$$H_{v\,max} = \frac{R_2}{R_{1a}} \cdot \frac{2}{\frac{1}{1-x}\int_x^1 \left|\frac{R_{1a}}{R_2} - \frac{R_{1a}}{R_1}\right| d\,\frac{R_2}{R_{1a}}}$$

$$H_{v\,max} = \frac{R_2}{R_{1a}} \cdot \frac{2(1-x)}{\int_x^{\frac{R_2}{R_{1a}}=\frac{R_1}{R_{1a}}} \left|\frac{1}{R_2/R_{1a}} - \frac{R_{1a}}{R_1}\right| d\,\frac{R_2}{R_{1a}} + \int_{\frac{R_2}{R_{1a}}=\frac{R_1}{R_{1a}}}^{1} \left|\frac{R_{1a}}{R_1} - \frac{1}{R_2/R_{1a}}\right| d\,\frac{R_2}{R_{1a}}}$$

$$H_{vmax} = \frac{R_2}{R_{1a}} \cdot \frac{2(1-x)}{\left[\ln \frac{R_2}{R_{1a}} - \frac{R_2/R_{1a}}{R_1/R_{1a}} - \ln x + \frac{R_{1a}}{R_1} \cdot x + \frac{R_{1a}}{R_1} - \ln 1 - \frac{R_2/R_{1a}}{R_1/R_{1a}} + \ln \frac{R_2}{R_{1a}}\right]}$$

$$(38) \qquad H_{vmax} = \frac{R_2}{R_{1a}} \cdot \frac{2(1-x)}{\left[2 \ln \frac{R_2}{R_{1a}} - 2 - \ln x + \frac{R_{1a}}{R_2}(x+1)\right]} \qquad \text{da} \quad \frac{R_2}{R_{1a}} = \frac{R_1}{R_{1a}}$$

Wir führen vorübergehend ein $R_2/R_{1a} = z$, dann wird

$$H_{vmax} = \frac{2(1-x) \cdot 2}{2 \ln z - 2 - \ln x + \frac{x+1}{z}}$$

Wollen wir wissen, für welchen Wert z H_{vmax} erreicht wird, müssen wir die Beziehung $\partial(H_{vmax})/\partial z$ anwenden.
Um mathematisch etwas einfacher zu gehen, bilden wir

$\partial(1/H_{vmax})/\partial z$ und erhalten damit ebenso den Extremwert $1/H_{vmax}$ an der gleichen Stelle z

$$\frac{1}{H_{vmax}} = \frac{1}{2(1-x)} \cdot \frac{1}{z}\left(2 \ln z - 2 - \ln x + \frac{x+1}{z}\right)$$

$$\partial(1/H_{vmax})/\partial z = \frac{1}{2(1-x)}\left[-\frac{1}{z^2}\left(2 \ln z - 2 - \ln x + \frac{x+1}{z}\right) + \frac{1}{z}\left(\frac{2}{z} - \frac{x+1}{z^2}\right)\right] = 0$$

$$2 \ln z - 4 - \ln x + \frac{2(x+1)}{z} = 0$$

Jetzt setzen wir wieder für $z = R_2/R_{1a}$ und erhalten die transzendente Gleichung

$$4 \frac{R_2}{R_{1a}} + \frac{R_2}{R_{1a}} \ln x - 2 \frac{R_2}{R_{1a}} \ln \frac{R_2}{R_{1a}} - 2(x+1) = 0$$

die für R_2/R_{1a} gelöst werden muß.

Rechnet man die Gleichung (39) z.B. für x = 1:4 aus, so liefert sie R_2/R_{1a} = 0,82 und das dazugehörige H_{vmax} wird 2,41.

3.1.1.3 Diskussion des Diagramms der Niveaulinien für ε_{mv} und H_v (Bild 26 für x = 1:4)

Die Niveaulinien für ε_{mv} zeigen einen Bestwert bei R_2/R_{1a} = 0,625 und p'_{6i} = 1,6. Dabei wird für die Lebensdauer die Linie H_v = 1,35 erreicht.

Das bedeutet für die Auswahl nach dem Gesichtspunkt kleinster Verluste

1. daß $R_2/R_{1a} = 0{,}625 = \frac{1}{2}(1+x)$ als optimal gewählt werden muß (vergleiche Resultat der exakten Rechnung Gleichung (34).

2. daß für das Verhältnis $l/(b/2) \cdot \sqrt{p'_{6i}}$ als günstigster Wert für die innere Regelstellung $\sqrt{1,6}$ zu wählen ist.

Die Niveaulinien für H_v zeigen ein Ansteigen mit wachsendem p'_{6i} und streben dem Bestwert 2,41 bei R_2/R_{1a} = 0,82 zu.

Wir sehen, daß beim Punkt kleinster Verluste nicht die beste Lebensdauer erreicht wird. Man kann die Lebensdauer verbessern, wenn man zuläßt, daß die Verluste größer werden. Würde man z.B. zulassen, daß die Verluste den Vergleichswert ε_{mv} = 1,15 annehmen könnten, so würde man nach dem Diagramm auswählen

R_2/R_{1a} = 0,68 p'_{6i} = 5,05, da hier die Linie H_v = 1,76 gerade die Linie ε_{mv} = 1,15 berührt. Alle anderen Punkte der Linie ε_{mv} = 1,15 ergeben schlechtere Lebensdauerwerte.

3.1.1.4 Der Einfluß des Schwankens des Reibwertes μ auf den mittleren relativen Leistungsverlust ε_m und die Lebensdauer H

Im Abschnitt 2.4.6.3 wurde bereits gezeigt, daß der Betriebspunkt seine Lage im Zustandsdiagramm infolge des Schwankens von μ zwischen den Linien $p_{5\mu max}$ und $p_{5\mu min}$ ändern kann, und zwar je nach der eingestellten Regellage auf einer bestimmten Linie p'_6. Wir legen zu Grunde, daß bei freier Wahl von ρ und l das "Gebiet der Betriebspunkte" im Zustandsdiagramm im günstigsten Gebiet kleinster p'_8-Werte ausgewählt werden kann und werden den Einfluß des Schwankens von μ für 2 Fälle

1. ± 25% Schwankung
2. ± 50% Schwankung

untersuchen. Die Lage der Betriebspunkte ist daher zwischen folgenden p_5-Linien möglich.

	1. Fall: ± 25% Schwankung	2. Fall: ± 50% Schwankung
$p_{5\,max}$	0,54	0,3
$p_{5\,min}$	0,9	0,9

Bei einer bestimmten Regellage kann der Betriebspunkt zwischen jenen p_5-Werten wandern, je nachdem sich das Schwanken von μ gerade auswirkt. Wie aus dem Zustandsdiagramm zu entnehmen, gehört aber zu jeder Veränderung des Betriebspunktes auch ein anderer Wert p_7.

Die Untersuchung des Einflusses auf den mittleren relativen Leistungsverlust und die Lebensdauer führt zu folgendem Ergebnis: Die Verhältniszahlen

$$\frac{(\varepsilon_{mv})_{\mu \pm \%\ \text{Schwankung}}}{\varepsilon_{mv}} \quad \text{und} \quad \frac{(H_v)_{\mu \pm \%\ \text{Schwankung}}}{H_v}$$

gestatten anzugeben, wievielmal so groß die relativen Verluste und die Lebensdauer bei schwankendem μ werden gegenüber den Werten bei konstantem μ. Zur Veranschaulichung wurde das Diagramm Bild 28a aufgezeichnet, wo die Verhältniszahlen in Abhängigkeit vom Regelbereich x dargestellt sind. Man erkennt daraus folgendes:

1. Der mittlere relative Leistungsverlust ist größer als bei konstantem μ, und zwar sind die Verluste umso größer, je größer das Schwanken von μ ist.
2. Die Lebensdauer ist kleiner als bei konstantem μ, und zwar ist die Lebensdauer umso kleiner, je größer das Schwanken von μ ist.
3. Mit größer werdendem Regelbereich x nehmen die Erhöhung der Verluste bzw. die Erniedrigung der Lebensdauer ab.

3.1.2 Untersuchung einer Doppelpaarung (Zweifachpaarung I) mit Anordnung nach Bild 17

Die Voraussetzungen für diese Untersuchung werden gleich denen bei der Untersuchung der "Einfachpaarung I" (3.1.1) angenommen. Die Reibpaarungen sind als zwei einfache Reibpaarungen gleicher Abmessungen hintereinandergeschaltet. Die gesamte Leistung wird sowohl durch die erste als auch durch die zweite Einzelpaarung geleitet. Hierbei ist folgende Vernachlässigung vorgenommen: Die Abtriebsscheibe 2 der ersten Reibpaarung überträgt nicht mehr die volle Leistung, da bereits in der Reibfläche der Leistungsverlust Δ L auftritt. Der zweiten Reibpaarung würde also exakt genommen nur die Leistung $L_1 - \Delta L$ eingeleitet. Diese Verminderung soll in der folgenden Untersuchung nicht berücksichtigt werden.
Mit dieser Annahme bleiben die unter 3.1.1 aufgestellten Gleichungen für die Kräfte Momente, Ringbreite, Druckflächenbreite und Krümmungsradius (Gleichung (23) bis (28)), die für die Einfachpaarung I galten, auch für die Zweifachpaarung I bestehen. Es ist zu beachten, daß der Regelbereich jeder Einzelpaarung $x' = \sqrt{x}$ ist, wenn x den Gesamtregelbereich bezeichnet.
Auch die Gleichungen (29) bis (32) behalten ihre Gültigkeit. Der Leistungsverlust tritt bei der Zweifachpaarung zweimal in gleicher Größe auf, erstens bei der Paarung Antrieb-Regelteil, zweitens bei der Paarung Regelteil-Abtrieb.
Es wird dann der mittlere relative Leistungsverlust der "Zweifachpaarung I" vom Regelbereich x gleich dem doppelten mittleren relativen Leistungsverlust der "Einfachpaarung I" vom Regelbereich $x' = \sqrt{x}$.
Für die Lebensdauer gilt die Überlegung, daß an Verschleißvolumen bei der "Zweifachpaarung I" zwei Reibringe zur Verfügung stehen, das Verschleißvolumen also doppelt so groß ist wie bei der "Einfachpaarung I". Da die Lebensdauer auch vom mittleren relativen Verlust abhängt und dieser für die "Zweifachpaarung I" vom Regelbereich x doppelt so groß ist wie für die "Einfachpaarung I", so folgt für die Lebensdauer der "Zweifachpaarung I" vom Regelbereich x, daß diese gleich der Lebensdauer der "Einfachpaarung I" vom Regelbereich $x' = \sqrt{x}$ ist.
Mit den Werten der "Einfachpaarung I" vom Regelbereich x kann somit auch das Diagramm der Niveaulinien für die "Zweifachpaarung I" vom Regelbereich (x^2) aufgezeichnet werden.
Für den Regelbereich x = 1:4 für die "Zweifachpaarung I" wurde das Diagramm der Niveaulinien für ε_{mv} und H_v aus den Werten der "Einfachpaarung I" vom Regelbereich x = 1:2 aufgezeichnet. Dieses Diagramm zeigt Bild 29.

3.1.3 Mehrfachpaarungen

Es sei kurz bemerkt, daß sich die bislang entwickelten Verhältnisse in gleicher Weise von der "Zweifachpaarung I" auf die "Vierfachpaarung I" (4 hintereinandergeschaltete Einfachpaarungen) übertragen lassen, wie von der "Einfachpaarung I" auf die "Zweifachpaarung I". Bei dem unter Abschnitt 3.1.4 durchgeführten Vergleich zwischen "Einfachpaarung I" und "Zweifachpaarung I" sind entsprechend den gewonnenen Erkenntnissen in dem Bild 30 die zugehörigen Kurven mit eingezeichnet.

3.1.4 Vergleich der "Einfachpaarung I" mit der "Zweifachpaarung I"

Zur Durchführung des Vergleichs der verschiedenen Paarungszahlen in Abhängigkeit von Regelbereich x werden die Vergleichswerte für den mittleren relativen Leistungsverlust $(\varepsilon_{mv})_{min}$ und die Lebensdauer H_v bei $(\varepsilon_{mv})_{min}$ unter der Voraussetzung gleicher Leistung und gleichen Außenradius R_{1a} als Kurven aufgezeichnet. Der Außenradius R_{1a} hat einen großen Einfluß auf die Baugröße eines Getriebes, ist aber nicht allein dafür maßgebend. Später, beim Vergleich der verschiedenen Systeme, wird der Begriff der Baugröße näher festgelegt.
Bild 30 zeigt die Kurven $(\varepsilon_{mv})_{min}$ und H_v bei $(\varepsilon_{mv})_{min}$ als Funktion vom Regelbereich x. Wir erkennen daraus, daß unter den gemachten Voraussetzungen die "Zweifachpaarung I" (und auch die "Vierfachpaarung I") sowohl in Bezug auf Verluste als auch auf Lebensdauer der "Einfachpaarung I" bei gleichem Regelbereich x überlegen sind. Mit größerem Regelbereich x nehmen für alle Paarungszahlen die Verluste zu und die Lebensdauer ab, wie man es auch aus der Anschauung und dem Gefühl folgern würde.

3.1.5 Einfluß der Änderung von ρ_i und l auf Verluste und Lebensdauer bei der "Zweifachpaarung I" (System I) (Bild 17)

3.1.5.1 Aufstellung der Gleichungen

Für die "Zweifachpaarung I", die als eines der näher zu betrachtenden Systeme dieser Arbeit untersucht ist, soll eine Übersicht und Abschätzungsmöglichkeit dafür gewonnen werden, wie stark eine Abweichung von den nach dem Gesichtspunkt kleinster relativer Verluste errechneten günstigsten Werten $l/(b/2)$ und ρ_i eine Veränderung der relativen Verluste, der Lebensdauer und der maximal auftretenden Flächenpressung zur Folge hat.
Wenn der Regelbereich der "Zweifachpaarung I" gleich x ist, so wird der Regelbereich der einzelnen hintereinandergeschalteten Einfachpaarungen $x' = \sqrt{x}$.
Wir nehmen die folgenden Gleichungen der "Einfachpaarung I" mit x' anstelle von x, die für die "Zweifachpaarung I" hier gelten:

$$(26) \qquad l = \sqrt{\frac{M_1}{R_{1a} \cdot x' \cdot \mu \cdot 0{,}7 \cdot p_{mi}} \cdot \frac{2}{\pi}} \sqrt[4]{p'_{6i}}$$

$$(14) \qquad \left(\frac{l}{b/2}\right)^2 - p'_{6i}$$

(11) $$\frac{b_i}{2} = \frac{7{,}25}{2} \cdot \frac{\rho_i}{E} \cdot p_{mi}$$

(32) $$\varepsilon_m = \varepsilon_{mv} \sqrt{\frac{M_1}{R_{1a}^3 \cdot \mu \cdot 0{,}7 \cdot p_{mi}} \cdot \frac{2}{\pi}}$$

(21) $$H = \frac{2 \cdot \pi \cdot r_2 \cdot l \cdot s}{\frac{\varepsilon_m}{2} \cdot L_1 \cdot f}$$

(Hier ist die genaue Formel für die Lebensdauer für die weitere Untersuchung verwendet).

Zur Erreichung unseres Zieles müssen wir die Größen ε_m , H und p_{mi} als Funktion von ρ_i und l bestimmen. Um die Ergebnisse zu veranschaulichen, werden wir in einem Koordinatensystem, dessen Koordinaten im wesentlichen die Größen ρ_i und l sind, die Größen ε_m , H und p_{mi} durch Niveaulinien darstellen.

Um die Gültigkeit der Untersuchung möglichst allgemein zu halten, werden wieder dimensionslose Größen eingeführt. Wir müssen aus den obigen 5 Gleichungen die Größen b_i und p'_{6i} beseitigen. Die Beseitigung von b_i ist leicht durchführbar, indem man b_i nach Gleichung (11) in die übrigen Gleichungen einsetzt. p'_{6i} läßt sich auf diese Weise nicht beseitigen, da ε_{mv} von p'_{6i} abhängt. Darum drücken wir l , ε_m , H und p_{mi} durch die übrigen Größen einschließlich p'_{6i} nach Beseitigung von b_i aus. Wir erhalten die folgenden Gleichungen (40) bis (43):

(40) $$\frac{1}{\sqrt[3]{\frac{7{,}25 \cdot M_1}{0{,}7 \cdot \pi \cdot E \cdot \mu \cdot R_{1a}^3}}} \cdot \frac{l}{R_{1a}} = \sqrt[3]{\frac{1}{R_{1a}} \cdot \frac{1}{x'} \cdot p'_{6i}}$$ zur Bestimmung von l

(41) $$\frac{1}{\sqrt[3]{\frac{7{,}25 \cdot M_1}{0{,}7 \cdot \pi \cdot E \cdot \mu \cdot R_{1a}^3}}} \cdot \varepsilon_m = \varepsilon_{mv} \sqrt[3]{\frac{\rho_i}{R_{1a}}} \sqrt[6]{x'} \sqrt[12]{p'_{6i}}$$ zur Bestimmung von ε_m

(42) $$\frac{L_1 \cdot f}{4\pi \cdot \frac{R_2}{R_{1a}} \cdot \frac{s}{R_{1a}} \cdot R_{1a}^3} \cdot H = \frac{\sqrt[4]{p'_{6i}}}{\sqrt{x'}} \cdot \frac{1}{\varepsilon_{mv}} \cdot \frac{1}{\sqrt{1 + \left(\frac{R_2/R_{1a}}{\rho_i/R_{1a}}\right)^2}}$$ zur Bestimmung von H

(43) $$\frac{7.25}{2}\cdot\frac{1}{\sqrt[3]{\frac{7.25}{0.7\pi}\cdot\frac{M_1}{E\cdot\mu\cdot R_{1a}^3}}}\cdot\frac{p_{mi}}{E}=\frac{1}{\sqrt[6]{p_{6i}}\cdot\sqrt[3]{\left(\frac{\varrho_i}{R_{1a}}\right)^2\cdot x'}}$$ zur Bestimmung von p_{mi}

In diesen Gleichungen sind die 4 Größen l, ε_m, H und p_{mi} mit weiteren physikalischen Größen behaftet, so daß dimensionslose Ausdrücke entstanden sind.

3.1.5.2 Zahlenmäßige Durchrechnung für den Regelbereich x = 1:4

Die zahlenmäßige Durchrechnung soll nur für den Regelbereich x = 1:4, d.h. $x' = \sqrt{x} = 1:2$ durchgeführt werden, da die charakteristische Tendenz der Abhängigkeit der zu bestimmenden Größen von Interesse ist. Diese bleibt für andere Regelbereiche dieselbe, wenn auch die Zahlenwerte andere werden.
Wir setzen x' = 1:2 in die Gleichungen (40) bis (43) und führen für die linken Seiten der Gleichungen Kurzbezeichnungen ein:

(44) $$l'=\frac{\sqrt[3]{\frac{1}{2}}}{\sqrt[3]{\frac{7.25}{0.7\pi}\cdot\frac{M_1}{E\mu}}}\cdot l=\sqrt[3]{\frac{\varrho_i}{R_{1a}}\cdot p'_{6i}}$$

(45) $$\varepsilon'_m=\frac{1}{\sqrt[3]{\frac{7.25}{0.9\pi}\cdot\frac{M_1}{E\mu\cdot R_{1a}^3}}\sqrt[6]{\frac{1}{2}}}\cdot\varepsilon_m=\varepsilon_{mv}\sqrt[3]{\frac{\varrho_i}{R_{1a}}}\sqrt[12]{p'_{6i}}$$

(46) $$H'=\frac{\sqrt{\frac{1}{2}}\cdot L_1\cdot f}{4\pi\cdot\frac{R_2}{R_{1a}}\cdot\frac{s}{R_{1a}}\cdot R_{1a}^3}\cdot H=\frac{\sqrt[4]{p'_{6i}}}{\varepsilon_{mv}}\cdot\frac{\varrho_i}{R_{1a}}\cdot\frac{1}{\sqrt{\left(\frac{\varrho_i}{R_{1a}}\right)^2+0{,}562}}$$

(47) $$p'_{mi}=\frac{7.25}{2}\cdot\frac{\sqrt[3]{\frac{1}{2}}}{\sqrt[3]{\frac{7.25}{0.7\pi}\cdot\frac{M_1}{E\cdot\mu\cdot R_{1a}^3}}}\cdot\frac{p_{mi}}{E}=\frac{1}{\sqrt[4]{p'_{6i}}\,\sqrt[3]{\left(\frac{\varrho_i}{R_{1a}}\right)^2}}$$

In diesen Gleichungen ist ε_{mv} eine Funktion von p'_{6i}. Zur Auswertung benötigen wir noch die Abhängigkeit ε_{mv} von p'_{6i} für den Regelbereich x = 1:4 der "Zweifachpaarung I". Diese Abhängigkeit können wir aus dem Diagramm Bild 29 entnehmen. Hierbei wird für R_2/R_{1a} der optimale Wert 0,75 gewählt. Diese gefundene Abhängig-

keit ε_{mr} von p'_{6i} ist in Bild 31 aufgezeichnet. Jetzt können die oben angegebenen Größen ℓ', ε'_m, H' und p'_{mi} für verschiedene Werte ρ_i/R_{1a} und p'_{6i} ausgerechnet werden. Die Zahlenwerte sind in Tabelle 10 [11] zusammengestellt.
Als nächster Schritt erfolgt die Aufzeichnung der Größen ℓ', ε'_m, H' und p'_{mi} als Funktionen von ρ_i/R_{1a} für verschiedene Werte p'_{6i} (Bild 32 und 33). Der Index an den ℓ', ε'_m, H' und p'_{mi} - Kurven soll angeben, für welchen Wert p'_{6i} die betreffende Kurve gilt, z.B.

$$\varepsilon'_{m_{10}} \text{ heißt: } \varepsilon_m = f\left(\frac{\rho_i}{R_{1a}}\right) \text{ für } p'_{6i} = 10$$

Zunächst haben wir jetzt also die Größen ℓ', ε'_m, H' und p'_{mi} als Funktionen von ρ_i/R_{1a} und p'_{6i}, wobei die Abhängigkeit von p'_{6i} durch die Indizes gegeben ist. Nun ist es unsere Aufgabe, p'_{6i} zu beseitigen und ε'_m, H' und p_{mi} als Funktionen von ℓ' und ρ_i/R_{1a} darzustellen. Wir wählen beliebige Werte von ℓ', ziehen in Bild 32 horizontale Linien und finden für die verschiedenen p'_{6i} die dazugehörigen Werte ρ_i/R_{1a}. Jetzt müssen wir für dieselben Werte ρ_i/R_{1a} und p'_{6i} die Werte ε_m, H' und p'_{mi} bestimmen. Diese gesuchten Werte finden wir unmittelbar aus den Bildern 32 und 33. Als Beispiel:

	$\ell' = 1,3$				
	ℓ'_{10}	ℓ'_6	ℓ'_3	$\ell'_{1,5}$	ℓ'_1
ρ_i/R_{1a}	0,22	0,37	0,72	1,45	2,2
ε'_m	0,51	0,52	0,59	0,685	1,1
H'	0,80	1,12	1,51	1,67	1,57
p'_{mi}	1,8	1,3	1,05	0,74	0,59

Die so gefundenen Werte dienen zum Aufbau des Diagramms, in dem über den Veränderlichen ρ_i/R_{1a} und ℓ'-Kurven ε'_m, H' und p'_{mi} gleich konst. aufgezeichnet werden.
Dieses Diagramm von Niveaulinien ist in Bild 34 dargestellt.

3.1.5.3 Diskussion des Diagramms der Niveaulinien Bild 34

Die Kurven ε'_m = konst. sind dick ausgezogen, die Kurven H' = konst. sind gestrichelt und die Kurven p'_{mi} = konst. sind dünn ausgezogen gezeichnet. Wir gehen im Diagramm zu dem Punkt ρ_i/R_{1a} = 1,4, ℓ' = 1,28 mit den zugehörigen Werten ε'_m = 0,675, H' = 1,65 und p_{mi} = 0,765 und wollen einmal verfolgen, welche Auswirkung die Änderung der Werte ρ_i/R_{1a} und ℓ' auf die anderen Größen haben.
Wir lassen zunächst ℓ' = konst. und verändern ρ_i/R_{1a}. Gehen wir von dem Ausgangspunkt im Diagramm zu kleineren ρ_i/R_{1a}-Werten, so nimmt bis ρ_i/R_{1a} = 1,1 die Lebensdauer zu, für weitere kleinere Werte ρ_i/R_{1a} nimmt die Lebensdauer wieder ab. Die mittleren relativen Verluste nehmen bis zu ρ_i/R_{1a} = 0,15 ab und steigen dann sehr schnell wieder an. Die Flächenpressung nimmt ständig zu. Gehen wir

11) Tabelle 4: Teil II, Seite 9

vom Ausgangspunkt zu größeren ϱ_i/R_{1a} -Werten, so nehmen die Lebensdauer und die Flächenpressung ab, die mittleren relativen Verluste nehmen zu.
Halten wir den ϱ_i/R_{1a} -Ausgangswert fest und verändern l', so wirkt sich eine Verringerung von l' als Verringerung der Lebensdauer aus; die Verluste nehmen bis zum Wert l' = 1,23 ab, dann nehmen sie bei Verkleinerung von l' wieder zu. Die Flächenpressung nimmt ständig zu.

3.1.5.4 Anwendung des Diagramms der Niveaulinien (Bild 34)

Die Anwendung des Diagramms soll an Hand eines Beispiels erläutert werden.
Folgende Daten seien für ein Getriebe (nach Bild 17) vorgegeben:

Regelbereich x = 1:4; x' = 1:2

Antriebsleistung L_1 = 5 PS

Antriebsdrehzahl n_1 = 1400 U/min

Antriebsmoment M_1 = 255 cmkg

Außenradius R_{1a} = 10 cm

Als Werkstoffpaarung sei geh. St/Gewebepreßstoff angewendet, für die nach den durchgeführten Versuchen (s. u. 4.4.5) folgende Werkstoffkennwerte bei Trockenlauf ermittelt wurden:

Elastizitätsmodul der Werkstoffpaarung	$E = 8.10^4$ kg/cm^2
Reibwert	$\mu = 0,4$
Verschleißwert des Gewebepreßstoffes	f = 0,4 gr/PSh = 0,345 cm^3/PSh
Maximal zul. Walzenpressung entspricht einer	k_{zul} = 5 kg/cm^2
max. zul. Hertz'schen Pressung	p_{zul} = 375 kg/cm^2
Verschleißbare Belagstärke	s = 0,3 cm

Zuerst soll das Getriebe mit dem kleinsten mittleren relativen Leistungsverlust bei Ausnutzung der max. zul. Flächenpressung bestimmt werden. Er wird als Fall a) bezeichnet.
Aus der max. zul. Flächenpressung p_{zul}, die wir in der inneren Regellage zulassen wollen, errechnen wir den Wert p'_{mi} nach Gleichung (47) (Seite 45)

$$p'_{mi} = \frac{7.25}{2} \sqrt[3]{\frac{1}{2} \cdot \frac{0,7 \cdot \pi \cdot 8 \cdot 10^4 \cdot 0,4 \cdot 10^3}{7,25 \cdot 255}} \cdot \frac{375}{8 \cdot 10^4} = 0,453$$

Diese Linie p'_{mi} = 0,453 stellt im Diagramm die Grenzlinie der maximalen Flächenpressung dar, die nicht überschritten werden soll. Es muß nunmehr diejenige ε'_m -Linie ausgesucht werden, die die Linie p'_{mi} = 0,453 gerade berührt. Diese ε'_m -Linie gibt den kleinsten Wert ε'_m für die vorliegenden Verhältnisse an. Wir ent-

nehmen hierfür aus dem Diagramm ε'_m = 0,875. Zugleich werden die weiteren zugehörigen Werte l' = 1,66, H' = 1,8 und ρ_i/R_{1a} = 3,0 aus dem Berührungspunkt von der p'_{mi}- und ε'_m -Linie abgelesen.
Die absoluten Werte berechnen sich wie folgt zu:
Mittlerer relativer Leistungsverlust nach Gleichung (45) (Seite 45)

$$\varepsilon_m = \sqrt[3]{\frac{7{,}25 \cdot 255}{0{,}7 \cdot \pi \cdot 8 \cdot 10^4 \cdot 0{,}4 \cdot 10^3}} \sqrt[6]{\frac{1}{2}} \cdot 0{,}875 = 0{,}0228;\ \varepsilon_m = 2{,}28\,\%$$

Ringbreite l nach Gleichung (44) (Seite 45):

$$l = \sqrt[3]{\frac{7{,}25 \cdot 255}{0{,}7 \cdot \pi \cdot 8 \cdot 10^4 \cdot 0{,}4}} \sqrt[3]{2} \cdot 1{,}66 = 0{,}623\ \text{cm}$$

Lebensdauer H nach Gleichung (46) (Seite 45):

$$H = 4\pi \cdot 0{,}75 \cdot 0{,}03 \cdot 10^3 \sqrt{2} \cdot \frac{1{,}8}{5 \cdot 0{,}345} = 417\ \text{Stdn.}$$

Krümmungsradius in der Innenlage:

$$\rho_i = 30\ \text{cm}$$

Unter Fall b) wollen wir das Getriebe mit größtmöglicher Lebensdauer bei Ausnutzung der max. zul. Flächenpressung bestimmen.
Für diesen Fall b) müssen wir im Diagramm den Punkt aussuchen, wo die gefundene Grenzlinie für p'_{mi} von der H'-Linie berührt wird. Wir erhalten hierbei den größten H'-Wert für den gefundenen p'_{mi}-Wert. Aus dem Diagramm lesen wir ab: H' = 2,38.
Weiter ergeben sich aus diesem Berührungspunkt die anderen dazugehörigen Werte: ε'_m = 1,0, l' = 2,55 und ρ_i/R_{1a} = 2,06.
Die absoluten Werte berechnen wir zu

$$\varepsilon_m = 2{,}28 \cdot \frac{1{,}0}{0{,}875} = 2{,}6\,\%$$

$$l = 0{,}623 \frac{2{,}55}{1{,}66} = 0{,}96\ \text{cm}$$

$$H = 417 \cdot \frac{2{,}38}{1{,}8} = 550\ \text{Stdn.}$$

Gegenüber Fall a) haben wir eine Erhöhung der Lebensdauer um 13,2%; die Erhöhung des mittleren relativen Leistungsverlustes beträgt 11,4%.
In Bild 35 sind die beiden Fälle maßstäblich aufgezeichnet, um zu zeigen, wie wenig die Ausführungsformen sich unterscheiden. Man erkennt daraus, daß das mittlere Regelteil etwas mehr oder weniger schräg liegt und die Reibringbreite l verschieden groß ist.
Aus dem Vergleich der oben ausgerechneten Fälle sehen wir, daß wir durch Änderung der Werte ρ_i/R_{1a} und l' den mittleren relativen Leistungsverlust zum Minimum machen und dabei eine gewisse Lebensdauer erreichen können, wenn die max. zul. Flächenpressung ausgenutzt wird. Andererseits kann die größte Lebensdauer bei etwas größerem mittleren relativen Leistungsverlust verwirklicht werden, ebenfalls unter Ausnutzung der max. zul. Flächenpressung.
Wollen wir eine gewisse Grenze des mittleren relativen Leistungsverlustes einhalten, wobei es uns nicht darauf ankommt, die max. zul. Flächenpressung auszunutzen, so können wir hierfür die größtmögliche Lebensdauer herausfinden. Je nachdem, welche Anforderungen wir uns als maßgebend oder ausschlaggebend vorgeben, werden wir uns für die eine oder andere Ausführung entscheiden, oder evtl. durch

eine Kompromißlösung allen Anforderungen möglichst weitestgehend gerecht werden.
Zum Vergleich werden nun die beiden Fälle für die Werkstoffpaarung geh. St/geh. St ausgerechnet. Die vorgegebenen Daten seien die gleichen wie bei der Werkstoffpaarung geh. St/Gewebepreßstoff.
Die Werkstoffkenngrößen für die Paarung geh. St/geh. St geschmiert mit Öl sind folgende:

Elastizitätsmodul	$E = 2{,}1 \cdot 10^6$ kg/cm^3
Reibwert	$\mu = 0{,}07$
Verschleißwert	$f = 0{,}5 \cdot 10^{-3}$ cm^3/PSh
max. zul. Flächenpressung	$p_{max} = 12\,200$ kg/cm^2
Verschleißbare Belagstärke	$s = 0{,}1$ cm

	Fall a	Fall b
p'_{mi}	0,937	0,937
ε'_m	0,605	0,655
l'	1,17	1,6
ρ_i/R_{1a}	0,98	0,69
H'	1,53	1,67
l cm	0,264	0,361
ε_m %	0,963	1,04
H Stdn.	81 500	89 200
ρ_i cm	9,8	6,9

Bild 36 zeigt die Getriebe Fall a) und b) mit der Werkstoffpaarung geh. St/geh. St.
Der Vergleich der Getriebe einerseits mit der Werkstoffpaarung geh. St/Gewebepreßstoff und andererseits mit der Werkstoffpaarung geh. St/geh. St zeigt folgendes:

Die Paarung geh. St/geh. St (ölgeschmiert) gestattet bei gleicher Baugröße der Getriebe die gleiche Leistung mit dem 0,42-fachen der Verluste und der 192-fachen Lebensdauer der Paarung Gewebepreßstoff/geh. St (trockenlaufend) zu übertragen. (Als nachteilig sind allerdings die hohen Anpreßkräfte und damit auch die hohen Lagerkräfte anzusehen, weil diese wiederum die Baugröße beeinflussen. Man könnte die Baugröße des Getriebes mit der Paarung geh. St/geh. St bei Zulassung gleicher Verluste wie bei der Paarung Gewebepreßstoff/geh. St verkleinern und würde trotzdem noch eine große Lebensdauer erreichen. Es ergeben sich die folgenden Werte für günstigstes $l/(b/2)$

R_{1a} cm	4,21
l cm	0,428
ρ_i cm	14,35
ε_m %	2,28
H Stdn.	14 550

Ebenso wäre es möglich, bei gleicher Baugröße die übertragbare Leistung zu erhöhen, indem die Reibringbreite und der Krümmungsradius ρ soweit vergrößert wird, daß die max. zul. Flächenpressung eingehalten und der gleiche mittl. rel. Verlust wie bei der Paarung Gewebepreßstoff/geh. St erreicht wird.

L_1 PS	65,8
R_{1a} cm	10
l cm	1,01
ρ_i cm	34,2
ε_m %	2,28
H Stdn.	12 000

Praktisch läßt sich das Getriebe nicht verwirklichen, da

1. die Lagerkräfte viel zu groß werden
2. die Erwärmung zu hoch wird (die Wärme nicht abgeleitet werden kann. Reibleistung $L_{Ri} = 1{,}5$ PS).

Man erkennt aber aus den Beispielen, daß mit der Paarung geh. St/ geh. St eine erhebliche Vergrößerung der übertragbaren Leistung möglich ist. Man muß die Erhöhung der Leistung in den Grenzen halten, daß die Erwärmung und die Lagerkräfte nicht zu groß werden.

3.1.6 Gegenüberstellung "Einfachpaarung I" und "Zweifachpaarung I" des Systems I

Abschließend soll zu den Untersuchungen über das System I noch eine Gegenüberstellung der "Einfachpaarung I" und der "Zweifachpaarung I" vom gleichen Regelbereich vorgenommen werden.
Folgende Daten werden für beide Getriebe vorgegeben:

Regelbereich	$x = 1:4$
Antriebsleistung	$L_1 = 5$ PS
Antriebsdrehzahl	$n_1 = 1400$ U/min
Außenradius	$R_{1a} = 10$ cm

Materialpaarung: geh. St/Gewebepreßstoff, trocken laufend mit

Elastizitätsmodul	$E = 8 \cdot 10^4$ kg/cm^2
Reibwert	$\mu = 0,4$
Verschleißwert	$f = 0,345$ cm^3/PSh
max. zul. Flächenpressung	$p_{max} = 375$ kg/cm^2
Verschleißbare Belagstärke	$s = 0,3$ cm

Beide Getriebe sollen für kleinsten mittleren relativen Verlust bestimmt werden.
Es berechnen sich die einzelnen Werte zu:

	"Einfachpaarung I"	"Zweifachpaarung I"
l cm	0,704	0,623
ρ_i cm	32,3	30,0
ε_m %	3,05	2,28
H Stdn.	155	417

Die beiden Getriebe sind in Bild 37 maßstäblich aufgezeichnet.
Führen wir einen Vergleich durch, so können wir folgendes angeben:

"Einfachpaarung I": Baulich zwar einfach und kleiner als "Zweifachpaarung I", aber Ausführung der Regelbewegung ungünstig, da entweder der Antrieb oder der Abtrieb mit den daran angeschlossenen Aggregaten mitbewegt werden müssen.
Mittlerer relativer Leistungsverlust im Vergleich zur Zweifachpaarung ungünstiger (1,34 mal so groß), Lebensdauer bedeutend ungünstiger, (0,37 mal so groß).

"Zweifachpaarung I": Baulich in Bezug auf das mittlere Regelteil komplizierter als "Einfachpaarung I", dafür aber der Vorteil, daß Antriebs- und Abtriebsscheibe unveränderliche Lage zueinander haben und daher der Einbau und Anschluß zwischen Antriebsmotor und angetriebenem Aggregat einfach ist. Mittlerer relativer Verlust im Vergleich zu "Einfachpaarung I" geringer (0,75 mal so groß), <u>Lebensdauer bedeutend besser</u> (2,88 mal so groß)

Die "Zweifachpaarung I" ist der "Einfachpaarung I" eindeutig überlegen. In ihrer günstigsten Ausführungsform werden wir sie später mit den anderen günstigsten Ausführungsformen der noch zu untersuchenden Systeme vergleichen.

Zur Vervollständigung der Gegenüberstellung wird nachfolgend noch angegeben, wie die Baugröße in Bezug auf den Außenradius R_{1a} sich bei der "Zweifachpaarung I" verkleinern würde, wenn man diese 1. auf gleichen mittleren relativen Leistungsverlust ε_m und 2. auf gleiche Lebensdauer wie bei der "Einfachpaarung" konstruieren würde. Die ausgerechneten Zahlenwerte sind in nachstehender Zusammenstellung angegeben.

	"Zweifachpaarung I"	
	bei gleichem mittl. rel. Verlust ε_m = 3,05%	bei gleicher Lebensdauer H = 155 Std.
R_{1a} cm	7,55	3,74
l cm	0,76	1,08
ρ_i cm	31,8	1,5
ε_m %	3,05	12,05
H Stdn.	391	155

In beiden Fällen ist das günstigste Verhältnis $l/(b/\rho)$ verwirklicht. Die Zahlen zeigen, daß bei gleichem mittleren relativen Leistungsverlust der Außenradius um 24,5% kleiner gehalten werden kann, die Baugröße also kleiner wird. Die Lebensdauer wird dabei nur um 6,3% kleiner. Die Reibringbreite l wird um 12,2%, der Krümmungsradius ρ_i um 6% vergrößert, um die gleiche maximal zulässige Flächenpressung einzuhalten.

Bei gleicher Lebensdauer kann der Außenradius um 62,6% verringert, also die Baugröße des Getriebes erheblich kleiner werden. Der mittlere relative Leistungsverlust steigt allerdings auf das 5,5-fache. Wegen Einhaltung der max. zul. Flächenpressung wird die Reibringbreite l 1,74-fach, und der Krümmungsradius ρ_i 1,5-fach vergrößert.

3.2 Untersuchung von System II (Hayes)

3.2.1 Beschreibung von System II

Die Untersuchung dieses Systems wird durchgeführt nach Bild 38. Die Aufstellung der Gleichungen für den mittleren relativen Leistungsverlust und die Lebensdauer wird vorgenommen unter der Voraussetzung, daß als gegebene Daten für die Untersuchung eingesetzt werden:

1. die zu übertragende Leistung N_1 in PS
2. die Antriebsdrehzahl n_1 in U/min
3. der Regelbereich $x = n_{3min}/n_{3max}$; $x' = \sqrt{x}$

und als zu wählende Größen vorliegen:

1. der Außenradius r_{1a} in cm
2. der Radius r_o als Kreisbogenprofil in cm
3. der Abstand c in cm als Differenz des Abstandes des Punktes D von der Drehachse 1 und r_o
4. die max. Flächenpressung p_{max} in kg/cm^2 in der Innenstellung,

da hier die größte Kraft N auftritt

5. die obere Grenze des sich ändernden Wertes p_5 mit Rücksicht auf die Veränderlichkeit von μ sicherheitshalber zu 0,7.

Unter Benutzung dimensionsloser Größen ergibt sich durch die Trennung der veränderlichen Größen von den konstanten Größen und Einführung der Vergleichswerte ε_{mv} und H_v:

$$(48) \qquad \varepsilon_{mv} = \frac{\varepsilon_m}{0{,}175 \dfrac{EM_1}{r_{1a}^3 \cdot \mu \cdot p_{5i} \cdot pm^2 \cdot p_{7Mittel}}}$$

$$(49) \qquad H_v = H \cdot \frac{L_1 \cdot F}{2\pi \cdot s \cdot r_{1a}^2 \cdot p_{7Mittel}}$$

Die Vergleichswerte ε_{mv} und H_v sind für verschiedene Regelbereiche und verschiedene Werte c/r_o errechnet und in einem Diagramm mit den Koordinaten c/r_o und $1/x$ aufgezeichnet. Das Diagramm als Ergebnis der Untersuchung des Systems II ist in Bild 39 dargestellt.

3.2.1.1 Zahlenmäßige Durchrechnung einiger Beispiele für den Regelbereich x = 1:4

Die zahlenmäßige Durchrechnung soll für einen Vergleich von Getrieben nach System II mit verschiedenen Werten c/r_o bei gleichem Außenradius r_{1a} = 10 cm vorgenommen werden. Antriebsdrehzahl n_1 = 1400 U/min.

Als Werkstoffpaarung sei wieder geh. St/Gewebepreßstoff gewählt mit den Werkstoffkennwerten bei Trockenlauf.

$E = 8 \cdot 10^4$ kg/cm² $\qquad p_{zul} = 375$ kg/cm²

$\mu = 0{,}4 \qquad s = 0{,}3$ cm

$f = 0{,}345$ cm³/PSh

Die Abmessungen des Reibringes sollen so durchgeführt werden, daß die günstigste Form der Druckfläche, also das beste Verhältnis $l/(b/2)$ verwirklicht wird. Es soll für verschiedene Werte c/r_o bestimmt werden, welche größte Leistung L_1 übertragen werden kann, und wie groß der mittlere relative Leistungsverlust sowie die Lebensdauer sind.

Fall a) $\quad c/r_o = -0{,}5; \; \frac{r_o}{\rho_i} = 1{,}49; \; p'_{bi} = 2$

$p_{5i} = 0{,}7$

Wir suchen im Diagramm Bild 39 den Punkt $1/x = 4$, $c/r_o = -0{,}5$ und lesen folgende Werte ab:

$$\frac{r_{1a}}{r_o} = 0{,}675; \quad \varepsilon_{mv} = 5{,}3; \quad H_v = 0{,}56$$

Die absoluten Werte ergeben sich zu:

$$r_0 = \frac{10}{0{,}675} = 14{,}82; \qquad \rho_i = \frac{14{,}82}{1{,}49} = 9{,}95\ \text{cm}$$

$$c = -0{,}5 \cdot 14{,}82 = -7{,}41\ \text{cm}$$

$$b_i = 7{,}25 \cdot \frac{375 \cdot 9{,}95}{8 \cdot 10^4} = 0{,}339\ \text{cm} \quad \text{nach Gleichung(11)}$$

$$l = b_i/\sqrt{2} = \frac{0{,}339}{\sqrt{2}} = 0{,}24\ \text{cm}$$

$$M_1 = \frac{0{,}24 \cdot 5 \cdot 0{,}4 \cdot 0{,}7 \cdot 9{,}95 \cdot 3{,}75^2 \cdot 10^4}{0{,}175 \cdot 8 \cdot 10^4}$$

$$= 33{,}5\ \text{cmkg}$$

$$L = \frac{33{,}5 \cdot 1400}{71600} = 0{,}655\ \text{PS}$$

System II sind 2 parallel geschaltete "Zweifachpaarungen II", so daß die gesamte Leistung L_1 = 1,310 PS wird.

Der mittlere relative Leistungsverlust ist

$$\varepsilon_m = 5{,}3 \cdot 0{,}175 \cdot \frac{8 \cdot 10^4 \cdot 33{,}5}{10^3 \cdot 0{,}4 \cdot 3{,}75^2 \cdot 10^4 \cdot 0{,}7 \cdot 1{,}08} = 0{,}0585 = 5{,}85\ \% \quad \text{nach Glchg.(60)}$$

wobei $p_{7mittel}$ = 1,08 ≈ 1,1 aus Diagramm Bild39a(für x = 1:4 und p_6' von 2 bis 50 gehend) entnommen wurde. Die Lebensdauer ist

$$H = 0{,}56 \cdot \frac{2 \cdot \pi \cdot 0{,}3 \cdot 10^2 \cdot 1{,}08}{0{,}655 \cdot 0{,}345} = 505\ \text{Stdn. nach Glchg.(67)}$$

Das Getriebe nach Fall a) überträgt bei recht hohem mittleren relativen Leistungsverlust (5,85%) nur eine Leistung von 1,31 PS. Für die anderen Werte c/r_0 , Fall b) bis d) werden die aus der Berechnung sich ergebenden Werte im folgenden zusammengestellt, wobei Fall a) der Vollständigkeit halber auch mit aufgeführt ist. Ferner sind, da die übertragbaren Leistungen so klein sind, für die Fälle a), b) und c) vergleichsweise die Werte für 5 PS Leistung mit angegeben.

Die Getriebe sind in Bild 40 maßstäblich aufgezeichnet.
Fall a) ist wegen der großen Abmessungen ungeeignet. Der mittlere relative Leistungsverlust und die Lebensdauer sind ungünstig, die Leistung ist klein.
Fall b) und c) erscheinen in ihren Abmessungen geeignet, jedoch ist die übertragbare Leistung zu gering.
Fall d) scheidet wegen der geringen Leistung ebenfalls aus. Insgesamt betrachtet sind die Getriebe des Systems II in Bezug auf Verlust und Lebensdauer ungünstig, die übertragbare Leistung

	Fall a		Fall b		Fall c		Fall d	
c/r_0	-0,5		0,0		0,5		1,0	
r_0/ϱ_i	1,49		1,49		1,49		1,49	
r_{1a}/r_0	0,675		1,35		2,0		2,69	
ε_{mv}	5,3		10,6		16,0		20	
H_v	0,56		0,27		0,19		0,1	
r_0 cm	14,82		7,4		5,0		3,72	
ϱ_i cm	9,95		4,97		3,36		2,49	
c cm	-7,41		0,0		2,5		3,72	
b_i cm	0,339	0,339	0,169	0,169	0,115	0,115	0,085	
l cm	0,24	0,917	0,12	1,83	0,081	2,69	0,060	
p'_{bi}	2	29	2	470	2	2180	2	
M cmkg	33,5	128	8,4	128	3,84	128	2,1	
L PS	0,655	2,5	0,164	2,5	0,0752	2,5	0,0411	
L_1 PS	1,31	5	0,328	5	0,15	5	0,082	
p_7 Mittel	1,08	1,75	1,08	1,88	1,08	1,88	1,08	
ε_m %	5,85	13,8	2,92	25,4	1,98	38,8	1,38	
H Stdn.	505	214	970	111	1485	76	1435	

bleibt zu gering. Erhöht man die übertragbare Leistung durch breiten Ring, so steigen die Verluste zu untragbar hohen Werten und die Lebensdauer sinkt erheblich, wie die Vergleichswerte für 5 PS Leistung ergeben.

Die Getriebe sollen zum Vergleich jetzt noch für die Werkstoffpaarung geh. St/geh. St mit Öl geschmiert durchgerechnet werden. Die nachfolgende Zusammenstellung gibt die Zahlenwerte an. Dabei sind als Werkstoffkennwerte eingesetzt:

$E = 2{,}1 \cdot 10^6\ kg/cm^2$ $\qquad\qquad$ $\mu = 0{,}07$

$f = 0{,}5 \cdot 10^{-3}\ cm^3/PSh$ $\qquad\qquad$ $p_{max} = 12\,200\ kg/cm^2$

$s = 0{,}1\ cm$

Auch für die Paarung geh. St/geh. St (ölgeschmiert) liegen die Getriebe ungünstig. Der mittlere relative Leistungsverlust ist sehr hoch, die übertragbare Leistung zu gering. Die Lebensdauer ist im Verhältnis zu den Getrieben gleicher Leistung nach System I sehr niedrig.

	Fall a		Fall b		Fall c		Fall d	
c/r_0	- 0,5		0,0		0,5		1,0	
r_0/ρ_i	1,49		1,49		1,49		1,49	
r_{1a}/r_0	0,675		1,35		2,0		2,69	
ε_{mv}	5,3		10,6		16,0		20	
H_v	0,56		0,27		0,19		0,1	
r_0 cm	14,82		7,4		5,0		3,72	
ρ_i cm	9,95		4,97		3,36		2,49	
c cm	-7,41		0,0		2,5		3,72	
b_i cm	0,420	0,420	0,21	0,21	0,142	0,142	0,105	0,105
l cm	0,297	0,134	0,149	0,267	0,1	0,4	0,074	0,536
$p'_{\rho i}$	2	0,41	2	6,5	2	31,8	2	104
M cmkg	284	128	71	128	32,3	128	17,7	128
L PS	5,55	2,5	1,39	2,5	0,63	2,5	0,346	2,5
L_1 PS	11,1	5	2,78	5	1,26	5	0,692	5
$p_{7\,Mittel}$	1,08	0,70	1,08	1,53	1,08	1,75	1,08	1,85
ε_m %	6,88	4,9	3,44	4,45	2,36	5,90	1,62	6,95
H Stdn.	13970	19600	26900	20800	41800	16800	40000	9300

Wir werden die Getriebe des Systems II in ihrer günstigsten Ausführungsform später mit den günstigsten Ausführungsformen der anderen Systeme vergleichen.

3.3 Untersuchung von System III

Das System III wird in zwei Anordnungsmöglichkeiten untersucht. Anordnung A (Bild 19) stellt eine Hintereinanderschaltung von 2 einfachen Reibpaarungen dar. Anordnung B (Bild 20) ist eine kombinierte Parallel- und Hintereinanderschaltung von 4 einfachen Reibpaarungen mit Leistungsverzweigung an der Antriebsscheibe 1 und Leistungszusammenführung an der Abtriebsscheibe 3.

Als ersten Schritt zur Untersuchung des Systems III betrachten wir die "Einfachpaarung III" (Bild 41).

3.3.1 Untersuchung der "Einfachpaarung III" mit Anordnung nach Bild 41

Die Antriebsscheibe 1 ist nach einem Kreisbogenprofil ausgebildet. Der Reibring befindet sich auf der Abtriebsscheibe 2, deren Drehachse um den Punkt D schwenkbar gelagert ist. Beim Regelvorgang soll das Kreisbogenprofil höchstens vom Winkel $\alpha_1 = 0^{\circ}$ bis $\alpha_1 = 90^{\circ}$ ausgenutzt werden. Um das Regeln zwischen den Drehzahlen n_{2min} und n_{2max} durchzuführen, wird der Abtrieb so geschwenkt, daß die Berührungsfläche von r_{1i} nach r_{1a} wandert (Bild 41, innere und äußere Regellage). Die Anpreßvorrichtung des Abtriebs 2 soll wieder so ausgeführt sein, daß die Anpreßkraft N proportional dem Abtriebsmoment M_2 ist.

3.3.1.1 Daten für die Untersuchung

Als gegeben wird angesetzt:

1. die zu übertragende Leistung L_1 in PS
2. die Antriebsdrehzahl n_1 in U/min
3. der Regelbereich $x = n_{2min}/n_{2max}$

Aus 1. und 2. läßt sich das zu übertragende Drehmoment M_1 in cmkg errechnen.

Gewählt wird:

1. der Außenradius r_{1a} in cm
   hieraus wird mit Hilfe von $x = \frac{r_{1i}}{r_{1a}}$ r_{1i} errechnet
2. der Radius r_o des Kreisbogenprofils in cm
3. der Abstand c in cm als Differenz des Abstandes des Punktes D von der Drehachse 1 und r_o; $c = d - r_o$
4. die maximale Flächenpressung p_{max} in kg/cm^2 in der Innenstellung, da hier die größte Kraft N auftritt, $p_{min} = p_{max}$ kg/cm^2
5. der Wert p_5 mit Rücksicht auf die Inkonstanz von μ sicherheitshalber zu 0,7

Bei dieser Anordnung "Einfachpaarung III" ist nur das Maß l (= Reibringbreite) in cm frei wählbar, während das Maß ρ durch die Wahl des Kreisbogenprofils und des Maßes c festgelegt ist. Der Wert p_{6i}' ist nach Gleichung (14) bereits aus den gewählten Größen festgelegt zu:

$$p_{6i}' = \frac{\pi \cdot E \cdot l^3}{7{,}25 \cdot N_i \cdot \rho_i}$$

3.3.1.2 Durchführung der Untersuchung

Die Durchführung der Untersuchung wird in ähnlicher Weise wie beim System I vorgenommen mit dem Ziel, unter Einführung dimensionsloser Größen die Gleichungen für den mittleren relativen

Leistungsverlust und die Lebensdauer aufzustellen.
Es werden dabei die veränderlichen Größen von den konstanten getrennt und Vergleichswerte ε_{mv} und H_v eingeführt, so daß folgende Gleichungen gewonnen werden:
(Genaue Entwicklung der Gleichungen siehe: W. Thomas, Reibscheiben-Regelgetriebe mit Linienberührung, Dr.-Dissertation T.H. Braunschweig 1949).

$$\varepsilon_{mv} = \frac{\varepsilon_m}{0{,}25 \dfrac{M_1 \, E}{r_{1a}^3 \cdot \mu \cdot p_m^2 \cdot p_{7Mittel}}} \tag{50}$$

$$H_v = \frac{H \cdot L_1 \cdot F}{2\pi \cdot s \cdot r_{1a}^2 \cdot p_{7Mittel}} \tag{51}$$

Die Vergleichswerte ε_{mv} und H_v sind für verschiedene Regelbereiche und verschiedene Werte c/r_o errechnet und in einem Diagramm mit den Koordinaten c/r_o und $1/x$ aufgezeichnet. Das Diagramm als Ergebnis der Untersuchung der Einfachpaarung III ist in Bild 42 dargestellt.

3.3.2 Untersuchung der "Zweifachpaarung III" mit Anordnung nach Bild 19 (Anordnung A)

Die "Zweifachpaarung III" ist eine Hintereinanderschaltung zweier gleicher "Einfachpaarungen III". Es werden daher die gleichen Voraussetzungen gemacht wie bei der "Einfachpaarung III". Das Regelteil hat 2 Reibringe, es überträgt die gesamte Leistung.
Die für die "Einfachpaarung III" aufgestellten Beziehungen und Gleichungen bleiben für die Paarung Antrieb-Regelteil und unter Vernachlässigung der etwas anderen Normalkräfte auch für die Paarung Regelteil-Abtrieb bestehen.
Bei der vorhandenen "Zweifachpaarung III" ist die Abtriebsscheibe genau gleich der Antriebsscheibe ausgebildet. Der Regelbereich jeder Einfachpaarung ist x', der Gesamtregelbereich $x = (x')^2$. Wir können nach den angegebenen Voraussetzungen für den mittleren relativen Leistungsverlust ε_m für beide Einfachpaarungen dieselben Werte nehmen und erhalten für den Wert ε_{mv} der Zweifachpaarung vom Regelbereich x einen doppelt so großen Wert, wie für die Einfachpaarung vom Regelbereich $x' = \sqrt{x}$. Die Werte r_{1a}/r_o und R_2/r_o der "Zweifachpaarung III" vom Regelbereich x sind gleich denen der "Einfachpaarung III" vom Regelbereich $x' = \sqrt{x}$. Für die Lebensdauer gilt, daß dem doppelten Verschleißvolumen die doppelt so großen Verlustwerte gegenüberstehen, so daß der Vergleichswert der Lebensdauer H_V der "Zweifachpaarung III" vom Regelbereich x ebenso groß ist, wie der Vergleichswert der Lebensdauer der "Einfachpaarung III" vom Regelbereich $x' = \sqrt{x}$.
Nunmehr sind wir in der Lage, aus den für die "Einfachpaarung III"

errechneten Werten auch unmittelbar das Diagramm der Niveaulinien für die "Zweifachpaarung III" aufzubauen. Dieses Diagramm ist in Bild 43 aufgezeichnet.

3.3.3 Untersuchung der "Zweifachpaarung III" mit Anordnung nach Bild 20 (Anordnung B)

Bei dieser Anordnung B treffen die Voraussetzungen, die für die "Einfachpaarung III" gemacht wurden, nicht mehr zu. Wir müssen hier, genau wie beim System II, die Anpreßkraft in Abhängigkeit vom Abtriebsmoment M_3 wirken lassen, so daß der Wert p_5 nicht mehr konstant ist, sondern von der Regelstellung abhängig ist.

Die Lagerung der Drehachse des Regelteils soll konstruktiv so gelöst sein, daß die Normalkrfäte N_1 und N_3 in jeder Regelstellung gleich groß sind.
Die Anpreßkraft A_3 wird mittels einer geeigneten Konstruktion (Schraubenrille mit Kugeln) proportional M_3 gehalten. Bezeichnet δ den Steigungswinkel der Schraubenrille und r_k den Radius von Mitte Drehachse bis zur Kugelmitte, dann wird

$$A_3 = \frac{M_3}{r_K}\, tg\,\delta \qquad \text{und} \qquad N_3 = \frac{M_3}{r_K} \cdot \frac{tg\,\delta}{\sin(2\varphi-\alpha_1)}$$

Die Umfangskraft $U_3 = M_3/r_3$ ist gleich U_1, ebenso ist $N_1 = N_3$ in jeder Regellage. Der Wert p_5 ändert sich also nach folgender Beziehung:

Scheibe 3: $$p_{5,3} = \frac{U_3}{\mu \cdot N_3} = \frac{r_K}{\mu\, tg\,\delta} \cdot \frac{\sin(2\varphi-\alpha_1)}{r_3}$$

Scheibe 1: $$p_{5,1} = \frac{U_1}{\mu \cdot N_1} = \frac{r_K}{\mu \cdot tg\,\delta} \cdot \frac{\sin(2\varphi-\alpha_1)}{r_3}$$

$$p_5 \sim \frac{\sin(2\varphi-\alpha_1)}{r_3} \tag{52}$$

Die Änderung des Wertes p_6' erhalten wir nach Gleichung (14)

$$p_6' = \frac{\pi \cdot E \cdot l^3}{7{,}25 \cdot N \cdot \rho}$$

auf dem Paarungsteil 1 (Antrieb-Regelteil) zu

$$\frac{p_{6,1}'}{p_{6,1i}'} = \frac{N_{1i} \cdot \rho_{i1}}{N_1 \cdot \rho_1} \qquad \frac{N_{1i}}{N_1} = \frac{r_1 \cdot p_{5,1}}{r_{1i} \cdot p_{5,1i}}$$

$$\frac{N_{1i}}{N_1} = \frac{c+r_0(1-\cos\alpha_1)}{c+r_0(1-\cos\alpha_{1i})} \cdot \frac{\sin(2\varphi-\alpha_1)}{c+r_0[1-\cos(2\varphi-\alpha_1)]} \cdot \frac{c+r_0[1-\cos(2\varphi-\cos\alpha_{1i})]}{\sin(2\varphi-\alpha_{1i})}$$

$$\frac{p_{6,1}'}{p_{6,1i}'} = \frac{c+r_0(1-\cos\alpha_1)}{c+r_0(1-\cos\alpha_{1i})} \cdot \frac{\sin(2\varphi-\alpha_1)}{c+r_0[1-\cos(2\varphi-\alpha_1)]} \cdot \frac{c+r_0[1-\cos(2\varphi-\alpha_{1i})]}{\sin(2\varphi-\alpha_{1i})} \cdot \frac{c+r_0(1-\cos\alpha_{1i})}{c+r_0(1-\cos\alpha_1)}$$

$$p_{6,1}' = p_{6,1i}' \cdot \frac{r_{1a}}{\sin(2\varphi-\alpha_{1i})} \cdot \frac{\sin(2\varphi-\alpha_1)}{r_3} \tag{53}$$

Auf dem Paarungsteil 2 (Regelteil-Abtrieb) ergibt sich die Änderung von p_6' zu:

$$\frac{p'_{6,3}}{p'_{6,3a}} = \frac{N_{3a} \cdot \rho_{a3}}{N_3 \cdot \rho_3} \qquad \frac{p'_{6,3a}}{p'_{6,1i}} = \frac{N_{1i}}{N_{3a}} \cdot \frac{\rho_{i1}}{\rho_{a3}} = \frac{r_{1i}}{r_{3a}} = x'$$

$$p'_{6,3a} = p'_{6,1i} \cdot x'$$

$$p'_{6,3} = p'_{6,1i} \cdot x' \cdot \frac{r_1}{r_{1i}} \cdot \frac{\sin(2\varphi - \alpha_1)}{\sin(2\varphi - \alpha_{1i})} \cdot \frac{r_{3a}^2}{r_3^2}$$

$$p'_{6,3} = p'_{6,1} \cdot \frac{r_1}{r_3} \tag{54}$$

Nach den Gleichungen (52), (53) und (54) lassen sich für jede Regelstellung die Werte p_5 und p_6' berechnen. Man kann nun mit Hilfe der Werte p_5 und p_6' (Schnittpunkt beider im Zustandsdiagramm) die jeder Regelstellung zugehörigen Werte p_7 aus dem Zustandsdiagramm entnehmen.
Die Berechnung des mittleren relativen Leistungsverlustes und der Lebensdauer kann also für ein Getriebe nach Anordnung B unter Berücksichtigung der Veränderlichkeit von p_5 und p_6' erfolgen, wenn die Werkstoffpaarungskennwerte E und p_{mi} bekannt sind, so daß $p'_{6,1i}$ festgelegt ist.
Bevor an einem Beispiel der Einfluß der Veränderlichkeit von p_5 und p_6' beim Regeln auf den mittleren relativen Leistungsverlust und die Lebensdauer untersucht wird, soll zunächst für die "Zweifachpaarung III", Anordnung B die Untersuchung ohne veränderliches p_5 und p_6', also mit einem Wert $p_{7mittel}$ ausgeführt werden.
Wird die Veränderlichkeit von p_5 und p_6' nicht berücksichtigt, dann bleiben auch für die Anordnung B die für die "Einfachpaarung III" aufgestellten Beziehungen bestehen. Sie gelten sowohl für die Paarung Antrieb-Regelteil, als auch für die Paarung Regelteil-Abtrieb. Der Reibring des Regelteils überträgt das Drehmoment an 2 Berührungsstellen, wodurch die Verluste doppelt auftreten. Mit dem eingeführten Mittelwert $p_{7mittel}$ wird der Vergleichswert für den gesamten mittl. relativen Leistungsverlust der "Zweifachpaarung III" vom Regelbereich x doppelt so groß wie der Vergleichswert für den mittleren relativen Leistungsverlust der "Einfachpaarung III" vom Regelbereich $x' = \sqrt{x}$.
Die Werte r_{1a}/r_o und R_2/r_o der "Zweifachpaarung III" vom Regelbereich x bleiben die gleichen wie die der "Einfachpaarung III" vom Regelbereich $x' = \sqrt{x}$. Für die Lebensdauer bleibt die Gleichung (49) bestehen, wobei für ε_{mv} hier die Werte der "Zweifachpaarung III" einzusetzen sind. Da nur ein Reibring vorhanden ist, wird der Vergleichswert der Lebensdauer H_v der "Zweifachpaarung III" vom Regelbereich x halb so groß wie der Vergleichswert der Lebensdauer der "Einfachpaarung III" vom Regelbereich $x' = \sqrt{x}$.
Damit sind wir in der Lage, aus den für die "Einfachpaarung III" errechneten Werten auch unmittelbar ein Diagramm der Niveaulinien

für die "Zweifachpaarung III" (Anordnung B) aufzubauen. Es wird genau dem Diagramm Bild 43 der "Zweifachpaarung III" (Anordnung A) gleich, mit dem Unterschied, daß die Niveaulinien für H_v gerade den halben Wert zahlenmäßig bekommen. Daher wird das Diagramm Bild 43 auch für die Anordnung B gültig, wenn für H_v die in Klammern angegebenen Zahlen verwendet werden.

3.3.4 Durchrechnung eines Beispiels zwecks Abschätzung des Einflusses der veränderlichen Werte p_5 und p_6' auf den mittleren relativen Leistungsverlust und die Lebensdauer bei der "Zweifachpaarung III" (Anordnung B) für den Regelbereich x = 1:4

Gewählt wird ein Getriebe mit $c/r_o = 0{,}3$, $r_{1a}/r_o = 0{,}79$ und $R_2/r_o = 0{,}88$.

In Bild 44 ist das Kreisbogenprofil aufgezeichnet, und es sind zwischen den extremen Regellagen $\alpha_{1i} = 25^o$ und $\alpha_{1a} = 60^o$ die einzelnen Regellagen eingezeichnet. Die Berechnung des Wertes

$$\varepsilon_{mv} = \frac{r_{1a}}{x \cdot \varrho_i}\left[\frac{r_{1a}}{r_o} \Big/ \frac{R_1}{R_2} - 1\right]_{Mittel}$$

wurde auf die gleiche Art wie früher ausgeführt. Ebenfalls wurde der Wert

$$H_v = R_2/x \cdot \varrho_i \cdot \sqrt{1 + (R_2/r_o)^2} \cdot \varepsilon_{mv}$$

nach der früheren Methode berechnet.

Um festzustellen, welchen Einfluß die Veränderlichkeit der Werte p_5 und p_6' auf den mittleren relativen Leistungsverlust und die Lebensdauer hat, wird für $p_{6,1i}'$ der Wert 2 gewählt, da in diesem Gebiet die Werte p_7 sich relativ stark ändern. Nimmt man zunächst an, daß p_5 = konst. = 0,7 und p_6' = konst. = 2 ist, dann wird $p_{7mittel}$ = 1,2 aus dem Zustandsdiagramm (Bild 14) abgelesen. Aus der in Bild 44 durchgeführten Untersuchung ergibt sich dann der Wert

$$\left(\frac{\varepsilon_{mv}}{p_{7\,Mittel}}\right) = 0{,}22 \quad \text{und der Wert} \quad (H_v \cdot p_{7\,Mittel}) = 19{,}9$$

Jetzt wollen wir feststellen, welchen Unterschied wir für diese beiden Werte bekommen, wenn wir die Veränderlichkeit von p_5 nach Gleichung (52) und von p_6' nach den Gleichungen (53) und (54) berücksichtigen. Den Rechnungsgang hierfür zeigt Bild 45. Wir müssen die Paarungen Antrieb-Regelteil und Regelteil-Abtrieb gesondert betrachten. In der Tabelle auf Bild 45 sind für beide Paarungen die den einzelnen Regellagen zugehörigen, nach den Gleichungen (52), (53) und (54) berechneten Werte p_5 und p_6' eingetragen, wobei für p_{5max} der Wert 0,7 entsprechend den früheren Annahmen gewählt wurde. Es wurden dann aus dem Zustandsdiagramm (Bild 14) die zusammengehörigen Werte p_5 und p_6' die Werte p_7 abgelesen und ebenfalls in die Tabelle eingetragen.

Jetzt können die Funktionswerte $\frac{r_{1a}}{R_1 p_7} \left| \frac{R_1}{R_2} - 1 \right|$ berechnet werden, und die Funktionskurven in Abhängigkeit von α_1 aufgezeichnet werden. Die Mittelbildung erfolgt graphisch auf gleiche Weise wie vorher. Der so erhaltene Mittelwert wird mit $r_{1a}/x \cdot \rho_1$ multipliziert und ergibt für jede Paarung gesondert den Wert ε_{mv}/p_7. Die Summe beider Werte ε_{mv}/p_7 ergibt dann das gesamte ε_{mv}/p_7 der "Zweifachpaarung III" (Anordnung B). Wir erhalten zahlenmäßig

$$(\varepsilon_{mv}/p_7) = 0{,}224$$

und für die Lebensdauer $(H_v \cdot p_7) = 19{,}56$.
Vergleichen wir diese Werte mit denen bei konst. p_5 und p_6 und mit $p_{7mittel}$ errechneten Werten, so erkennen wir, daß ein merklicher Unterschied nicht besteht.
Befinden wir uns im Zustandsdiagramm im Gebiet größerer p_6'-Werte, so wird der Einfluß noch geringer, da p_7 dort sich noch weniger ändert.
Wir können also bei der "Zweifachpaarung III" ohne weiteres die durch die Untersuchung mit konst. p_5 und p_6' errechneten Werte verwenden. Der Wert $p_{7mittel}$ muß für jeden Anwendungsfall eines vorliegenden Getriebes aus dem Zustandsdiagramm als Mittelwert geschätzt werden.
Konstruktiv erscheint die Anordnung B etwas günstiger als Anwendung A. Es sollen daher für verschiedene Werte c/r_o einige Beispiele durchgerechnet werden.

3.3.5 Durchrechnung einiger Beispiele des Systems III (Anordnung B) für den Regelbereich x = 1:4

Es soll ein Vergleich der Ausführungen des Systems III (Anordnung B) mit verschiedenen Werten c/r_o bei gleichem Außenradius $r_{1a} = 10$ vorgenommen werden. Antriebsdrehzahl $n_1 = 1400$ U/min. Als Werkstoffpaarung wird geh. St/Gewebepreßstoff gewählt. Hierfür gelten die Werkstoffwerte (Trockenlauf):

$E = 8 \cdot 10^4$ kg/cm^2 — $f = 0{,}345$ cm^3/PSh

$p_{max} = 375$ kg/cm^2 — max. Verschleißstärke $s = 0{,}3$ cm

$\mu = 0{,}4$

Die Abmessungen des Reibrings sollen so ausgeführt sein, daß das beste Verhältnis $l/(b/2) = \sqrt{3}$ verwirklicht wird. Für die verschiedenen Werte c/r_o soll bestimmt werden, welche größte Leistung L_1 übertragen werden kann, wie groß der mittlere relative Leistungsverlust sowie die Lebensdauer sind.
Nachstehend sind für 4 verschiedene Fälle c/r_o alle Werte angegeben: (Die Zusammenstellung der Zahlenwerte befindet sich auf der folgenden Seite).

Die Zusammenstellung enthält eingerahmt die Werte, die für die Getriebe mit 5 PS Leistung sich ergeben. Dabei wird natürlich nicht mehr das günstigste Verhältnis ($l/(b/2)$) verwirklicht.
Zum Vergleich werden noch die entsprechenden Getriebe mit der

	Fall a		Fall b		Fall c		Fall d	
c/r_0	0,1		0,3		0,4		0,6	
r_{1a}/r_0	0,275		0,79		1,05		1,43	
R_2/r_0	0,47		0,87		1,05		1,24	
ε_{mv}	0,08		0,3		0,5		0,6	
H_v			14		8,5		6,0	
r_0 cm	36,4		12,65		9,55		7,0	
ϱ_i cm	4,4		3,83		3,4		3,73	
c cm	3,64		3,8		3,82		4,2	
Werkstoffpaarung: geh. Stahl/Gewebepreßstoff (Trockenlauf)								
b_i cm	0,15	0,15	0,13	0,13	0,115	0,115	0,106	0,106
l cm	0,13	2,08	0,113	2,37	0,099	2,68	0,092	2,91
p'_{6i}	3	770	3	1330	3	2180	3	3030
r_2 cm	15,5	15,5	8,32	8,32	6,92	6,92	5,47	5,47
$p_{7\,Mittel}$	1,3	1,95	1,3	1,98	1,3	1,98	1,3	1,98
M_1 cmkg	2·8,03	2·128	2·6,08	2·128	2·4,76	2·128	2·4,04	2·128
L_1 PS	0,314	5	0,238	5	0,186	5	0,158	5
ε_m %	0,0175	0,186	0,0498	0,692	0,065	1,15	0,0661	1,37
H Stdn.	400000	37900	83600	6230	65000	3520	52500	2540
Werkstoffpaarung: geh. St/geh. St (mit Ölschmierung)								
b_i cm	0,186	0,186	0,162	0,162	0,144	0,144	0,132	0,132
l cm	0,161	0,293	0,14	0,336	0,125	0,380	0,114	0,415
p'_{6i}	3	10	3	17,2	3	28	3	39,6
r_2 cm	15,5	15,5	8,32	8,32	6,92	6,92	5,47	5,47
$p_{7\,Mittel}$	1,3	1,6	1,3	1,7	1,3	1,75	1,3	1,78
M_1 cmkg	2·70,2	2·128	2·53,2	2·128	2·42,1	2·128	2·35,3	2·128
L_1 PS	2,74	5	2,08	5	1,64	5	1,37	5
ε_m %	0,0217	0,0322	0,0583	0,107	0,0814	0,184	0,0818	0,217
H Stdn.	$10{,}5\cdot10^6$	$7{,}08\cdot10^6$	$2{,}46\cdot10^6$	$1{,}34\cdot10^6$	$1{,}69\cdot10^6$	$7{,}45\cdot10^5$	$1{,}43\cdot10^6$	$5{,}37\cdot10^5$

Werkstoffpaarung geh. St/geh. St mit Öl geschmiert ausgerechnet. Die Werkstoffkennwerte sind:

$E = 2{,}1 \cdot 10^6$ kg/cm² $\quad$ $p_{max} = 12\,200$ kg/cm²

$\mu = 0{,}07$ $\quad$ $f = 0{,}5 \cdot 10^{-3}$ cm³/PSh

Als maximal zulässige Verschleißstärke wird s = 0,1 cm angenommen.

Die Zahlenwerte für diese Getriebe sind ebenfalls auf der vorigen Seite in einer Zusammenstellung aufgeführt.

Die Getriebe nach Fall a) bis d) sind in Bild 46 maßstäblich aufgezeichnet. Aus dem Vergleich der aufgezeichneten Getriebe und der Zahlenwerte erkennt man folgendes:

Die Getriebe nach System III zeigen alle sehr günstige mittlere relative Verluste und sehr große Lebensdauer. Fall a) ist in den konstruktiven Abmessungen ungünstig, und man wird bei der Auswahl unter Berücksichtigung der Baugröße Fall b) und c) bevorzugen, da diese Getriebe sowohl hinsichtlich Baugröße, als auch Lebensdauer und mittleren relativen Leistungsverlusten sehr günstig erscheinen. Die übertragbare Leistung bleibt allerdings klein. Jedoch kann man durch Vergrößerung der Reibringbreite l die Leistung steigern, wenn man größeren Verlust und geringere Lebensdauer zuläßt. Dabei liegen die Werte für den mittleren relativen Leistungsverlust immer noch außerordentlich niedrig (siehe Zusammenstellung der Zahlenwerte!). Auch die Lebensdauer bleibt sehr groß.

Betreffs der Werkstoffpaarung ist aus den Zahlenwerten zu erkennen, daß die Paarung geh. St/geh. St mit Ölschmierung günstiger als die Paarung geh. St/Gewebepreßstoff ist in Bezug auf mittlere relative Verluste (Erwärmung) und Lebensdauer. Man könnte bei gleichen mittleren relativen Verlusten entweder die übertragbare Leistung erhöhen oder die Baugröße verkleinern. Ebenso würde bei Zugrundelegung gleicher Lebensdauer die Leistung vergrößert, bzw. die Baugröße verkleinert werden können.

Die Erkenntnis, daß System III so außerordentlich kleine mittlere relative Verluste zeigt, läßt die Frage aufkommen, ob es ein System gibt, welches noch bessere Eigenschaften in Bezug auf mittlere relative Verluste hat. Zieht man zu einer Betrachtung die Gleichung (18)

$$\varepsilon = \left| \frac{R_1}{R_2} - 1 \right| \frac{M_o}{U \cdot R_1}$$

heran, so muß für kleine Verluste der Faktor $\left| R_1/R_2 - 1 \right|$ möglichst klein werden. Dies kann, wie beim System III gezeigt, durch günstige Wahl der geometrischen Verhältnisse erreicht werden. Theoretisch wäre es möglich, diesen Faktor gleich Null zu machen, wenn man als Profilkurve statt des Kreisbogens die Schleppkurve (Traktrix) wählen würde, denn diese hat die Eigenschaft, daß für alle ihre Punkte die Länge der Tangenten bis zum Schnitt mit der x-Achse konstant ist. Das würde bedeuten, daß der Wert R_1/R_2 für alle Lagen gleich 1 bzw. $\left| R_1/R_2 - 1 \right|$ gleich Null ist und damit die Verluste ebenfalls gleich Null werden müßten.
Für die praktische Ausführung bringt diese Kurve jedoch wegen der sich stetig ändernden Krümmung andere Schwierigkeiten. Der Reibring würde bei Linienberührung in jeder Lage eine andere Krümmung haben müssen, um mit der Profilkurve übereinzustimmen. Sie ist also nur

bei weichem Reibring oder Punktberührung anwendbar. Außerdem ist die praktische Ausführung der Regelung (Abweichung vom Kreisbogen) umständlicher. Die optimalen Abmessungen des Systems III geben schon eine sehr gute Übereinstimmung des Teils der Schleppkurve mit dem Stück des Kreisbogens, der für den entsprechenden Regelbereich ausgenutzt wird. Man kann daher sagen, daß System III das günstigste System für ein Reibscheiben-Regelgetriebe in Bezug auf kleinste Verluste und größte Lebensdauer darstellt. Der unter dem folgenden Abschnitt durchgeführte Vergleich der untersuchten Systeme soll dieses durch Zahlenangaben verdeutlichen.

3.4 Vergleichende Betrachtung der 3 untersuchten Systeme

Auf Grund der durchgeführten Untersuchungen sollen die drei Bauarten der Getriebe, und zwar jeweils die als günstig erkannten untereinander verglichen werden. Der Vergleich soll 1. für die Materialpaarung geh. St/Gewebepreßstoff und 2. für die Materialpaarung geh. St/geh. St durchgeführt werden. Als Vergleichsbasis soll gleicher Regelbereich, gleiche Baugröße und gleiche übertragbare Leistung zugrunde gelegt werden und die günstigsten Ausführungen in Bezug auf mittlere relative Leistungsverluste und Lebensdauer gewertet werden.

	System I (Wesselmann)		System II (Hayes)		System III (Arter)	
	geh.St/Gewebepr.	geh.St/geh.St	geh.St/Gewebepr.	geh.St/geh.St	geh.St/Gewebepr.	geh.St/geh.St
r_{1a} cm	10	10	10	10	10	10
L_1 PS	5	5	5	5	5	5
n_1 U/min	1400	1400	1400	1400	1400	1400
p_{max} kg/cm²	375	12200	375	12200	375	12200
E kg/cm²	$8\cdot10^4$	$2{,}1\cdot10^6$	$8\cdot10^4$	$2{,}1\cdot10^6$	$8\cdot10^4$	$2{,}1\cdot10^6$
μ	0,4	0,07	0,4	0,07	0,4	0,07
f cm²/PSh	0,345	$0{,}5\cdot10^{-3}$	0,345	$0{,}5\cdot10^{-3}$	0,345	$0{,}5\cdot10^{-3}$
s cm	0,3	0,1	0,3	0,1	0,3	0,1
c cm			0,0	0,0	3,82	3,82
ρ_i cm	30	9,8	4,97	4,97	3,4	3,4
r_0 cm			7,4	7,4	9,55	9,55
b_i cm	0,88	0,373	0,169	0,21	0,115	0,144
l cm	0,623	0,264	1,83	0,267	2,68	0,380
$p'_{\delta i}$	2	2	470	6,5	2180	28
$p_{\gamma\,Mittel}$	1,4	1,4	1,88	1,53	1,98	1,75
ε_m %	2,28	0,963	25,4	4,45	1,15	0,184
H Stdn.	417	81500	111	20800	3520	745000

Vorgesehene Daten der Getriebe:

Leistung: 5 PS

Außenradius: r_{1a} = 10 cm

Antriebsdrehzahl: n_1 = 1400 U/min

Raumbedarf: 17 300 cm^3

Die ausgerechneten Zahlenwerte für die günstigsten Ausführungen der 3 Systeme werden in der Zusammenstellung auf Seite 64 zum Vergleich eingetragen, die Getriebe selbst maßstäblich in dem Bild 47 aufgezeichnet.

Der Vergleich der Zahlen zeigt die eindeutige Überlegenheit des Systems III über die beiden anderen, sowohl in Bezug auf den mittleren relativen Leistungsverlust, als auch auf die Lebensdauer. Das ungünstigste System ist System II. Die geringen Verluste des Systems III sind insofern von Wichtigkeit, als die Erwärmung dieses Getriebes sehr gering ist. Bezüglich der Auswahl der Werkstoffpaarung ist folgendes zu sagen:

Die Paarung geh. St/geh. St, ölgeschmiert, ist eindeutig in Bezug auf mittlere relative Verluste (Erwärmung) und besonders auf Lebensdauer der Paarung geh. St/Gewebepreßstoff überlegen und zwar bei allen untersuchten Systemen. Als nachteilig sind nur die durch die notwendigen hohen Anpreßkräfte auftretenden großen Lagerkräfte anzusehen, die infolge der größeren Lager auch auf die Baugröße einen Einfluß haben.

Abschließend zu dem durchgeführten Vergleich soll noch angegeben werden, wie die übertragbare Leistung L_1 und die Baugröße des Systems III verändert werden können, wenn 1. die gleichen mittle-

	System III	
	bei gleichem mittleren relativen Verlust ε_m = 2,28 % wie System I	bei gleicher Lebensdauer H = 81500 Stdn. wie System I
b_i cm	0,144	0,144
l cm	0,95	0,95
p'_{6i}	174	174
$p_{7\,Mittel}$	1,88	1,88
r_{1a} cm	7,75	5,04
L_1 PS	12,5	12,5
ε_m %	2,28	3,4
H Stdn.	793000	81500
Bauvolumen cm^3	5900	1700

ren relativen Verluste und 2. die gleiche Lebensdauer wie bei System I zugrundegelegt werden. Die Zahlenangaben der Zusammenstellung auf Seite 65 gelten für die Paarung geh. St/geh. St mit Ölschmierung.

In konstruktiver Hinsicht ist System I am einfachsten. Bei System III ist neben der komplizierten Regeleinrichtung dafür zu sorgen, daß
1. beide Berührungsstellen jeder Scheibe gleichmäßig tragen und
2. Gewähr geleistet wird dafür, daß beide Regelteile am gleichen wirksamen Radius arbeiten, da sonst eine Überlastung des einen und ein Mitschleppen des anderen Regelteils eintritt.

4. Versuche zur Ermittlung der Werkstoffkennwerte

4.1 Zielsetzung der Versuche

Durch die Versuche sollen folgende zur Berechnung von Reibscheiben-Regelgetrieben notwendige Werkstoffkennwerte ermittelt werden:

1. der Elastizitätsmodul E (kg/cm^2)
2. der Reibwert μ
3. der Verschleißwert f (g/PSh oder cm^3/PSh)
4. die ertragbare Wälzpressung k (kg/cm^2)
5. die ertragbare Temperatur t (^oC)

Hierzu werden folgende Werkstoffpaarungen untersucht:

1. geh. St/Gewebepreßstoff im Trockenlauf
2. geh. St (EC 100)/VCMo 140 mit Öl geschmiert
3. geh. St (EC 100)/Aluminium-Bronze AB4S mit Öl geschmiert
4. geh. St (EC 100)/geh. St (EC 100) mit Öl geschmiert

4.2 Versuchseinrichtung und Meßmethoden

4.2.1 Beschreibung der Versuchseinrichtung

Bild 48 zeigt das Schema der benutzten Prüfstände [12]. Die Fotografien Bild 49 und 50 zeigen die kleinen Prüfstände für die Versuche mit den Kunststoffen, Bild 51 den größeren Prüfstand für die Versuche mit Stahl.

Die Mittelrolle 1 wird vom Drehstrommotor 2 angetrieben. Der Drehstrommotor ist pendelnd gelagert. Die Prüflinge 7 sind auf den Laufpilzen 6 befestigt und werden mittels der Belastungshebeleinrichtung 5, 8, 9 gegen die Mittelrolle 1 gepreßt.

---

12) Die Prüfstände wurden nach einem Vorschlag von Prof. Dr.-Ing. G. Niemann vom Verfasser entworfen und von den Firmen Harzer Achsenwerke, Bornum/Harz, und Schoppe & Fäser, Minden, gefertigt. Die Daten der Prüfstände sind im Teil II, Seite 54 bis 56 angegeben.

Die Prüfkörper 7 liegen in einer Linie an der Mittelrolle an und werden bei Drehung der Mittelrolle durch die Reibung zwischen Mittelrolle und Prüfkörper ebenfalls in Drehung versetzt. Die Laufpilze laufen frei, übertragen also kein Drehmoment, wenn man von den Reibungsverlusten in den Pilzkugellagern, die ein kleines abbremsendes Moment ergeben, absieht. Bei dem größeren Prüfstand ist durch Kegelräder eine zwangsweise Übersetzung zwischen Mittelrolle und Laufpilzen eingeschaltet, um stets eindeutige Schlupfverhältnisse zu erzwingen. Die Anpreßkraft wird durch Aufbringen verschieden großer Belastungsgewichte 9 verändert.

4.2.2 Ermittlung des Elastizitätsmodul E

Die Aufgabe besteht darin, die bei verschiedenen Anpreßkräften sich ergebende Breite b der Drucklinie auszumessen. Hierzu erwies sich das nachfolgende Verfahren als brauchbar:
Die Mittelrolle wird mit einer Kerzenflamme dünn angerußt und der Abdruck auf dem Prüfling nach der Belastung mit der Meßlupe ausgemessen. Aus der Hertz'schen Gleichung ergibt sich dann

$$E = 1{,}16 \frac{N \cdot d_M}{l \cdot (b/2)^2} \quad (kg/cm^2)$$

Hierbei ist: N (kg) Anpreßkraft
d_M (cm) Durchmesser der Mittelrolle
l (cm) Länge der Druckfläche
b (cm) Breite der Druckfläche.

4.2.3 Ermittlung des Reibwertes μ

Gemessen wird das Gesamt-Drehmoment M_G (cmkg) am Pendelmotor. Es setzt sich zusammen aus:

1. dem Reibmoment M_o in der Druckfläche
2. dem Reibmoment M_{pi} der Laufpilzkugellager
3. dem Reibmoment M_{La} der Motorkugellager
4. dem Moment $M_{Lü}$ des Motorlüfters

(2.–4.: abzügliches Moment M_A)

Das zur Berechnung von μ erforderliche Reibmoment M_o ist dann

$$M_o = M_G - M_A = M_G - (M_{La} + M_{pi} + M_{Lü})$$

Aus der in den theoretischen Untersuchungen (unter 2.4.4) abgeleiteten Gleichung (9) läßt sich der Reibwert μ nach folgender Beziehung berechnen:

$$\mu = \frac{8 \cdot M_o}{p_{max} \cdot b^2 \cdot p_o}$$

4.2.4 Ermittlung des Verschleißwertes f

Der Verschleißwert f ist so definiert, daß er angibt, wieviel Gramm oder cm^3 des Prüflings je PS-Stunde verschlissen werden. Es muß also der Verschleiß des Werkstoffs durch Wägung vor und nach dem Versuch festgestellt werden; die Laufzeit in Minuten wird durch ein im Pendelmotorstromkreis eingeschaltetes elektrisches Zählwerk, die Drehzahl des Pendelmotors (n_{Motor}) wird mehrmals während der Versuchsdauer und das Reibmoment M_o wird nach 4.1.4 gemessen. Dann ist die Reibleistung

$$N_{Reib} = \frac{M_o \cdot n_{Motor}}{71600} \quad (PS)$$

und der Verschleißwert f kann aus der Beziehung

$$f = \frac{\text{Verschleißgewicht}}{\text{Reibleistung} \cdot \text{Laufzeit}} \quad \left(\frac{g}{PS\,h}\right)$$

errechnet werden.

4.2.5 Ermittlung der ertragbaren Wälzpressung k

Die Wälzpressung k wird aus der Beziehung $k = \frac{N}{l \cdot \delta} \; (kg/cm^2)$ (Bild 52) errechnet.
Durch Veränderung der Anpreßkraft N kann die Wälzpressung k verändert werden. Es ist festzustellen, welche höchste Wälzpressung die Paarung ohne unzulässig hohen Verschleiß (Abtrieb oder Grübchenbildung) oder sonstige störende Einflüsse erträgt.

4.2.6 Ermittlung der ertragbaren Temperatur t

Mittels eines geeichten Anlegepyrometers wird die Übertemperatur der Mittelrolle während des Versuches mehrfach in kurzen Abschaltpausen gemessen. Die jeweilige Raumtemperatur wird ebenfalls notiert, so daß die absolute Dauertemperatur der Mittelrolle bestimmt werden kann. Nicht gemessen werden kann die Temperatur im Augenblick des Durchlaufens der Anpreßzone, wo eine Blitzerwärmung beim Überrollen auftritt.
Die Versuche sollen zeigen, ob sich eine Grenz-Dauertemperatur der Mittelrolle angeben läßt, bis zu der die Werkstoffpaarung ohne unzulässig hohen Verschleiß oder sonstige störende Einflüsse im Betrieb zu gebrauchen ist.

4.2.7 Ermittlung der Hebelübersetzung zwischen Belastungsgewicht G und Anpreßkraft N

Zwischen Mittelrolle und Prüfling wurde ein Spion von 1/10 mm Dicke gebracht und dann der Ausschlag des Gewichtshebels am Aufhängepunkt der Gewichte mittels Millimeter-Meßuhr gemessen. Diese Messung wurde für verschiedene Höhenlagen der Mittelrolle durchgeführt. Die aufgenommenen Kurven für die Übersetzungsverhältnisse sind in den Bildern 53, 54 und 55 wiedergegeben.

4.2.8 Bestimmung der Höhenlage (Exzentrizität) der Mittelrolle gegenüber den Laufpilzen (Bild 56)

Die Durchmesser der Laufpilze d_{pi} wurden mittels Mikrometer gemessen. Bei festgebremsten Laufpilzen wurde über dieselben ein Haarlineal gelegt und der Zwischenraum c zwischen Mittelrolle und Haarlineal mit Innenmikrometerschraube gemessen (Bild 56). Die Exzentrizität ergibt sich dann: $a = r_{pi} - (r_M + c)$

4.2.9 Bestimmung des abzüglichen Drehmomentes $M_A = M_{La} + M_{pi} + M_{Lü}$ am Pendelmotor

Das Lüftermoment $M_{Lü}$ sowie das Kugellagermoment M_{La} sind als Leerlauf-Drehmoment des Motors einfach zu messen, da keine zusätzliche Belastung des Motor-Kugellagers beim Anpressen der Prüflinge auftritt. Schwieriger ist das Reibmoment M_{pi} der Laufpilz-Kugellager zu bestimmen. Hierzu wurden Prüflinge aus EC 100 mit nur 1 mm breiter Lauffläche auf die Laufpilze gesetzt, an die Mittelrolle gepreßt und mit leichtem Öl geschmiert laufen gelassen. Durch die kleine geschmierte Druckfläche wird hierbei nur ein ganz geringes Reibmoment M_o erzeugt, so daß das am Pendelmotor gemessene Drehmoment einen guten Anhaltswert für das abzügliche Moment M_A darstellt. Um den Anteil von M_o gering zu halten, wurde die Bestimmung von M_A bei den kleineren Prüfständen nur mit geringen Anpreßkräften vorgenommen. Die Meßpunkte wurden aufgezeichnet und dann für die Anpreßkraft Null der Wert für M_A extrapoliert. Für größere Anpreßkräfte wurde für M_{pi} ein Zuschlag nach den Angaben der Kugellagerfirmen gemacht. Die so erhaltenen M_A-Kurven zeigen die Bilder 57 und 58.

4.2.10 Der Anteil der Hebel-Eigengewichte an der Anpreßkraft

Das Eigengewicht der Hebel hat eine geringe Anpreßkraft der Prüflinge zur Folge. Diese Anpreßkraft wurde so bestimmt, daß am Belastungshebel am Gewichtsaufhängepunkt eine Federwaage angebracht und soweit gespannt wurde, bis bei Drehung der Mittelrolle die Laufpilze gerade nicht mehr mitgenommen werden. Dann entspricht die Anpreßkraft gerade der Federkraft multipliziert mit dem Hebelübersetzungsverhältnis.

4.3 Durchführung der Versuche

4.3.1 Untersuchte Werkstoffpaarungen

Geprüft wurden verschiedene handelsübliche Preßstoffe und zwar vorwiegend im Trockenlauf gegen geschliffene Mittelrollen aus gehärtetem Stahl. Ferner die Stähle VCMo 140 vergütet, EC 100 gehärtet und Aluminium-Bronze ABS4, alle geschliffen gegen geschliffene Mittelrollen aus EC 100 gehärtet, mit Öl geschmiert. Die untersuchten Paarungen sind in den Bildern 60 bis 79 und auch in den Tabellen 5 bis 9 [13] angegeben.

13) Tabellen 5 bis 9: Teil II, Seite 9 und 10

Die Preßstoffprüflinge wurden an der Laufseite und der Rückseite parallel "feingedreht", die Metallprüflinge an beiden Flächen parallel geschliffen.

4.3.2 Messungen während der Versuche

Während der Versuche wurden in zeitlichen Abständen folgende Messungen durchgeführt und im Versuchsprotokoll niedergelegt:

1. das Antriebsdrehmoment des Pendelmotors
2. die Drehzahlen vom Antriebsmotor, von Laufpilz 1 und Laufpilz 2
3. die Raumtemperatur
4. die Dauerübertemperatur der Mittelrolle
5. die Zulauftemperatur des Schmiermittels
6. die Laufzeit
7. der Verschleiß durch Wägung vor und nach dem Versuch
8. alle übrigen Beobachtungen wurden notiert.

Mit ein und derselben Belastung wurden mehrere Versuche gefahren, um festzustellen, ob die gemessenen Werte reproduzierbar sind, bzw. wie groß die Streuung ist.

4.4 Versuchsergebnisse

4.4.1 Allgemeine Beobachtungen

Bei den Preßstoffen ist das gemessene Reibmoment über die gesamte Laufzeit nicht konstant. Die Schwankungen des Reibmoments sind bei verschiedenen Kunststoffen verschieden groß, also werkstoffabhängig, außerdem aber auch bei ein und demselben Werkstoff im zeitlichen Ablauf der Versuche verschieden groß. Je nachdem, ob infolge der durch die Reibarbeit erzeugten Wärme und der mechanischen Beanspruchung die Grenze erreicht wird, wo das Bindemittel aus dem Werkstoff austritt, tritt als Folge ein Verkleben der Laufflächen der Prüflinge und der Mittelrolle auf. (Das Bindemittel bildet einen dünnen Schleier in Laufflächenbreite auf der Mittelrolle). Ist erst einmal das Bindemittel herausgetreten und haftet auf der Mittelrolle fest, dann sind die Schwankungen im gemessenen Reibmoment erheblich. Es kann auch vorkommen, daß durch das Verkleben das Prüfmaterial stückweise herausgerissen oder, wie bei Hartgeweben, eine Gewebebahn erfaßt und losgerissen wird. Dann kann es auch vorkommen, daß durch das Herausreißen der Werkstoffteile der Schleier der Mittelrolle ganz oder teilweise abgestreift wird und für kurze Zeit das Reibmoment wieder stark absinkt. Es bildet sich aber erneut schnell der Belagschleier, das Reibmoment steigt wieder an, und so wurde ein gleichmäßiger Zustand nur selten erreicht.
Die neutrale Zone (reines Wälzen) wurde im allgemeinen in der Mitte der Lauffläche beobachtet. Jedoch bleibt diese Lage nicht konstant erhalten, sondern es tritt ein Wandern über die Lauf-

fläche ein. Dies konnte auch durch die Messung der Drehzahlen der Laufpilze nachgewiesen werden. Eine Gesetzmäßigkeit wurde nicht festgestellt. Bei den Metallen, die mit Ölschmierung liefen, stellte sich bald nach Versuchsbeginn ein konstantes Reibmoment ein. Bei Versuchsbeginn war das Reibmoment zunächst höher. Das Absinken des Reibmoments ist auf die Erwärmung der Lager und das Erreichen eines Beharrungszustandes zurückzuführen. Je nach Größe der Belastung trat entweder nur ein allmählicher gleichmäßiger Verschleiß der Prüflinge ein, oder aber nach bestimmter Laufzeit (bestimmter Anzahl von Überrollungen) trat Grübchenbildung auf.

4.4.2 Reibwert und Verschleißwert

Bei den Auswertungen der Versuche bezüglich Reibwert und Verschleißwert wurde bei den Preßstoffen mit dem Mittelwert des Reibmoments gerechnet, indem das Reibmoment über die gesamte Zeit je Belastung und Versuch gemittelt wurde. Die Versuchsergebnisse sind für eine Paarung (geh. St/Aclait) in den Tabellen 18 und 19 [14] zusammengestellt und außerdem der Reibwert μ und der Verschleißwert f (diese Werte auch für einige andere Paarungen) über der Wälzpressung k als Diagramm Bild 62 und 65 aufgezeichnet.
Bei allen Kunststoffen ist für die vorliegenden Versuchsverhältnisse der Reibwert sehr hoch. Die hohen Reibwerte finden ebenso wie die große Streuung der Reibwerte ihre Erklärung im Austritt des Bindemittels.
Diese Erscheinung ist vermutlich auch für die relativ hohen Verschleißwerte verantwortlich. Durch das Aufeinanderkleben wird der Werkstoff leichter herausgerissen. Die Beobachtungen haben gezeigt, daß in manchen Fällen, wenn das Ausreißen des Werkstoffes einmal stattgefunden hat, der Verschleißso schnell vor sich gehen kann, daß innerhalb von wenigen Minuten die ganze Lauffläche des Prüflings heruntergeschlissen wird. Solche Fälle ergeben außerordentlich hohe Verschleißwerte, die man nicht in den sonst sich ergebenden Kurvenverlauf der Verschleißwerte einordnen kann. Wieder andere Beobachtungen zeigten, daß nach größeren Zerstörungen der Prüflings-Laufflächen, wie Ausbrüchen und Abblätterungen, im Verlauf des Versuchs wieder eine Glättung der Lauffläche eintrat. Ob in solchen Fällen noch von einem normalen Verschleiß gesprochen werden kann und ein Verschleißwert angegeben werden soll, ist zweifelhaft.
Bei den Metallen ergeben sich Reibwerte und Verschleißwerte, die in der normalen Größe liegen. Ganz besonders niedrige Verschleißwerte wurden bei der Paarung geh. St (EC 100)/geh. St (EC 100) gemessen.

4.4.3 Kontroll-Rutschversuche

Zur Klärung und Überprüfung der unwahrscheinlich hohen Reibwerte bei den Kunststoffen wurden hiermit Kontroll-Rutschversuche durchgeführt. Hierbei wurde die Mittelrolle entweder von Hand oder im Motorlauf an den Prüflingen durchgedreht, wobei die Laufpilze mit den Prüflingen über eine Fadenscheibe mittels Federwaage festge-

14) Tabellen 5 und 6: Teil II, Seite 9 und 10

halten wurden (Bild 59). Wenn die Federwaagenkraft entsprechend dem Federweg groß genug ist, das Reibmoment auszugleichen, rutscht die Mittelrolle an den Prüflingen vorbei. Die Federkraft multipliziert mit dem Radius der Fadenscheibe ergibt dann das Reibmoment. Dieser Versuch wurde bei verschiedenen Anpreßkräften durchgeführt. Für die Ausrechnung des Reibwertes wird angenommen, daß die Reibkraft in der Mitte der Lauffläche des Prüflings angreift. Es gilt dabei mit den Bezeichnungen nach Bild 59 folgende Beziehung:

$$N \cdot \mu \cdot r_{pr} = F \cdot r_F \qquad \mu = F \cdot r_F / N \cdot r_{pr}$$

Auf diese Art wurden folgende Kontrollversuche durchgeführt:

1. Durchrutschen bei langsam von Hand durchgedrehter Mittelrolle bei verschiedenen Anpreßkräften. Die Mittelrolle wurde für jede Messung blank gesäubert und auf Raumtemperatur abgekühlt. Die Relativgeschwindigkeit zwischen Mittelrolle und Prüfling ist dabei praktisch gleich Null (Bild 64, Kurve A).
2. Kurzzeitiges Durchrutschen (max. 5 sec) bei vom Motor angetriebener Mittelrolle bei verschiedenen Anpreßkräften. Die Mittelrolle wurde für jede Messung blank gesäubert und auf Raumtemperatur abgekühlt. Die Relativgeschwindigkeit zwischen Mittelrolle und Prüfling beträgt dabei 8,81 m/sec. (Bild 64, Kurve B).
3. Wie 2. mit 15 sec. oder 30 sec. Durchrutschzeit (Bild 64, Kurve C und D).
4. Wie 2. mit 1 min. Durchrutschzeit oder Dauerrutschen (Bild 64, Kurve E).
   Hierbei konnten nur noch die kleinen Belastungswerte und diese unter gewissen Schwierigkeiten (starkes Pendeln der Federwaage) gemessen werden.

Schon bei kurzzeitigem Durchrutschen (Fall 3.) ist in geringem Maße das Austreten des Bindemittels zu beobachten, das Reibmoment steigt infolge des höheren Reibwertes (Verkleben der Oberflächen) beachtlich an. Bei längerer Durchrutschzeit steigt der Reibwert sehr stark an, wobei infolge des Verklebens und Wiederabreißens der Ausschlag der Federwaage stark schwankt. Beim Versuch "Dauerrutschen" trat die Erscheinung des Ausreißens und Verbrennens des Werkstoffs auf (Bild 64, Kurve F).
Die Temperatur der Mittelrolle stieg bei den Rutschversuchen jedes Mal von Raumtemperatur ziemlich stark an. Der Temperaturanstieg und die beim Durchrutschen erzeugte Blitzerwärmung und auch die mechanische Beanspruchung haben zur Folge, daß das Bindemittel heraustritt und sich auf der Mittelrolle festsetzt. Man erkennt dies als Belagschleier in Breite der Lauffläche auf der Mittelrolle. Dieser Belagschleier wirkt klebend, so daß der Reibwert auf das fünf- bis siebenfache, teilweise noch höher ansteigen kann.
Der Schleier sitzt an der Mittelrolle so fest, daß er nur mit feinem Schmirgelleinen wegpoliert werden kann. Läßt man den Schleier an der Mittelrolle sitzen und kühlt sie auf Raumtemperatur ab, so ergibt sich beim Durchrutschversuch nach 1. ein Reibwert, der um das zwei- bis dreifache höher liegt, als bei blanker Mittelrolle. Führt man mit blank polierter Mittelrolle,

die eine Temperatur von 100°C haben kann, den Durchrutschversuch nach 1. durch, dann erhält man die gleichen Reibwerte wie bei blanker Mittelrolle mit Raumtemperatur.
Der Anstieg des Reibwertes mit der Temperatur beruht also auf dem Austritt des Bindemittels, das "klebend" wirkt und dann auch bei niedriger Temperatur den Reibwert hochhält.

4.4.4 Versuche mit Gewebepreßstoffen mit Schmierung

Es sei erwähnt, daß versucht wurde, Laufversuche unter Verwendung von Schmiermitteln (Petroleum, leichtes Spindelöl) durchzuführen. Diese Versuche mußten bereits nach kurzer Laufzeit abgebrochen werden, da die Laufflächen der Gewebepreßstoff-Prüflinge infolge zu großer Erwärmung verkohlten und die verkohlten Schichten abblätterten und stückweise ausbrachen.

4.4.5 Paarung Gewebepreßstoff Aclait [15] gegen gehärteten Stahl im Trockenlauf

Die Versuchsergebnisse sind in Tafel 18 und 19 [16] zusammengestellt. Bild 60 bringt die Meßergebnisse zur Bestimmung des Elastizitätsmoduls. Im Mittel ist E = 77820 kg/cm². Bild 61 zeigt, wie weit bei den Laufversuchen Drehmoment M_G und Temperatur $t_{Mittelrolle}$ während der Laufzeit schwanken. Man erkennt aus dem Verlauf der Kurven, daß das Moment ziemlich stark schwankt (vergl. Wirkung des Bindemittel-Austritts) und somit auch der aus dem Moment zu errechnende Reibwert.
In Bild 62 ist der aus den Laufversuchen sich ergebende mittlere Reibwert (Kurve A) und der Verschleißwert (Kurve c) über der Wälzpressung k aufgetragen, außerdem ist der Reibwert bei Versuchsbeginn (Kurve B) eingezeichnet. Der Reibwert nimmt mit zunehmender Wälzpressung etwas ab und liegt vor allem nach dem Lauf erheblich höher als bei Versuchsbeginn (Wirkung des Bindemittel-Austritts). Der Verschleißwert nimmt oberhalb k = 6 kg/cm² rapide zu. Bild 63 zeigt die Reibwerte aus verschiedenen Meßpunkten verschiedener Laufversuche in Abhängigkeit von der Dauertemperatur der Mittelrolle. Der Reibwert steigt mit der Temperatur. Ferner wird besonders deutlich, wie stark der Reibwert streut.
Bild 64 zeigt das Ergebnis der Durchrutschversuche, aus denen ebenfalls der Einfluß des Bindemittel-Austritts auf den Reibwert (Kurve E u. F) klar hervorgeht.
Bild 66 zeigt ein Foto von zwei Prüflingen aus Aclait nach dem Lauf. Ein Prüfkörper ist glatt und gleichmäßig verschlissen, der andere ungleichmäßig und aufgerauht verschlissen.

Beurteilung des Werkstoffs Aclait

Hartgewebe Aclait zeigte im Lauf gute Eigenschaften. Der Verschleiß ging - von wenigen Ausnahmen abgesehen - stetig vor sich, so daß immer glatte Laufflächen vorhanden waren und ein ruhiger Lauf stattfand. Bei den Wälzpressungswerten $k > 6$ kg/cm² nimmt der Verschleiß sehr schnell zu, es kommt manchmal zum Abreißen der

15) Herstellerfirma "ACLA", Köln-Mülheim
16) Tafel 5 und 6: Teil II, Seite 9 und 10

Gewebeschichten und damit zu schnellerem Wegschleißen des Materials. Auch bei Wälzpressungswerten $k < 6$ kg/cm^2 trat - allerdings selten - ein Losreißen einer Gewebeschicht ein, im allgemeinen beruhigte sich aber der Lauf schnell und die Laufflächen glätteten sich wieder.

4.4.6 Weitere Paarungen Gewebepreßstoff/geh. St

Von den vielen Versuchen mit anderen Gewebepreßstoffen als Paarungswerkstoff werden die Ergebnisse der Versuche mit folgenden Paarungen in Bild 65 dargestellt, und zwar sind die Kurven für den mittleren Reibwert und den Verschleißwert in Abhängigkeit von der Wälzpressung k aufgezeichnet:

1. Paarung Hartgewebe Dytron [17] gegen gehärteten Stahl
   mittlerer E-Modul: E = 66380 kg/cm^2
2. Paarung Hartgewebe Ferrozell [18] gegen gehärteten Stahl
   mittlerer E-Modul: E = 85000 kg/cm^2

und außerdem

3. die Paarung Kunstharzpreßholz Lignostone [19] BF II/7 (fein geschichtet) gegen gehärteten Stahl
   mittlerer E-Modul: E = 50000 kg/cm^2

Im allgemeinen sind die Eigenschaften von Dytron und Ferrozell denen von Aclait ähnlich.
Lignostone zeigte als Paarungswerkstoff zur Anwendung bei Reibgetrieben insofern keine guten Eigenschaften, als es sehr - wie übrigens alle Kunstharzpreßhölzer - zu Ausbrüchen in der Lauffläche neigt und dadurch ein unruhiger Lauf mit starken Erschütterungen eintritt.

Für die Bestimmung des Verschleißwertes bei Lignostone ist eine Einschränkung zu machen, da durch die auftretenden Ausbrüche des Materials aus der Lauffläche eine Wägung des Verschleißes nicht mehr sinnvoll ist. Die Versuchspunkte streuen so stark, daß ein Kurvenverlauf nur sehr schwierig anzugeben ist.

Die Bilder 67 bis 69 zeigen Fotoaufnahmen von Prüflingen der untersuchten Gewebepreßstoffe und von Lignostone, und zwar sind immer zwei Prüflinge gegenübergestellt. Ein Prüfling ist glatt und gleichmäßig verschlissen, der andere ungleichmäßig und aufgerauht verschlissen. Auf Bild 69 erkennt man sehr deutlich, wie die einzelnen Fasern des Holzes herausgerissen sind und Ausbrüche hervorrufen.

4.4.7 Paarung VCMo 140 vergütet gegen gehärteten Stahl (EC 100) mit Ölschmierung

Die Versuchsergebnisse sind in Tabelle 7 [20] und Bild 70 zusammengestellt.

---

17) Herstellerfirma: Venditor, Troisdorf über Köln
18) Herstellerfirma: Ferrozell u. Co., Augsburg
19) Herstellerfirma: Holzveredlungs A.G., Haaren / Ems
20) Tabelle 7: Teil II, Seite 10

Als Schmiermittel wurde ein leichtes Spindelöl "Spezial R" verwendet mit folgenden Daten:

Dichte (g/cm³) bei 20°C γ_{20} = 0,9059

Viskosität (cSt) " 20°C γ_{20} = 44,0

" 50°C γ_{50} = 12,0

" 80°C γ_{80} = 5,15

Bild 70 zeigt die Abhängigkeit des Reibwertes μ und des Verschleißwertes f in Abhängigkeit von der Wälzpressung k. Der Reibwert fällt mit größerer Wälzpressung k leicht ab, während der Verschleißwert ansteigt.
Ausgesprochen typische Grübchenbildung wurde nicht beobachtet. Die blank geschliffenen Laufflächen der Prüflinge verändern sich beim Ablauf des Versuches so, daß zunächst die Schleifriefen verschwinden und dafür sich ganz feine Poren (nur unter dem Mikroskop sichtbar) in den Laufflächen bilden. Diese Poren vergrößern sich dann soweit, daß sie mit dem Auge als feine Punkte sichtbar sind. Dieser Zustand der Laufflächen bleibt beim weiteren zeitlichen Ablauf des Versuches erhalten. Selbst bei der Wälzpressung k = 194 kg/cm² wurde keine Vergrößerung der Poren zu Ausbrüchen (Grübchen) beobachtet.
Aus der mikroskopischen Betrachtung läßt sich schließen, daß das Fortschreiten der Porenbildung zu größeren Löchern oder Ausbrüchen durch den andauernden Verschleiß (Abtrieb) in der Lauffläche nicht eintreten kann. Der Verschleiß ist durch die Relativgeschwindigkeit in der Druckfläche bedingt.
Bild 71 und 72 zeigen mikroskopische Aufnahmen der Laufflächen zweier Prüflinge aus VCMo vergütet nach dem Lauf.

Bild 71: Prüfling VCMo n 2 (Härte H_{v50} = 440 kg/mm²)
Zahl der Überrollungen: 15,8 . 10^6
Wälzpressung: k = 103 kg/cm²
Hertz'sche Pressung: p = 8710 kg/cm²

Bild 72: Prüfling VCMo n 4 (Härte H_{v50} = 433 kg/mm²)
Zahl der Überrollungen: 4,95 . 10^6
Wälzpressung: k = 194 kg/cm²
Hertz'sche Pressung: p = 11900 kg/cm²

Zur Untersuchung der Oberflächenbeschaffenheit der Laufflächen dieser Prüflinge wurden diese mit dem Tomlinson-Gerät abgetastet. Bild 73 zeigt Fotoaufnahmen der durch die Abtastung der Laufflächen aufgenommenen Linienzüge.

Genau in den Ebenen, wo abgetastet wurde, wurden Schnitte durch die Prüflinge gelegt, die Schnittflächen poliert und davon mikroskopische Aufnahmen gemacht, die Bild 74 und 75 zeigen. Die Vermutung, daß feine Haarrisse von den tieferen Stellen der Lauffläche ins Innere des Materials gehen, werden durch die Aufnahmen bestätigt. Über die Entstehung der Haarrisse können aber noch keine Aussagen gemacht werden. Daß die Haarrisse bei weiterer Verzweigung eine Zerstörung des Materials hervorrufen, ist bekannt. (Grübchenbildung).

Die kleineren Poren (kleine Ausbrüche) bilden sich also zunächst, jedoch kann das Fortschreiten zu größeren Ausbrüchen durch den andauernden Verschleiß nicht eintreten.

Der Gegenwerkstoff (Mittelrolle) EC 100 einsatzgehärtet mit R = 65 (entsprechend H_B = 680 oder H_V = 860 kg/mm^3) wurde bei den Laufversuchen nicht angegriffen.

Das Drehmoment M_G und die Beharrungsübertemperatur des zulaufenden Öles ($\cong$ Ölsumpftemperatur) waren während der Laufzeit konst. (Tabelle 20 [21]), abgesehen von der Einlaufzeit, wo das Drehmoment höher und die Öltemperatur niedriger lagen, um langsam in den Beharrungswert überzugehen. Der Lauf während des Versuchs war ruhig und schwingungsfrei.

<u>Beurteilung der Paarung</u>: VCMo 140 vergütet/geh. St (EC 100) mit Spindelöl geschmiert

Zur Anwendung bei Reibgetrieben geeignet.

Zul. max. Wälzpressung k_{zul}: bis zu 180 kg/cm^2

dabei ist der Verschleißwert f: 0,025 cm^3/PSh

Reibwert μ : 0,08 bis 0,1

Elastizitätsmodul: 2,1 . 10^6 kg/cm^2.

4.4.8 Paarung Aluminium-Bronze AB4S gegen gehärteten Stahl (EC 100) mit Ölschmierung

Die Versuchsergebnisse sind in Tabelle 21 [21]) und Bild 78 zusammengestellt. (Wöhler-Kurve zeigt Bild 79).

Die Bestimmung des Elastizitätsmoduls E der Paarung ergab im Mittel E = 1,37 . 10^6 kg/cm^2.

Als Schmiermittel wurde das unter 4.4.7 angegebene leichte Spindelöl "Spezial R" verwendet.

Bild 76 zeigt die Abhängigkeit des Reibwertes μ von der Wälzpressung k. Bei Wälzpressungen $k > 14{,}2$ kg/cm^2 trat Grübchenbildung an den Laufflächen der Prüflinge aus Aluminium-Bronze auf (Foto Bild 77), während bei k = 12,5 kg/cm^2 schon die Dauerwälzfestigkeit erreicht war. Die Laufflächen der Prüflinge waren nach dem Wegschleißen der Schleifriefen spiegelglatt. Der Verschleißwert bei k = 12,5 kg/cm^2 beträgt 0,000955 g/PSh, ist also äußerst gering.

Der Gegenwerkstoff der Mittelrolle (EC 100), einsatzgehärtet mit R_c = 65 wurde nicht angegriffen.

Der Lauf war ruhig und schwingungsfrei, das Drehmoment M_G und die Beharrungsübertemperatur des zulaufenden Öles konstant.

<u>Beurteilung der Paarung</u> Aluminium-Bronze AB4S/geh. St (EC 100) mit Spindelöl geschmiert:

Zur Anwendung bei Reibgetrieben geeignet.

Zul. max. Wälzpressung k_{zul}: 12 kg/cm^2

dabei ist der Verschleißwert f: 0,001 g/PSh

---

21) Tabelle 8: Teil II, Seite 10

Reibwert μ : 0,07 bis 0,08

Elastizitätsmodul: 1,37 . 10^6 kg/cm^2

4.4.9 Paarung gehärteter Stahl (EC 100) gegen gehärteten Stahl (EC 100) mit Ölschmierung

Die Versuchsergebnisse sind in Tabelle 22 [22] und Bild 78 zusammengestellt. (Wöhler-Kurve zeigt Bild 79).
Als Schmiermittel wurde das unter 4.4.7 angegebene leichte Spindelöl "Spezial R" verwendet.
Die Härte der Prüflinge (H_{v50} : 750 bis 800 kg/mm^2) wurde so gewählt, daß sie etwas unter der des Gegenmaterials der Mittelrolle (R_c : 65 entspricht H_v = 860 kg/mm^2) lag, um zu erreichen, daß die Prüflinge zuerst zerstört wurden.
Bild 78 zeigt den Reibwert μ und den Verschleißwert f in Abhängigkeit von der Wälzpressung k. Der Reibwert fällt ganz schwach mit größerem k und liegt bei μ = 0,06 bis 0,07. Der Verschleißwert steigt mit zunehmendem k an, ist aber sehr gering. Die Schleifspuren bleiben oder verschwinden erst nach sehr lnager Laufzeit. Über k = 200 kg/cm^2 trat Grübchenbildung ein (Foto Bild 80). Bei k = 250 kg/cm^2 bildete sich in der Mittelrolle eine tiefe Rille in Laufflächenbreite, ohne daß Grübchenbildung auftrat.
Der Lauf war ruhig und schwingungsfrei, das Drehmoment M_G und die Beharrungsübertemperatur des zulaufenden Öles konstant.

Beurteilung der Paarung geh. St (EC 100)/geh. St (EC 100) mit Spindelöl geschmiert:

Zur Anwendung bei Reibgetrieben gut geeignet.

Zul. max. Wälzpressung k_{zul}: 200 kg/cm^2

dabei ist der Verschleißwert f: 0,0005 cm^3/PSh

Reibwert μ : 0,06 bis 0,07

Elastizitätsmodul: 2,1 . 10^6

4.4.10 Vergleich der untersuchten Paarungen

Die Paarungen Gewebepreßstoff/geh. St lassen nur eine geringe Wälzpressung zu; sie sind empfindlich gegen hohe Temperatur und Belastungsstöße und zeigen relativ hohen Verschleiß. Ihre Anwendung beschränkt sich auf Trockenlauf. Der hohe Reibwert ist günstig, so daß sie für die Anwendung bei Reibgetrieben als geeignet betrachtet werden können.

Die Paarungen VCMo 140 vergütet/geh. St
Aluminium-Bronze AB4S /geh. St
geh. St (EC 100)/geh. St (EC 100)
mit Ölschmierung eignen sich zur Anwendung bei Reibgetrieben.
Die zulässige Wälzpressung liegt bei der Paarung geh. St/geh. St am höchsten (200 kg/cm^2), der Reibwert ist für alle Paarungen etwa gleich groß.
Nach den Versuchsergebnissen ist die Paarung geh. St/geh. St als die beste für die Anwendung bei Reibgetrieben anzusehen.

---

22) Tabelle 9: Teil II, Seite 10

5. Zusammenfassung

In der vorliegenden Arbeit werden

1. theoretische Grundlagen geboten, um bei Reibscheiben-Regelgetrieben die Hertz'sche Pressung, die Verlustleistung und Lebensdauer der Reibpaarung in Abhängigkeit von dem gewählten System, dem Regelbereich x und den Abmessungen zu bestimmen (Zusammenstellung der Grundgleichungen s. Seite 25).
2. die maßgebenden Kennwerte und Anforderungen und die Belastungsgrenzen der Reibpaarung (Reibwert μ, Verschleißwert f, Elastizitätsmodul E, max. ertragbare Flächenpressung p_{max}) diskutiert (s. Seite 66 u.f.) und durch Versuche in ihrer Größe für typische Reibpaarungen ermittelt (s. Seite 70 bis 77).
3. die grundsätzlichen Anordnungsmöglichkeiten für Reibscheiben-Regelgetriebe aufgeführt. Einfach- und Mehrfachpaarung, Parallel- und Hintereinanderschaltung werden erörtert und ihre Vor- und Nachteile besprochen.
4. Unterlagen für optimale Verhältnisse bei Reibscheiben-Regelgetrieben gegeben.
5. einige typische Anordnungen der Reibscheiben-Regelgetriebe durchgerechnet und hinsichtlich ihrer Eignung, ihrer Vor- und Nachteile kritisch verglichen.

6. Schrifttumsverzeichnis

[1] H. Schöpke: Stufenlos regelbare Antriebe in Werkzeugmaschinen. ZVDI Bd. 87 (1943), Nr. 49/50, S. 773/780.

[2] R. Katterbach: Reibrad-Regelgetriebe mit selbstregelndem Anpreßdruck. Getriebetechnik Bd. 11 (1943), Heft 3, S. 113/116.

[3] H. Schöpke: Grenzdrehmoment und Grenzleistung bei mechanisch stufenlosen Regeltrieben in Werkzeugmaschinen.
Teil I: Getriebetechnik Bd. 11 (1943), Heft 6, S. 333/335.
Teil II: Getriebetechnik Bd. 11 (1943), Heft 7, S. 385/386.

[4] AWF-Getriebeblätter 615/616 T.
AWF-Getriebeblätter 615/616 B.

[5] R. Spies: Mechanische Getriebe für stufenlose Regelung. Die Werkzeugmaschine Heft 14 (1936), S. 352/359.

[6] A. Kuhlenkamp: Reibradgetriebe als Steuer-, Meß- und Rechengetriebe ZVDI Bd. 83 (1939), Nr. 22, S. 677/683.

[7] H. Fromm: Berechnung des Schlupfes beim Rollen deformierbarer Scheiben. ZAMM Bd. 7 (1927), S. 27/58.

[8] F. Kutter: Theoretische Untersuchung eines Reibgetriebes, Dipl.-Arbeit T.H. Dresden, Lehrstuhl für Festigkeitslehre Prof. Dr.-Ing. C. Weber (1944).

[9] F.W. Simonis: Stufenlos verstellbare Getriebe, Werkstattbücher, Herausgeber H. Haake, Heft 96, Berlin, Springer-Verlag (1949).

ZWEITER TEIL

TABELLEN UND BILDER

Funktionstafel $p_4 = f(\frac{l_a}{b/2})$

$\frac{l_a}{b/2}$	p_4	$\frac{l_a}{b/2}$	p_4	$\frac{l_a}{b/2}$	p_4	$\frac{l_a}{b/2}$	p_4	$\frac{l_a}{b/2}$	p_4
		0,91	0,967	1,41	1,954	1,91	3,316	2,41	5,060
		0,92	0,984	1,42	1,978	1,92	3,347	2,42	5,100
		0,93	1,000	1,43	2,002	1,93	3,379	2,43	5,139
		0,94	1,017	1,44	2,026	1,94	3,411	2,44	5,178
0,0	0,000	0,95	1,034	1,45	2,050	1,95	3,442	2,45	5,217
0,1	0,068	0,96	1,051	1,46	2,074	1,96	3,474	2,46	5,257
0,2	0,141	0,97	1,068	1,47	2,098	1,97	3,506	2,47	5,296
0,3	0,221	0,98	1,084	1,48	2,122	1,98	3,538	2,48	5,335
0,4	0,311	0,99	1,101	1,49	2,146	1,99	3,599	2,49	5,375
0,5	0,413	1,00	1,118	1,50	2,170	2,00	3,601	2,50	5,414
0,51	0,424	1,01	1,136	1,51	2,195	2,01	3,634	2,51	5,455
0,52	0,436	1,02	1,154	1,52	2,221	2,02	3,667	2,52	5,496
0,53	0,447	1,03	1,172	1,53	2,246	2,03	3,701	2,53	5,536
0,54	0,459	1,04	1,190	1,54	2,272	2,04	3,734	2,54	5,577
0,55	0,470	1,05	1,208	1,55	2,297	2,05	3,767	2,55	5,618
0,56	0,482	1,06	1,226	1,56	2,323	2,06	3,800	2,56	5,659
0,57	0,493	1,07	1,245	1,57	2,348	2,07	3,833	2,57	5,700
0,58	0,505	1,08	1,263	1,58	2,374	2,08	3,867	2,58	5,740
0,59	0,516	1,09	1,281	1,59	2,399	2,09	3,900	2,59	5,781
0,60	0,528	1,10	1,299	1,60	2,425	2,10	3,933	2,60	5,822
0,61	0,541	1,11	1,319	1,61	2,452	2,11	3,968	2,61	5,864
0,62	0,553	1,12	1,338	1,62	2,479	2,12	4,002	2,62	5,907
0,63	0,566	1,13	1,358	1,63	2,506	2,13	4,037	2,63	5,949
0,64	0,579	1,14	1,377	1,64	2,533	2,14	4,072	2,64	5,992
0,65	0,591	1,15	1,397	1,65	2,560	2,15	4,106	2,65	6,034
0,66	0,603	1,16	1,417	1,66	2,588	2,16	4,141	2,66	6,076
0,67	0,616	1,17	1,436	1,67	2,615	2,17	4,176	2,67	6,119
0,68	0,629	1,18	1,456	1,68	2,642	2,18	4,211	2,68	6,161
0,69	0,642	1,19	1,475	1,69	2,669	2,19	4,245	2,69	6,204
0,70	0,655	1,20	1,495	1,70	2,696	2,20	4,280	2,7o	6,246
0,71	0,669	1,21	1,516	1,71	2,725	2,21	4,316	2,71	6,290
0,72	0,683	1,22	1,537	1,72	2,753	2,22	4,353	2,72	6,334
0,73	0,697	1,23	1,558	1,73	2,782	2,23	4,389	2,73	6,378
0,74	0,711	1,24	1,579	1,74	2,810	2,24	4,425	2,74	6,422
0,75	0,725	1,25	1,600	1,75	2,839	2,25	4,461	2,75	6,465
0,76	0,740	1,26	1,621	1,76	2,868	2,26	4,498	2,76	6,509
0,77	0,754	1,27	1,642	1,77	2,896	2,27	4,534	2,77	6,553
0,78	0,768	1,28	1,663	1,78	2,925	2,28	4,570	2,78	6,597
0,79	0,782	1,29	1,684	1,79	2,953	2,29	4,607	2,79	6,641
0,80	0,796	1,30	1,705	1,80	2,982	2,30	4,643	2,80	6,685
0,81	0,811	1,31	1,727	1,81	3,012	2,31	4,681	2,81	6,730
0,82	0,827	1,32	1,750	1,82	3,042	2,32	4,719	2,82	6,776
0,83	0,842	1,33	1,772	1,83	3,072	2,33	4,756	2,83	6,821
0,84	0,858	1,34	1,795	1,84	3,103	2,34	4,794	2,84	6,867
0,85	0,873	1,35	1,817	1,85	3,133	2,35	4,832	2,85	6,912
0,86	0,888	1,36	1,840	1,86	3,163	2,36	4,870	2,86	6,958
0,87	0,904	1,37	1,862	1,87	3,193	2,37	4,908	2,87	7,003
0,88	0,919	1,38	1,885	1,88	3,224	2,38	4,945	2,88	7,049
0,89	0,934	1,39	1,907	1,89	3,254	2,39	4,983	2,89	7,094
0,90	0,950	1,40	1,930	1,90	3,284	2,40	5,021	2,90	7,140

$\frac{l_a}{b/2}$	p_4	$\frac{l_a}{b/2}$	p_4	$\frac{l_a}{b/2}$	p_4	$\frac{l_a}{b/2}$	p_4	$\frac{l_a}{b/2}$	p_4
2,91	7,187	3,41	9,680	3,91	12,564	4,41	15,838	4,91	19,511
2,92	7,234	3,42	9,735	3,92	12,626	4,42	15,908	4,92	19,589
2,93	7,281	3,43	9,789	3,93	12,689	4,43	15,978	4,93	19,667
2,94	7,328	3,44	9,844	3,94	12,751	4,44	16,048	4,94	19,745
2,95	7,375	3,45	9,898	3,95	12,813	4,45	16,118	4,95	19,823
2,96	7,422	3,46	9,952	3,96	12,875	4,46	16,188	4,96	19,901
2,97	7,469	3,47	10,007	3,97	12,937	4,47	16,259	4,97	19,979
2,98	7,516	3,48	10,061	3,98	13,000	4,48	16,329	4,98	20,057
2,99	7,563	3,49	10,116	3,99	13,062	4,49	16,399	4,99	20,135
3,00	7,610	3,50	10,170	4,00	13,124	4,50	16,469	5,00	20,213
3,01	7,658	3,51	10,226	4,01	13,188	4,51	16,541	5,01	20,293
3,02	7,706	3,52	10,282	4,02	13,251	4,52	16,612	5,02	20,372
3,03	7,754	3,53	10,338	4,03	13,315	4,53	16,684	5,03	20,452
3,04	7,802	3,54	10,394	4,04	13,379	4,54	16,756	5,04	20,531
3,05	7,850	3,55	10,449	4,05	13,442	4,55	16,827	5,05	20,611
3,06	7,899	3,56	10,505	4,06	13,506	4,56	16,899	5,06	20,691
3,07	7,947	3,57	10,561	4,07	13,570	4,57	16,971	5,07	20,770
3,08	7,995	3,58	10,617	4,08	13,634	4,58	17,043	5,08	20,850
3,09	8,043	3,59	10,673	4,09	13,697	4,59	17,114	5,09	20,929
3,10	8,091	3,60	10,729	4,10	13,761	4,60	17,186	5,10	21,009
3,11	8,140	3,61	10,786	4,11	13,826	4,61	17,259	5,11	21,090
3,12	8,190	3,62	10,844	4,12	13,892	4,62	17,333	5,12	21,171
3,13	8,239	3,63	10,901	4,13	13,957	4,63	17,406	5,13	21,253
3,14	8,289	3,64	10,959	4,14	14,022	4,64	17,479	5,14	21,334
3,15	8,338	3,65	11,016	4,15	14,087	4,65	17,552	5,15	21,415
3,16	8,388	3,66	11,074	4,16	14,153	4,66	17,626	5,16	21,496
3,17	8,437	3,67	11,131	4,17	14,218	4,67	17,699	5,17	21,577
3,18	8,487	3,68	11,189	4,18	14,283	4,68	17,772	5,18	21,659
3,19	8,536	3,69	11,246	4,19	14,347	4,69	17,846	5,19	21,740
3,20	8,586	3,70	11,304	4,20	14,414	4,70	17,919	5,20	21,821
3,21	8,637	3,71	11,363	4,21	14,481	4,71	17,994	5,21	21,904
3,22	8,688	3,72	11,422	4,22	14,548	4,72	18,069	5,22	21,987
3,23	8,739	3,73	11,481	4,23	14,615	4,73	18,144	5,23	22,069
3,24	8,790	3,74	11,540	4,24	14,682	4,74	18,219	5,24	22,152
3,25	8,841	3,75	11,599	4,25	14,748	4,75	18,293	5,25	22,235
3,26	8,893	3,76	11,659	4,26	14,815	4,76	18,368	5,26	22,318
3,27	8,944	3,77	11,718	4,27	14,882	4,77	18,443	5,27	22,401
3,28	8,995	3,78	11,777	4,28	14,949	4,78	18,518	5,28	22,483
3,29	9,046	3,79	11,836	4,29	15,016	4,79	18,593	5,29	22,566
3,30	9,097	3,80	11,895	4,30	15,083	4,80	18,668	5,30	22,649
3,31	9,150	3,81	11,956	4,31	15,151	4,81	18,744	5,31	22,733
3,32	9,203	3,82	12,016	4,32	15,220	4,82	18,821	5,32	22,818
3,33	9,256	3,83	12,077	4,33	15,288	4,83	18,897	5,33	22,902
3,34	9,309	3,84	12,137	4,34	15,357	4,84	18,974	5,34	22,986
3,35	9,361	3,85	12,198	4,35	15,425	4,85	19,050	5,35	23,070
3,36	9,414	3,86	12,259	4,36	15,494	4,86	19,127	5,36	23,155
3,37	9,467	3,87	12,320	4,37	15,562	4,87	19,203	5,37	23,239
3,38	9,520	3,88	12,381	4,38	15,631	4,88	19,280	5,38	23,323
3,39	9,573	3,89	12,441	4,39	15,699	4,89	19,356	5,39	23,407
3,40	9,626	3,90	12,502	4,40	15,768	4,90	19,433	5,40	23,492

$\frac{l_a}{b/2}$	p_4	$\frac{l_a}{b/2}$	p_4	$\frac{l_a}{b/2}$	p_4	$\frac{l_a}{b/2}$	p_4	$\frac{l_a}{b/2}$	p_4
5,41	23,578	5,91	28,038	6,41	32,885	6,91	38,078	7,41	43,717
5,42	23,664	5,92	28,131	6,42	32,986	6,92	38,187	7,42	43,834
5,43	23,750	5,93	28,225	6,43	33,086	6,93	38,295	7,43	43,953
5,44	23,836	5,94	28,319	6,44	33,187	6,94	38,404	7,44	44,071
5,45	23,921	5,95	28,412	6,45	33,287	6,95	38,512	7,45	44,188
5,46	24,007	5,96	28,506	6,46	33,388	6,96	38,621	7,46	44,306
5,47	24,093	5,97	28,600	6,47	33,488	6,97	38,729	7,47	44,424
5,48	24,179	5,98	28,694	6,48	33,589	6,98	38,838	7,48	44,542
5,49	24,265	5,99	28,787	6,49	33,689	6,99	38,946	7,49	44,660
5,50	24,351	6,00	28,881	6,50	33,790	7,00	39,055	7,50	44,778
5,51	24,438	6,01	28,976	6,51	33,892	7,01	39,165	7,51	44,897
5,52	24,526	6,02	29,072	6,52	33,994	7,02	39,275	7,52	45,017
5,53	24,613	6,03	29,167	6,53	34,096	7,03	39,385	7,53	45,136
5,54	24,701	6,04	29,262	6,54	34,198	7,04	39,495	7,54	45,256
5,55	24,788	6,05	29,357	6,55	34,300	7,05	39,605	7,55	45,375
5,56	24,876	6,06	29,453	6,56	34,403	7,06	39,716	7,56	45,494
5,57	24,963	6,07	29,548	6,57	34,505	7,07	39,826	7,57	45,614
5,58	25,051	6,08	29,643	6,58	34,607	7,08	39,936	7,58	45,733
5,59	25,138	6,09	29,739	6,59	34,709	7,09	40,046	7,59	45,853
5,60	25,226	6,10	29,834	6,60	34,811	7,10	40,156	7,60	45,972
5,61	25,315	6,11	29,931	6,61	34,915	7,11	40,269	7,61	46,093
5,62	25,404	6,12	30,028	6,62	35,018	7,12	40,382	7,62	46,214
5,63	25,493	6,13	30,124	6,63	35,122	7,13	40,496	7,63	46,335
5,64	25,582	6,14	30,221	6,64	35,226	7,14	40,609	7,64	46,456
5,65	25,671	6,15	30,318	6,65	35,329	7,15	40,722	7,65	46,577
5,66	25,760	6,16	30,415	6,66	35,433	7,16	40,835	7,66	46,698
5,67	25,849	6,17	30,512	6,67	35,537	7,17	40,949	7,67	46,819
5,68	25,938	6,18	30,608	6,68	35,641	7,18	41,062	7,68	46,940
5,69	26,027	6,19	30,705	6,69	35,744	7,19	41,175	7,69	47,061
5,70	26,116	6,20	30,802	6,70	35,848	7,20	41,288	7,70	47,182
5,71	26,206	6,21	30,900	6,71	35,953	7,21	41,403	7,71	47,205
5,72	26,297	6,22	30,999	6,72	36,059	7,22	41,518	7,72	47,327
5,73	26,388	6,23	31,097	6,73	36,164	7,23	41,632	7,73	47,450
5,74	26,478	6,24	31,196	6,74	36,269	7,24	41,747	7,74	47,572
5,75	26,569	6,25	31,294	6,75	36,374	7,25	41,862	7,75	47,695
5,76	26,660	6,26	31,392	6,76	36,480	7,26	41,977	7,76	47,818
5,77	26,750	6,27	31,491	6,77	36,585	7,27	42,092	7,77	47,940
5,78	26,841	6,28	31,589	6,78	36,690	7,28	42,206	7,78	48,063
5,79	26,931	6,29	31,688	6,79	36,796	7,29	42,321	7,79	48,185
5,80	27,022	6,30	31,786	6,80	36,901	7,30	42,436	7,80	48,308
5,81	27,114	6,31	31,886	6,81	37,008	7,31	42,552	7,81	48,432
5,82	27,206	6,32	31,986	6,82	37,115	7,32	42,669	7,82	48,557
5,83	27,299	6,33	32,086	6,83	37,222	7,33	42,785	7,83	48,681
5,84	27,391	6,34	32,186	6,84	37,329	7,34	42,901	7,84	48,805
5,85	27,483	6,35	32,285	6,85	37,435	7,35	43,017	7,85	48,929
5,86	27,575	6,36	32,385	6,86	37,542	7,36	43,134	7,86	49,054
5,87	27,667	6,37	32,485	6,87	37,649	7,37	43,250	7,87	49,178
5,88	27,760	6,38	32,585	6,88	37,756	7,38	43,366	7,88	49,302
5,89	27,852	6,39	32,685	6,89	37,863	7,39	43,483	7,89	49,427
5,90	27,944	6,40	32,785	6,90	37,970	7,40	43,599	7,90	49,551

$\frac{l_a}{b/2}$	p_4	$\frac{l_a}{b/2}$	p_4	$\frac{l_a}{b/2}$	p_4	$\frac{l_a}{b/2}$	p_4	$\frac{l_a}{b/2}$	p_4
7,91	49,677	8,41	56,131	8,91	62,974	9,41	70,216	9,91	77,848
7,92	49,803	8,42	56,264	8,92	63,116	9,42	70,366	9,92	78,005
7,93	49,928	8,43	56,398	8,93	63,257	9,43	70,515	9,93	78,163
7,94	50,054	8,44	56,531	8,94	63,399	9,44	70,664	9,94	78,320
7,95	50,180	8,45	56,665	8,95	63,540	9,45	70,813	9,95	78,477
7,96	50,306	8,46	56,799	8,96	63,682	9,46	70,963	9,96	78,634
7,97	50,432	8,47	56,932	8,97	63,823	9,47	71,112	9,97	78,791
7,98	50,557	8,48	57,066	8,98	63,965	9,48	71,261	9,98	78,949
7,99	50,683	8,49	57,199	8,99	64,106	9,49	71,411	9,99	79,106
8,00	50,809	8,50	57,333	9,00	64,248	9,50	71,560	10,00	79,263
8,01	50,936	8,51	57,468	9,01	64,391	9,51	71,711	10,01	79,422
8,02	51,064	8,52	57,603	9,02	64,534	9,52	71,862	10,02	79,581
8,03	51,191	8,53	57,738	9,03	64,677	9,53	72,013	10,03	79,739
8,04	51,319	8,54	57,873	9,04	64,820	9,54	72,164	10,04	79,898
8,05	51,446	8,55	58,008	9,05	64,963	9,55	72,314	10,05	80,057
8,06	51,573	8,56	58,144	9,06	65,107	9,56	72,465	10,06	80,216
8,07	51,701	8,57	58,279	9,07	65,250	9,57	72,616	10,07	80,375
8,08	51,828	8,58	58,414	9,08	65,393	9,58	72,767	10,08	80,533
8,09	51,956	8,59	58,549	9,09	65,536	9,59	72,918	10,09	80,692
8,10	52,083	8,60	58,684	9,10	65,679	9,60	73,069	10,10	80,851
8,11	52,212	8,61	58,821	9,11	65,824	9,61	73,221	10,11	81,011
8,12	52,341	8,62	58,957	9,12	65,968	9,62	73,374	10,12	81,172
8,13	52,470	8,63	59,094	9,13	66,113	9,63	73,526	10,13	81,332
8,14	52,599	8,64	59,230	9,14	66,258	9,64	73,679	10,14	81,492
8,15	52,727	8,65	59,367	9,15	66,402	9,65	73,831	10,15	81,652
8,16	52,856	8,66	59,504	9,16	66,547	9,66	73,984	10,16	81,812
8,17	52,985	8,67	59,641	9,17	66,692	9,67	74,136	10,17	81,973
8,18	53,114	8,68	59,778	9,18	66,837	9,68	74,289	10,18	82,133
8,19	53,243	8,69	59,914	9,19	66,981	9,69	74,441	10,19	82,294
8,20	53,372	8,70	60,051	9,20	67,126	9,70	74,594	10,20	82,454
8,21	53,502	8,71	60,189	9,21	67,272	9,71	74,748	10,21	82,616
8,22	53,633	8,72	60,328	9,22	67,419	9,72	74,902	10,22	82,778
8,23	53,763	8,73	60,466	9,23	67,565	9,73	75,056	10,23	82,939
8,24	53,894	8,74	60,604	9,24	67,711	9,74	75,210	10,24	83,101
8,25	54,024	8,75	60,742	9,25	67,857	9,75	75,364	10,25	83,263
8,26	54,155	8,76	60,881	9,26	68,004	9,76	75,519	10,26	83,425
8,27	54,285	8,77	61,019	9,27	68,150	9,77	75,673	10,27	83,587
8,28	54,416	8,78	61,157	9,28	68,296	9,78	75,827	10,28	83,748
8,29	54,546	8,79	61,296	9,29	68,443	9,79	75,981	10,29	83,910
8,30	54,677	8,80	61,484	9,30	68,589	9,80	76,135	10,30	84,072
8,31	54,809	8,81	61,574	9,31	68,737	9,81	76,291	10,31	84,235
8,32	54,941	8,82	61,714	9,32	68,885	9,82	76,446	10,32	84,399
8,33	55,073	8,83	61,854	9,33	69,032	9,83	76,602	10,33	84,562
8,34	55,205	8,84	61,994	9,34	69,180	9,84	76,757	10,34	84,726
8,35	55,337	8,85	62,133	9,35	69,328	9,85	76,913	10,35	84,889
8,36	55,469	8,86	62,273	9,36	69,476	9,86	77,069	10,36	85,052
8,37	55,601	8,87	62,413	9,37	69,623	9,87	77,224	10,37	85,216
8,38	55,733	8,88	62,553	9,38	69,771	9,88	77,380	10,38	85,379
8,39	55,865	8,89	62,693	9,39	69,919	9,89	77,535	10,39	85,543
8,40	55,997	8,90	62,833	9,40	70,067	9,90	77,691	10,40	85,706

$\frac{l_a}{b/2}$	p_4	$\frac{l_a}{b/2}$	p_4	$\frac{l_a}{b/2}$	p_4	$\frac{l_a}{b/2}$	p_4	$\frac{l_a}{b/2}$	p_4
10,41	85,871	10,91	94,282	11,41	103,075	11,91	112,266	12,41	121,843
10,42	86,036	10,92	94,453	11,42	103,256	11,92	112,454	12,42	122,039
10,43	86,201	10,93	94,624	11,43	103,436	11,93	112,642	12,43	122,236
10,44	86,366	10,94	94,796	11,44	103,617	11,94	112,831	12,44	122,432
10,45	86,531	10,95	94,967	11,45	103,798	11,95	113,019	12,45	122,628
10,46	86,696	10,96	95,138	11,46	103,978	11,96	113,207	12,46	122,824
10,47	86,861	10,97	95,310	11,47	104,159	11,97	113,396	12,47	123,020
10,48	87,026	10,98	95,481	11,48	104,339	11,98	113,584	12,48	123,217
10,49	87,191	10,99	95,652	11,49	104,520	11,99	113,772	12,49	123,413
10,50	87,356	11,00	95,824	11,50	104,701	12,00	113,961	12,50	123,609
10,51	87,522	11,01	95,998	11,51	104,883	12,01	114,150	12,51	123,806
10,52	87,688	11,02	96,173	11,52	105,065	12,02	114,340	12,52	124,004
10,53	87,854	11,03	96,347	11,53	105,247	12,03	114,530	12,53	124,202
10,54	88,020	11,04	96,522	11,54	105,429	12,04	114,720	12,54	124,400
10,55	88,186	11,05	96,696	11,55	105,611	12,05	114,910	12,55	124,597
10,56	88,353	11,06	96,871	11,56	105,793	12,06	115,099	12,56	124,795
10,57	88,519	11,07	97,045	11,57	105,975	12,07	115,289	12,57	124,993
10,58	88,685	11,08	97,220	11,58	106,157	12,08	115,479	12,58	125,191
10,59	88,851	11,09	97,394	11,59	106,339	12,09	115,669	12,59	125,388
10,60	89,017	11,10	97,569	11,60	106,522	12,10	115,859	12,60	125,586
10,61	89,185	11,11	97,745	11,61	106,705	12,11	116,050	12,61	125,785
10,62	89,353	11,12	97,920	11,62	106,889	12,12	116,241	12,62	125,985
10,63	89,522	11,13	98,097	11,63	107,072	12,13	116,433	12,63	126,185
10,64	89,690	11,14	98,273	11,64	107,256	12,14	116,624	12,64	126,384
10,65	89,858	11,15	98,449	11,65	107,440	12,15	116,816	12,65	126,582
10,66	90,026	11,16	98,625	11,66	107,623	12,16	117,007	12,66	126,780
10,67	90,194	11,17	98,800	11,67	107,807	12,17	117,198	12,67	126,980
10,68	90,363	11,18	98,977	11,68	107,990	12,18	117,390	12,68	127,179
10,69	90,531	11,19	99,153	11,69	108,174	12,19	117,581	12,69	127,378
10,70	90,699	11,20	99,329	11,70	108,358	12,20	117,773	12,70	127,578
10,71	90,869	11,21	99,506	11,71	108,543	12,21	117,966	12,71	127,778
10,72	91,038	11,22	99,684	11,72	108,728	12,22	118,159	12,72	127,979
10,73	91,208	11,23	99,861	11,73	108,913	12,23	118,352	12,73	128,180
10,74	91,378	11,24	100,039	11,74	109,098	12,24	118,545	12,74	128,381
10,75	91,547	11,25	100,216	11,75	109,284	12,25	118,737	12,75	128,582
10,76	91,717	11,26	100,394	11,76	109,469	12,26	118,930	12,76	128,783
10,77	91,887	11,27	100,571	11,77	109,654	12,27	119,123	12,77	128,984
10,78	92,057	11,28	100,749	11,78	109,839	12,28	119,316	12,78	129,185
10,79	92,226	11,29	100,926	11,79	110,024	12,29	119,509	12,79	129,386
10,80	92,396	11,30	101,104	11,80	110,210	12,30	119,702	12,80	129,587
10,81	92,567	11,31	101,283	11,81	110,396	12,31	119,896	12,81	129,789
10,82	92,739	11,32	101,462	11,82	110,583	12,32	120,091	12,82	129,992
10,83	92,910	11,33	101,641	11,83	110,770	12,33	120,285	12,83	130,194
10,84	93,081	11,34	101,820	11,84	110,957	12,34	120,480	12,84	130,397
10,85	93,252	11,35	101,999	11,85	111,144	12,35	120,674	12,85	130,599
10,86	93,424	11,36	102,178	11,86	111,330	12,36	120,869	12,86	130,802
10,87	93,595	11,37	102,357	11,87	111,517	12,37	121,063	12,87	131,004
10,88	93,766	11,38	102,536	11,88	111,704	12,38	121,258	12,88	131,207
10,89	93,937	11,39	102,715	11,89	111,891	12,39	121,452	12,89	131,409
10,90	94,109	11,40	102,895	11,90	112,078	12,40	121,647	12,90	131,612

Tabelle 1

η	J_1	J_2
0,0	0,00	0,667
0,5	1,21	1,089
1,0	1,428	1,736
1,5	1,508	2,64
2,0	1,532	3,251
2,5	1,549	4,176
3,0	1,553	4,796
3,0	1,559	4,743
3,1	1,559	4,89
3,3	1,560	5,21
3,5	1,561	5,51
3,7	1,562	5,83
3,9	1,563	6,14
4,1	1,5638	6,45
4,3	1,5646	6,77
4,5	1,5651	7,09
4,7	1,5655	7,40
4,9	1,5658	7,70
5,1	1,5662	8,02
5,3	"	8,35
5,5	"	8,65
5,7	"	8,97
5,9	"	9,27
6,1	1,5673	9,59
6,3	"	9,91
6,5	"	10,22
6,7	"	10,54
6,9	"	10,83
7,1	1,568	11,16
↓	↓	↓
∞	$\pi/2 = 1{,}57$	∞

Tabelle 2

η von	bis	p'_3 für $\Delta\eta$ = 0,1	p'_4 für $\Delta\eta$ = 0,1	η von	bis	p'_3 für $\Delta\eta$ = 0,1	p'_4 für $\Delta\eta$ = 0,1
0,0	0,1	0,032	0,068	4,0	4,1	0,156	0,637
0,1	0,2	0,068	0,073	4,1	4,2	"	0,653
0,2	0,3	0,091	0,080	4,2	4,3	"	0,669
0,3	0,4	0,105	0,090	4,3	4,4	"	0,685
0,4	0,5	0,117	0,102	4,4	4,5	0,157	0,701
0,5	0,6	0,123	0,115	4,5	4,6	"	0,717
0,6	0,7	0,131	0,127	4,6	4,7	"	0,733
0,7	0,8	0,135	0,141	4,7	4,8	"	0,749
0,8	0,9	0,138	0,154	4,8	4,9	"	0,765
0,9	1,0	0,141	0,168	4,9	5,0	"	0,780
0,1	1,1	0,144	0,181	5,0	5,1	"	0,796
1,1	1,2	0,146	0,196	5,1	5,2	"	0,812
1,2	1,3	0,147	0,210	5,2	5,3	"	0,828
1,3	1,4	0,149	0,225	5,3	5,4	"	0,843
1,4	1,5	0,150	0,240	5,4	5,5	"	0,859
1,5	1,6	0,150	0,255	5,5	5,6	"	0,875
1,6	1,7	0,151	0,271	5,6	5,7	"	0,890
1,7	1,8	0,152	0,286	5,7	5,8	"	0,906
1,8	1,9	0,152	0,302	5,8	5,9	"	0,922
1,9	2,0	0,153	0,317	5,9	6,0	"	0,937
2,0	2,1	0,154	0,332	6,0	6,1	"	0,953
2,1	2,2	0,154	0,347	6,1	6,2	"	0,968
2,2	2,3	0,154	0,363	6,2	6,3	"	0,984
2,3	2,4	0,154	0,378	6,3	6,4	"	0,999
2,4	2,5	0,155	0,393	6,4	6,5	"	1,005
2,5	2,6	0,155	0,408	6,5	6,6	"	1,021
2,6	2,7	0,155	0,424	6,6	6,7	"	1,037
2,7	2,8	0,155	0,439	6,7	6,8	"	1,053
2,8	2,9	0,155	0,455	6,8	6,9	"	1,069
2,9	3,0	0,155	0,470	6,9	7,0	"	1,085
3,0	3,1	0,155	0,481	7,0	7,1	"	1,101
3,1	3,2	0,156	0,495	7,1	7,2	"	1,132
3,2	3,3	"	0,511				
3,3	3,4	"	0,529				
3,4	3,5	"	0,544				
3,5	3,6	"	0,559				
3,7	3,8	"	0,575				
3,8	3,9	"	0,607				
3,9	4,0	"	0,622				

Tabelle 3

$$\frac{l_i}{(b/2)} = 0$$

$\frac{l_a}{(b/2)}$	p_2	p_3	p_4	p_5	p_6'	p_7	p_8'
	$\frac{l_a-l_i}{b/2}$	$\int J_1 d\eta$	$\int J_2 d\eta$	$\frac{2}{\pi} \cdot \frac{p_3}{p_2}$	p_2^2	$p_2 \cdot \frac{p_3}{p_4}$	$\frac{p_4}{p_3^{3/2}}$
0,0	0,0	0,000	0,000	0,000	0,0	0,000	∞
0,2	0,2	0,100	0,141	0,318	0,04	0,142	4,46
0,4	0,4	0,296	0,311	0,471	0,16	0,381	1,935
0,6	0,6	0,536	0,528	0,568	0,36	0,609	1,348
0,8	0,8	0,802	0,796	0,639	0,64	0,808	1,11
1,0	1,0	1,081	1,118	0,688	1,00	0,967	0,998
1,2	1,2	1,371	1,495	0,728	1,44	1,100	0,933
1,4	1,4	1,667	1,93	0,757	1,96	1,21	0,898
1,6	1,6	1,967	2,24	0,781	2,56	1,30	0,812
1,8	1,8	2,270	2,981	0,803	3,24	1,37	0,872
2,0	2,0	2,575	3,600	0,820	4,00	1,43	0,873
2,2	2,2	2,883	4,28	0,834	4,84	1,485	0,873
2,4	2,4	3,192	5,02	0,847	5,76	1,525	0,883
2,6	2,6	3,502	5,82	0,858	6,76	1,563	0,891
2,8	2,8	3,812	6,68	0,868	7,84	1,596	0,900
3,0	3,0	4,122	7,61	0,873	9,0	1,620	0,918
3,2	3,2	4,433	8,58	0,882	10,24	1,652	0,921
3,4	3,4	4,745	9,62	0,890	11,56	1,675	0,930
3,6	3,6	5,057	10,73	0,895	12,96	1,695	0,947
3,8	3,8	5,369	11,89	0,900	14,44	1,715	0,955
4,0	4,0	5,681	13,12	0,904	16,00	1,731	0,968
4,2	4,2	5,993	14,41	0,908	17,64	1,745	0,986
4,4	4,4	6,305	15,76	0,913	19,36	1,764	0,996
4,6	4,6	6,619	17,19	0,916	21,16	1,775	1,01
4,8	4,8	6,923	18,67	0,919	23,04	1,780	1,025
5,0	5,0	7,237	20,21	0,921	25,00	1,791	1,041
5,2	5,2	7,551	21,82	0,924	27,04	1,799	1,055
5,4	5,4	7,865	23,49	0,926	29,16	1,808	1,065
5,6	5,6	8,179	25,23	0,929	31,36	1,814	1,08
5,8	5,8	8,493	27,02	0,931	33,64	1,821	1,090
6,0	6,0	8,807	28,88	0,933	36,00	1,825	1,105
6,2	6,2	9,121	30,80	0,935	38,44	1,835	1,113
6,4	6,4	9,435	32,78	0,937	40,96	1,842	1,13
6,6	6,6	9,749	34,81	0,939	43,56	1,849	1,13
6,8	6,8	10,063	36,90	0,941	46,24	1,852	1,154
7,0	7,0	10,377	39,06	0,943	49,00	1,858	1,17
↓	↓	↓	↓	↓	↓	↓	↓
∞	∞	∞	∞	1	∞	2	∞

Tabelle 4 Zweifachpaarung I. Regelbereich x = 1 : 4

Zusammenstellung der Zahlenwerte für $\frac{l'}{\ell_m} \frac{H'}{P'_{mi}}$

φ / R_{1a}	p'_{6i} = 0,5		p'_{6i} = 0,75		p'_{6i} = 0,85		p'_{6i} = 1,0		p'_{6i} = 1,25		p'_{6i} = 1,5	
	ℓ_{mv} = 0,855		ℓ_{mv} = 0,670		ℓ_{mv} = 0,622		ℓ_{mv} = 0,604		ℓ_{mv} = 0,598		ℓ_{mv} = 0,595	
0,1	0,369	0,130	0,421	0,184	0,440	0,204	0,465	0,219	0,500	0,234	0,532	0,248
	0,375		0,303		0,284		0,281		0,283		0,286	
0,2	0,464	0,253	0,532	0,358	0,553	0,398	0,585	0,427	0,630	0,456	0,670	0,482
	0,472	3,28	0,382		0,358		0,354	2,92	0,357		0,354	2,72
0,4	0,585	0,468	0,668	0,655	0,698	0,728	0,737	0,782	0,794	0,836	0,845	0,880
	0,594	2,07	0,481		0,450		0,445	1,84	0,448		0,446	1,72
0,6	0,670	0,615	0,766	0,877	0,798	0,965	0,844	1,03	0,908	1,107	0,967	1,167
	0,678	1,58	0,550		0,514		0,509	1,41	0,512		0,510	1,315
0,8	0,737	0,717	0,843	1,01	0,878	1,125	0,928	1,205	1,000	1,290	1,064	1,358
	0,750	1,305	0,605		0,568		0,562	1,16	0,566		0,562	1,082
1,0	0,794	0,786	0,908	1,11	0,946	1,235	1,000	1,323	1,078	1,415	1,146	1,493
	0,807	1,126	0,653		0,612		0,605	1,00	0,610		0,606	0,935
1,4	0,888	0,870	1,018	1,223	1,058	1,360	1,12	1,46	1,205	1,560	1,280	1,650
	0,903	0,90	0,731		0,685		0,678	0,80	0,683		0,678	0,748
1,8	0,966	0,908	1,105	1,28	1,150	1,425	1,218	1,525	1,310	1,635	1,395	1,725
	0,982	0,76	0,794		0,743		0,738	0,676	0,740		0,736	0,633
2,2	1,034	0,934	1,180	1,315	1,230	1,465	1,300	1,57	1,403	1,680	1,490	1,771
	1,050	0,664	0,850		0,796		0,787	0,592	0,794		0,788	0,543
2,6	1,092	0,947	1,250	1,335	1,300	1,485	1,375	1,594	1,475	1,705	1,575	1,796
	1,110	0,594	0,898		0,842		0,834	0,529	0,840		0,833	0,494
3,0	1,143	0,955	1,310	1,346	1,365	1,500	1,44	1,605	1,558	1,715	1,652	1,810
	1,165	0,540	0,943		0,883		0,872	0,482	0,881		0,873	0,448
4,0	1,260	0,973	1,445	1,362	1,505	1,518	1,590	1,628	1,710	1,740	1,818	1,825
	1,280	0,446	1,035		0,973		0,960	0,397	0,971		0,962	0,371
5,0	1,360	0,974	1,553	1,368	1,618	1,528	1,710	1,638	1,845	1,750	1,960	1,845
	1,380	0,385	1,115		1,045		1,032	0,343	1,04		1,038	0,32
6,0	1,442	0,975	1,650	1,375			1,820	1,640			2,080	1,850
	1,463	0,340	1,185				1,10	0,303			1,100	0,283
7,0	1,518	0,978	1,735	1,377			1,91	1,645			2,190	1,855
	1,540	0,307	1,250				1,155	0,274			1,160	0,256
8,0	1,588	0,980	1,815	1,381			2,00	1,650			2,290	1,860
	1,610	0,281	1,305				1,208	0,25			1,210	0,234

φ / R_{1a}	p'_{6i} = 2,0		p'_{6i} = 3,0		p'_{6i} = 4,5		p'_{6i} = 6,0		p'_{6i} = 10,0		p'_{6i} = 14,0		p'_{6i} = 20,0	
	ℓ_{mv} = 0,596		ℓ_{mv} = 0,602		ℓ_{mv} = 0,616		ℓ_{mv} = 0,635		ℓ_{mv} = 0,700		ℓ_{mv} = 0,778		ℓ_{mv} = 0,898	
0,1	0,583	0,263	0,668	0,288	0,720	0,313	0,844	0,326	1,000	0,336	1,120	0,328	1,260	0,312
	0,292		0,307		0,324		0,342		0,395		0,450		0,534	
0,2	0,738	0,513	0,843	0,572	0,965	0,610	1,065	0,634	1,260	0,654	1,410	0,640	1,585	0,607
	0,370		0,385	2,43	0,408		0,432	2,16	0,496	1,990	0,567		0,675	1,770
0,4	0,930	0,930	1,063	1,046	1,215	1,110	1,343	1,163	1,588	1,198	1,775	1,170	2,000	1,113
	0,465		0,485	1,535	0,514		0,543	1,365	0,625	1,260	0,714		0,848	1,120
0,6	1,062	1,245	1,215	1,385	1,392	1,450	1,535	1,540	1,815	1,585	2,030	1,550	2,290	1,475
	0,533		0,556	1,172	0,588		0,622	1,040	0,715	0,960	0,817		0,973	0,856
0,8	1,172	1,450	1,339	1,613	1,535	1,690	1,691	1,800	2,000	1,850	2,240	1,810	2,520	1,721
	0,586		0,613	0,968	0,648		0,685	0,862	0,785		0,900		1,070	0,704
1,0	1,260	1,590	1,440	1,775	1,650	1,855	1,920	1,975	2,158	2,030	2,410	1,985	2,715	1,885
	0,632		0,658	0,834	0,698		0,737	0,742	0,848	0,684	0,968		1,153	0,606
1,4	1,410	1,755	1,610	1,955	1,847	2,050	2,040	2,175	2,415	2,240	2,695	2,190	3,040	2,080
	0,706		0,737	0,667	0,782		0,824	0,593	0,950	0,546	1,083		1,290	0,485
1,8	1,530	1,835	1,760	2,040	2,010	2,140	2,215	2,275	2,620	2,350	2,930	2,290	3,300	2,180
	0,768		0,802	0,564	0,850		0,898	0,502	1,032	0,462	1,180		1,400	0,410
2,2	1,640	1,890	1,870	2,100	2,150	2,200	2,370	2,340	2,800	2,410	3,130	2,350	3,531	2,241
	0,821		0,857	0,493	0,908		0,958	0,438	1,102	0,403	1,260		1,502	0,358
2,6	1,735	1,915	1,980	2,130	2,270	2,230	2,500	2,375	2,960	2,447	3,310	2,391	3,733	2,272
	0,868		0,905	0,431	0,960		1,015	0,392	1,165	0,361	1,330		1,583	0,321
3,0	1,815	1,930	2,075	2,150	2,380	2,250	2,625	2,393	3,110	2,470	3,470	2,408	3,920	2,290
	0,910		0,950	0,400	1,008		1,065	0,356	1,222	0,328	1,399		1,663	0,291
4,0	2,000	1,955	2,290	2,175	2,620	2,280	2,890	2,420	3,410	2,495	3,820	2,442	4,301	2,320
	1,002		1,045	0,330	1,110		1,170	0,296	1,347	0,271	1,535		1,825	0,241
5,0	2,160	1,960	2,465	2,190	2,820	2,290	3,110	2,430	3,680	2,510	4,120	2,450	4,642	2,333
	1,080		1,127	0,286	1,195		1,260	0,254	1,450	0,234	1,660		1,970	0,208
6,0			2,618	2,195			3,310	2,446	3,910	2,520				
			1,195	0,252			1,338	0,224	1,542	0,206				
7,0			2,755	2,200			3,485	2,450	4,120	2,530				
			1,260	0,228			1,410	0,202	1,620	0,186				
8,0			2,880	2,205			3,640	2,455	4,300	2,535				
			1,317	0,208			1,475	0,185	1,695	0,171				

Tabelle 5 Zusammenstellung der Versuchsergebnisse der Paarung: geh. St/Hartgewebe Aclait

Versuch Nr.	Belastung	Normalkraft N	Druckbreite b	Länge l	P_2	P_{max} (Hertz)	Wälzpressung k	M_G	M_A	M_{Reib}	M_O	$\frac{l_a}{b/2}$	P_4	Reibwert μ	N_{Reib}	Laufzeit	Gewichtsverlust	t_{Mittel}	Verschl. wert f	Versuchsbeginn M_G	Versuchsbeginn M_O	Versuchsbeginn μ	Mittelrollen ø	Hebell. am Pendelmot.	Übers. der Hebel	Bemerkungen
	g	kg	mm	mm		kg/cm²	kg/cm²	cmkg	cmkg	cmkg	cmkg				PS	h	g	°C	g/PSh	cmkg	cmkg		cm	cm		
21/II	80	2,47	0,35	5,0	28,6	180	0,825	2,96	2,04	0,92	0,46	14,3	323,44	1,475	0,0366	636	0,62	40	0,0229	2,27	0,115	0,37	5,98	29,5	30,9	
8/II	230	7,12	0,70	5,0	14,28	259	2,38	3,98	2,07	1,91	0,955	7,14	81,22	0,935	0,0734	113,7	2,32	80	0,24				5,98	29,5	30,9	
9/II	230	7,12	0,70	5,0	14,28	259	2,38	3,22	2,07	1,15	0,575	7,14	81,22	0,635	0,0441	108	1,51	65	0,273				5,98	29,5	30,9	
10/II	230	7,12	0,70	5,0	14,28	259	2,38	3,13	2,07	1,06	0,53	7,14	81,22	0,586	0,0407	48,5	0,74	60	0,323				5,98	29,5	30,9	
16/I	250	7,98	0,74	5,0	13,5	274	2,73	4,82	2,87	1,95	0,975	6,75	72,75	0,965	0,0763	58,1	1,93	74	0,376	3,48	0,305	0,302	5,85	29,5	31,9	
17/I	250	7,98	0,74	5,0	13,5	274	2,73	4,79	2,87	1,92	0,96	6,75	72,75	0,952	0,0743	20	0,83	79	0,480				5,82	29,5	31,9	
8/I	330	10,55	0,86	5,0	11,62	312,5	3,63	4,26	2,88	1,38	0,69	5,81	54,22	0,513	0,0549	52,25	2,41	54	0,725				6,0	29,5	32,0	
15/II	378	12,28	0,94	5,0	10,65	332	4,11	4,42	2,1	2,32	1,16	5,33	45,8	0,733	0,0892	41	1,32	85	0,311	3,31	0,495	0,313	5,98	29,5	32,5	
15b/II	478	15,58	1,05	5,0	9,54	376	5,21	5,28	2,13	3,15	1,575	4,77	36,88	0,784	0,121	27,5	1,37	85	0,355				5,98	29,5	32,5	
16/II	528	17,18	1,1	5,0	9,1	432	5,73	4,93	2,14	2,79	1,395	4,55	33,65	0,578	0,109	20,75	1,09	85	0,415				5,98	29,5	32,5	
16b/II	578	18,78	1,15	5,0	8,70	417	6,28	5,96	2,14	3,82	1,91	4,35	30,85	0,778	0,147	26,7	2,17	85	0,475				5,98	29,5	32,5	
17/II	686	22,3	1,26	5,0	7,94	450	7,45	6,08	2,16	3,92	1,96	3,97	25,87	0,672	0,153	10,94	1,41	100	0,725	4,28	1,06	0,343	5,98	29,5	32,5	
17b/II	760	24,7	1,31	5,0	7,62	477	8,27	6,65	2,18	4,47	2,235	3,81	23,71	0,695	0,168	5,75	1,53	90	1,36				5,98	29,5	32,5	
18/II	870	28,25	1,4	5,0	7,15	513	9,45	7,7	2,2	5,5	2,75	3,58	21,23	0,736	0,207	3,55	2,35	100	2,76				5,98	29,5	32,5	
18b/II	975	31,7	1,47	5,0	6,81	548	10,6	8,26	2,22	6,04	3,02	3,405	19,25	0,72	0,224	0,985	0,65	100	2,55				5,98	29,5	32,5	

Tabelle 6 Zusammenstellung der Kontrollrutschversuche für die Materialpaarung: geh. St/Hartgewebe Aclait

Temperatur der Mittelrolle zu Beginn jedes Versuches gleich der Raumtemperatur = 23°C. Die Mittelrolle wurde vor jedem Versuch mit feinstem Schmirgelleinen blank gesäubert

Lfd. Nr.	G	N	Mittelrolle von Hand durchgedreht											
			1. Messung			2. Messung			3. Messung					
			F	μ		F	μ		F	μ		μ min	μ max	μ Mittel
	g	kg	g			g			g					
1	69	1,935	160/180	0,176	0,197	150/170	0,164	0,187	160/180	0,176	0,198	0,164	0,198	0,181
2	118	3,3	270/280	0,174	0,18	200/240	0,129	0,155	230/270	0,148	0,174	0,129	0,18	0,155
3	169	4,73	370/380	0,167	0,171	310/360	0,14	0,162	330/380	0,148	0,171	0,14	0,171	0,156
4	218	6,1	460/480	0,161	0,168	400/470	0,139	0,163	420/480	0,147	0,167	0,139	0,168	0,154
5	269	7,5	530/580	0,15	0,164	530/590	0,15	0,167	500/580	0,141	0,164	0,141	0,167	0,154
6	318	8,9	620/670	0,148	0,16	660/720	0,157	0,171	670/710	0,16	0,169	0,149	0,171	0,160
7	518	14,5	910/1020	0,134	0,148	990/1030	0,144	0,152	980/1030	0,144	0,152	0,134	0,152	0,143

Lfd. Nr.	Mittelrolle vom Motor angetrieben													
	Rutschzeit 5 sec			15 sec			30 sec			1 min			2 min	
	F	μ		F	μ		F	μ		F	μ		F	μ
	g			g			g			g			g	
1	220/250	0,244	0,274	240/270	0,264	0,298	250/270	0,275	0,298	550/580	0,608	0,638	700	0,77
2	350/350	0,225	0,225	360/360	0,232	0,232	370/540	0,24	0,347	980/1020	0,63	0,653		
3	420/420	0,19	0,19	440/450	0,199	0,203	420/540	0,188	0,243	1750	0,79			
4	500/500	0,173	0,173	520/530	0,181	0,185	520/550	0,181	0,192					
5	580/600	0,163	0,17	600/640	0,169	0,181	650/650	0,184	0,184					
6	680/710	0,162	0,17	670/760	0,16	0,181	720/820	0,172	0,196					
7	1050/1050	0,154	0,154	1750/1750	0,257	0,257	1750/1750	0,257	0,257					

Lfd. Nr.	G	N	Blank gesäuberte Mittelrolle von 86°C Temperatur			78°C Temperatur		
1	69	1,935	120/150	0,13	0,165	150/150	0,165	0,165
2	118	3,3	170/210	0,11	0,136	250/260	0,161	0,181
3	169	4,73	300/310	0,135	0,14	310/350	0,14	0,158
4	218	6,1	380/410	0,132	0,143	430/450	0,15	0,157
5	269	7,5	500/520	0,141	0,148	470/500	0,133	0,141
6	318	8,9	550/650	0,132	0,155	500/670	0,12	0,16
7	518	14,5	750/800	0,11	0,118	750/800	0,11	0,118

Tabelle 7 Zusammenstellung der Versuchsergebnisse der Paarung: geh. St (EC 100)/VCM$_o$ 140 verg. geschmiert mit Spindelöl Spezial R

Versuch Nr.	Belastung	Normalkraft N	Druckbreite b	Länge l	P_2	P_{max} (Hertz)	Wälzpressung k	M_G	M_A	M_o	$\frac{l_a}{b/2}$	P_4	Reibwert μ	N_{Reib}	Laufzeit	Gewichtsverlust	Verschleißwert f	Ölsumpftemperatur	Anzahl der Überrollungen	Bemerkungen Härte H_v 50 Prüfling 1	2
	kg	kg	mm	mm		kg/cm²	kg/cm²	cmkg	cmkg	cmkg				PS	h	g	cm³/PSh	°C			
29/III	1,66	65,5	0,464	4,0	17,2	4500	27,3	10,25	8,5	0,87	8,6	117,36	0,129	0,0364	181,2	0,079	$1,53.10^{-3}$	30	$24,2.10^6$	458	443
28/III	3,26	128,5	0,652	4,0	12,3	6250	53,5	13,90	11,35	1,275	6,15	60,64	0,0965	0,0496	195	0,153	$2,01.10^{-3}$	34	$26,8.10^6$	468	458
26/III	6,26	247	0,904	4,0	8,85	8710	103	20,9	16,78	2,06	4,43	31,96	0,08	0,0857	120	1,13	$14,0 .10^{-3}$	37	$15,8.10^6$	458	448
27/III	11,76	465	1,24	4,0	6,45	11900	194	33,2	26,7	3,25	3,23	17,48	0,066	0,135	37,6	1,359	$34,0 .10^{-3}$	48	$4,95.10^6$	448	453

Tabelle 8 Zusammenstellung der Versuchsergebnisse der Paarung: geh. St/Al.-Bronze AB 4 S geschmiert mit Spindelöl

Versuch Nr.	Belastung	Normalkraft N	Druckbreite b	Länge l	P_2	P_{max} (Hertz)	Wälzpressung k	M_G	M_A	M_o	$\frac{l_a}{b/2}$	P_4	Reibwert μ	N_{Reib}	Laufzeit	Gewichtsverlust	Verschleißwert f	Ölsumpftemperatur	Anzahl der Überrollungen	Bemerkungen Härte H_{v50} Prüfling 1	2
	kg	kg	mm	mm		kg/cm²	kg/cm²	cmkg	cmkg	cmkg				PS	h	g	g/PSh	°C			
35/III	0,76	30	0,385	4	20,75	2480	12,5	7,42	6,9	0,26	10,37	170,43	0,0862	0,0109	288	0,003	$0,955.10^{-3}$	28	$39,7.10^6$	234	237
34/III	0,86	34	0,41	4	19,5	2640	14,2	7,55	7,05	0,25	9,75	150,73	0,073					30	$35,9.10^6$	235	233
33/III	1,76	69,5	0,585	4	13,66	3770	29	9,66	8,7	0,48	6,83	74,44	0,0685		Grübchenbildung			30	$16,2.10^6$	237	241
32/III	3,46	136,5	0,825	4	9,70	5250	57	14,2	11,75	1,23	4,85	38,10	0,0875		Grübchenbildung			30	$10,6.10^6$	238	235
31/III	6,26	247	1,11	4	7,2	7100	103	19,65	16,6	1,83	3,6	21,46	0,053		Grübchenbildung			34	$4,5.10^6$	237	238
30/III	6,26	247	1,11	4	7,2	7100	103	20,65	16,6	1,83	3,6	21,46	0,073		Grübchenbildung			36	$2,1.10^6$	240	235

Tabelle 9 Zusammenstellung der Versuchsergebnisse der Paarung: geh. St (EC 100)/geh. St (EC 100) geschmiert mit Spindelöl Spezial R

Versuch Nr.	Belastung	Normalkraft N	Druckbreite b	Länge l	P_2	P_{max} (Hertz)	Wälzpressung k	M_G	M_A	M_o	$\frac{l_a}{b/2}$	P_4	Reibwert μ	N_{Reib}	Laufzeit	Gewichtsverlust	Verschleißwert f	Ölsumpftemperatur	Anzahl der Überrollungen	Bemerkungen Härte H_v 50 Prüfling 1	2
	kg	kg	mm	mm		kg/cm²	kg/cm²	cmkg	cmkg	cmkg				PS	h	g	cm³/PSh	°C			
37/III	8,26	326	1,105	3,5	6,34	10800	155	24,15	20,3	1,925	3,17	16,86	0,0635	0,0801	254	0,058	$0,364.10^{-3}$	40	$34,7.10^6$	757	740
38/III	9,76	385	1,208	3,5	5,8	11570	183	27,2	23,0	2,1	2,9	14,28	0,0577	0,0822	259	0,080	$0,479.10^{-3}$	44	$35,4.10^6$	696	768
39/III	10,26	405	1,235	3,5	5,66	11950	193	28,7	23,9	2,4	2,83	13,64	0,0625	0,0938	264	0,08	$0,428.10^{-3}$	46	$36,1.10^6$	750	807
36/III	10,76	424	1,265	3,5	5,53	12310	202	30,2	24,8	2,7	2,76	13,04	0,067		Grübchenbildung			47	$17,4.10^6$	746	807
40/III	13,26	524	1,4	3,5	5,0	13600	250	34,7	29,4	2,65	2,5	10,82	0,0525		Rille in Mittelrolle			50	$40,7.10^6$	744	768

BILDERTEIL

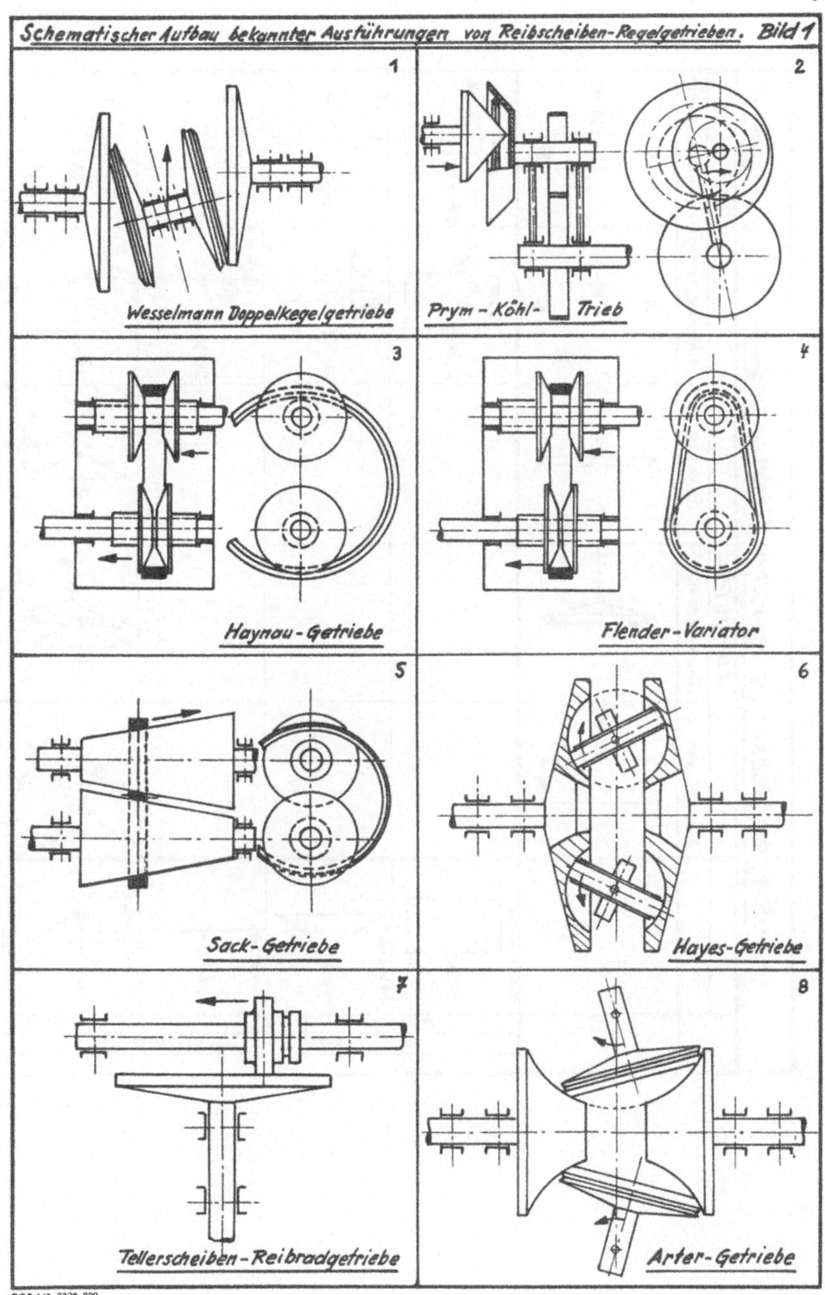

CGF 143 7228 800

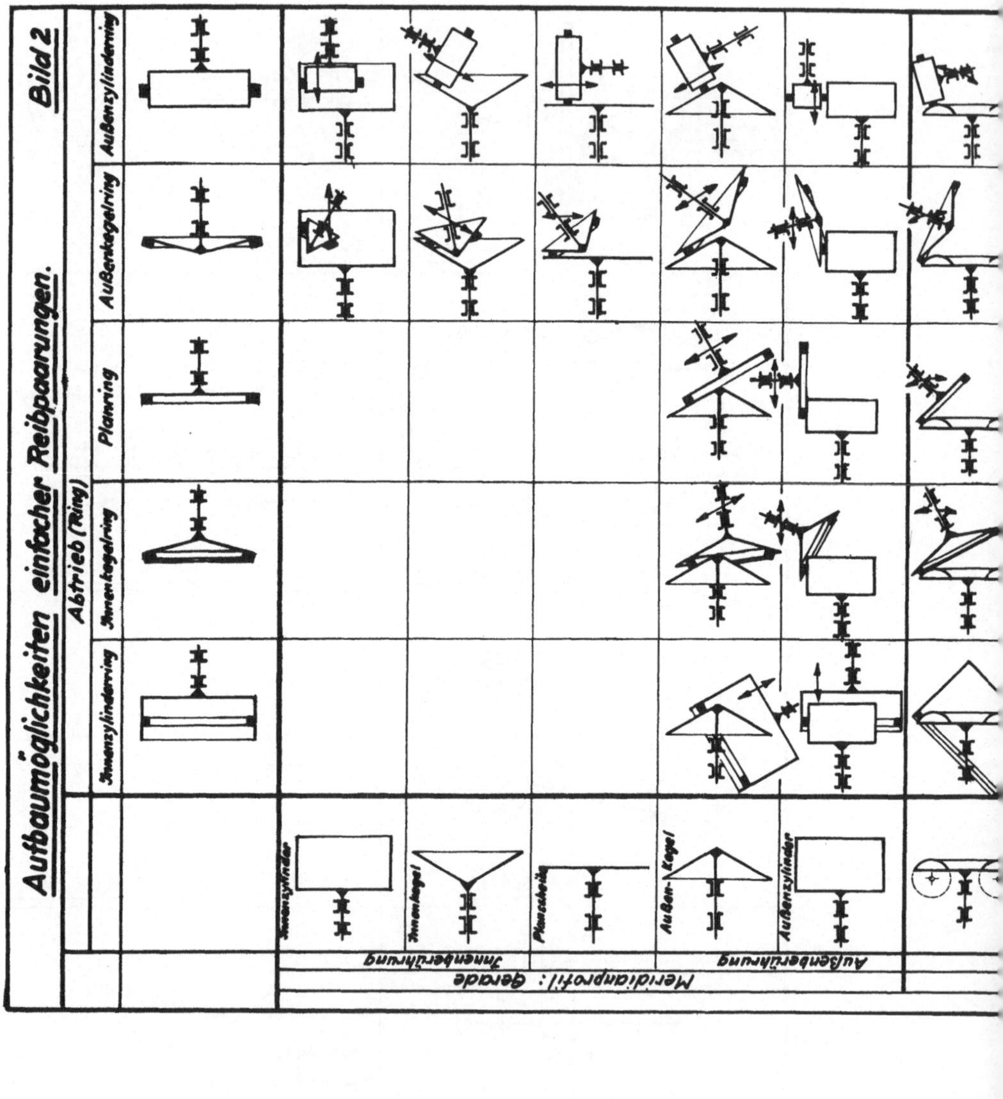

Aufbaumöglichkeiten einfacher Reibpaarungen. Bild 2

			Abtrieb (Ring)				
			Innenzylinderring	Innenkegelring	Planring	Außenkegelring	Außenzylinderring
Meridianprofil: Gerade	Innenberührung	Innenzylinder					
		Innenkegel					
		Planscheibe					
	Außenberührung	Außen-Kegel					
		Außenzylinder					

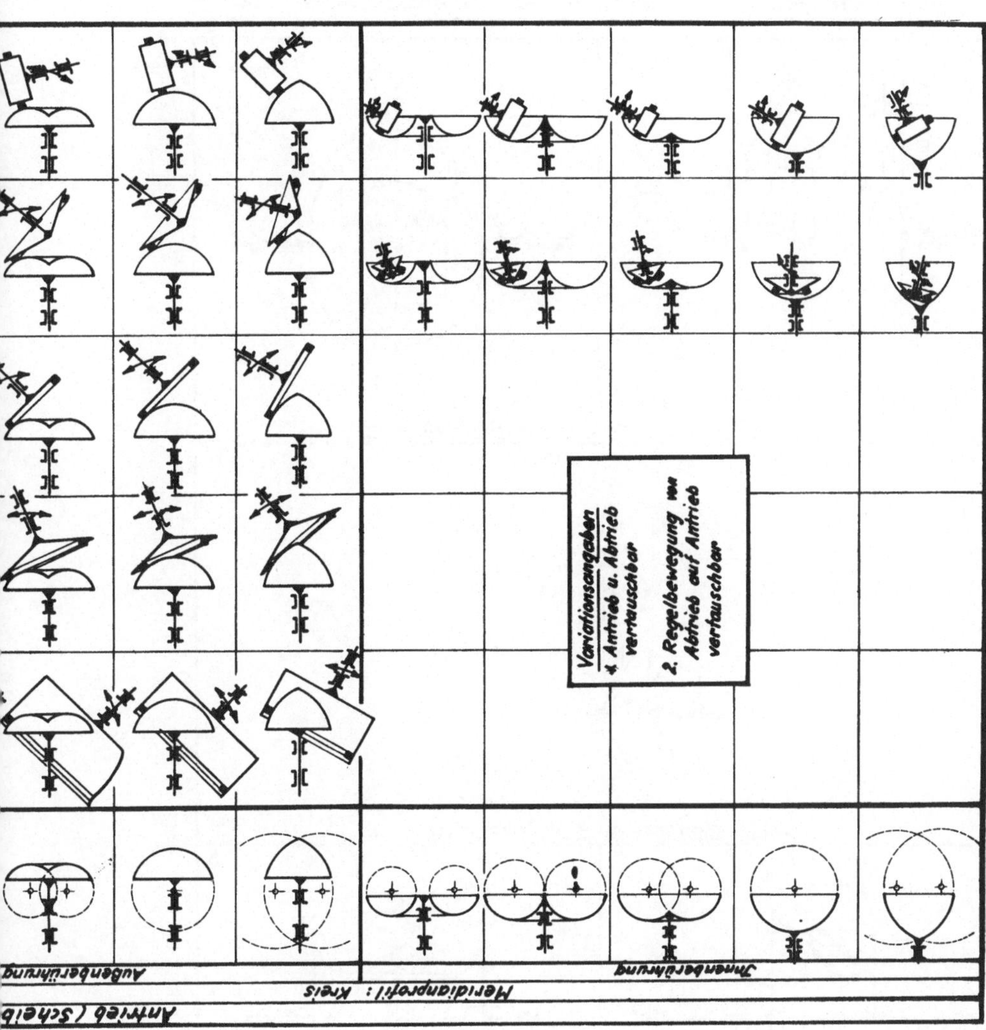

Variationsangaben
1. Antrieb u. Abtrieb vertauschbar
2. Regelbewegung von Abtrieb auf Antrieb vertauschbar
Außenberührung
Innenberührung
Meridianprofil: Kreis
Antrieb (Scheib

Aufbaumöglichkeiten kombinierter Reibpaarungen. Bild 3

1 2

Hintereinanderschaltung von 2 Reibpaarungen.

3

Parallelschaltung von 2 Reibpaarungen

4 5

Kombinierte Parallel- u. Hintereinanderschaltung von 4 Reibpaarungen.

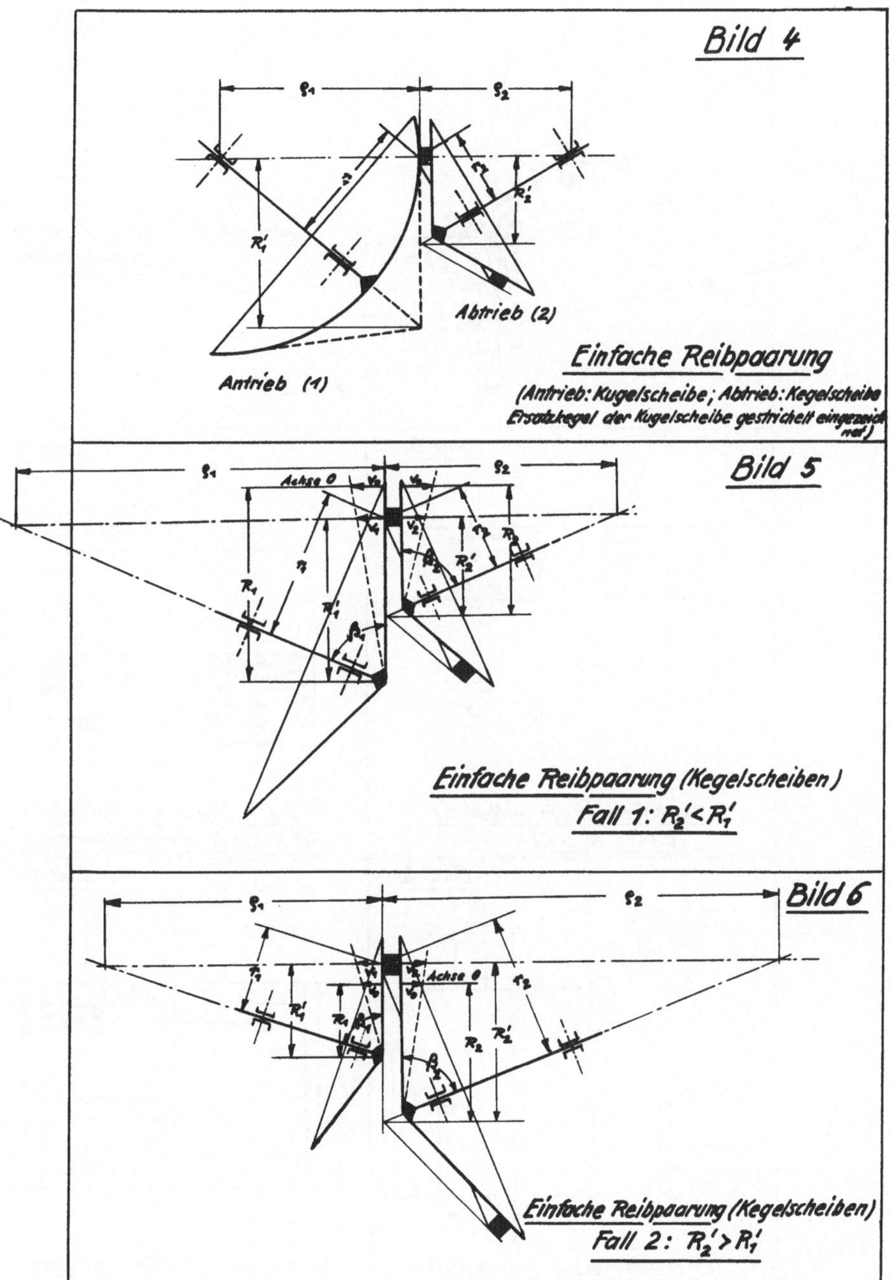
Bild 4
Antrieb (1)
Abtrieb (2)
Einfache Reibpaarung
(Antrieb: Kugelscheibe; Abtrieb: Kegelscheibe
Ersatzkegel der Kugelscheibe gestrichelt eingezeich
net)
Bild 5
Achse 0
Einfache Reibpaarung (Kegelscheiben)
Fall 1: $R_2' < R_1'$
Bild 6
Achse 0
Einfache Reibpaarung (Kegelscheiben)
Fall 2: $R_2' > R_1'$

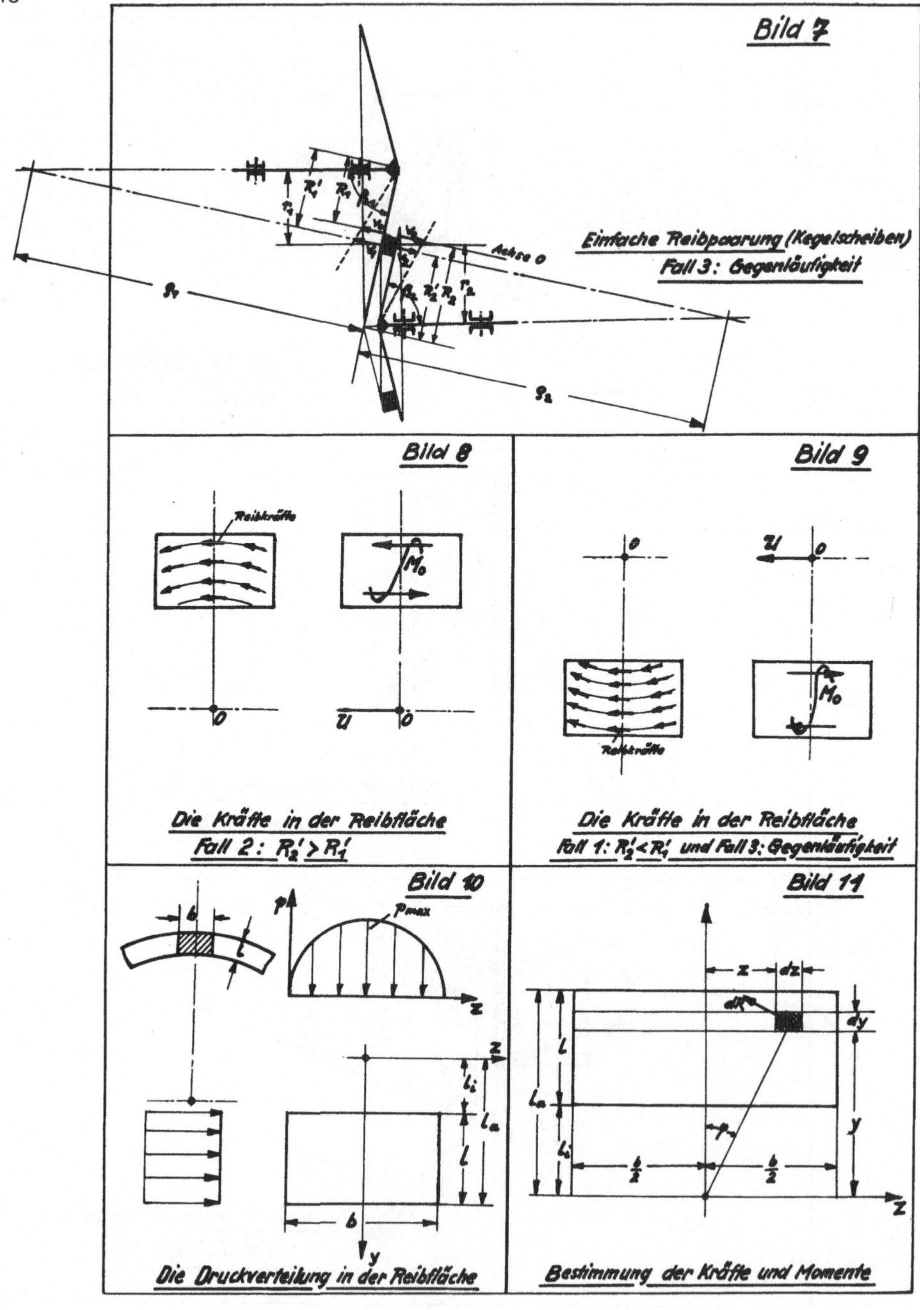
Bild 7
Einfache Reibpaarung (Kegelscheiben)
Fall 3: Gegenläufigkeit
Achse 0
Bild 8
Reibkräfte
M_0
Die Kräfte in der Reibfläche
Fall 2: $R_2' > R_1'$
Bild 9
Reibkräfte
M_0
Die Kräfte in der Reibfläche
Fall 1: $R_2' < R_1'$ und Fall 3: Gegenläufigkeit
Bild 10
p_{max}
Die Druckverteilung in der Reibfläche
Bild 11
Bestimmung der Kräfte und Momente

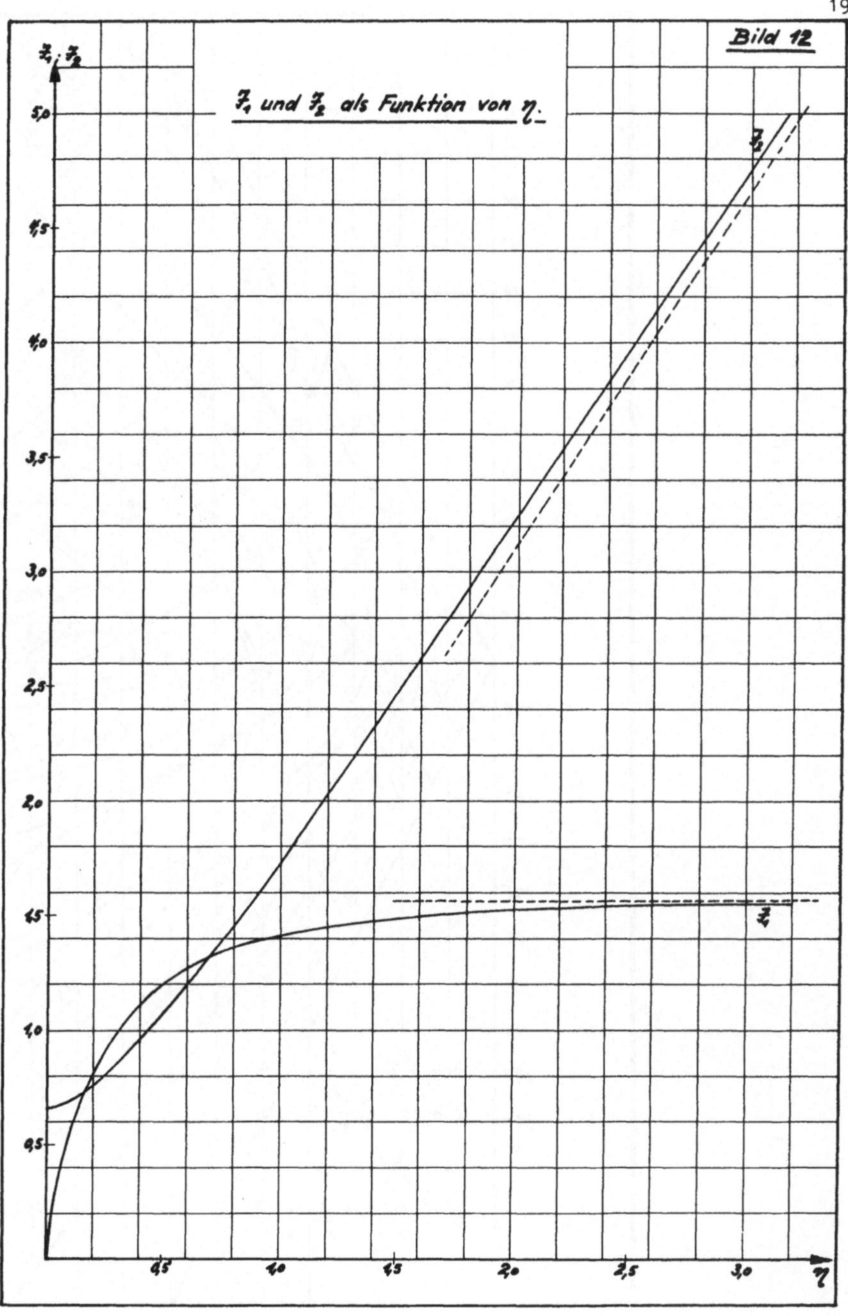
Bild 12
F_1 und F_2 als Funktion von η.
$F_1; F_2$
5,0
4,5
4,0
3,5
3,0
2,5
2,0
1,5
1,0
0,5
0,5
1,0
1,5
2,0
2,5
3,0
η
F_2
F_1

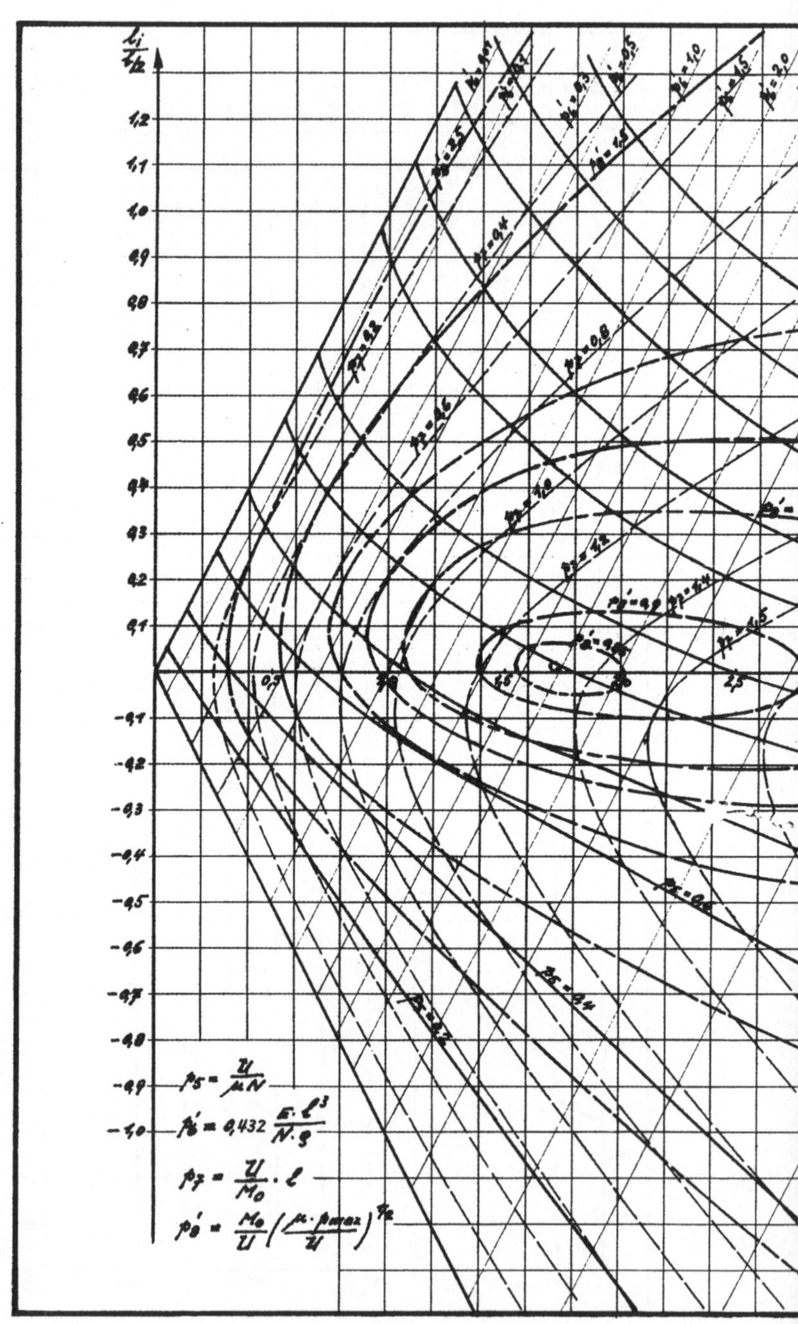

l_i / l/2
1,2
1,1
1,0
0,9
0,8
0,7
0,6
0,5
0,4
0,3
0,2
0,1
0,5
1,0
1,5
2,0
2,5
-0,1
-0,2
-0,3
-0,4
-0,5
-0,6
-0,7
-0,8
-0,9
-1,0
p5 = U/(μN)
p6' = 0,432 (E·l³)/(N·g)
p7 = U/M0 · l
p8' = M0/U (μ·pmax/U)^1/2

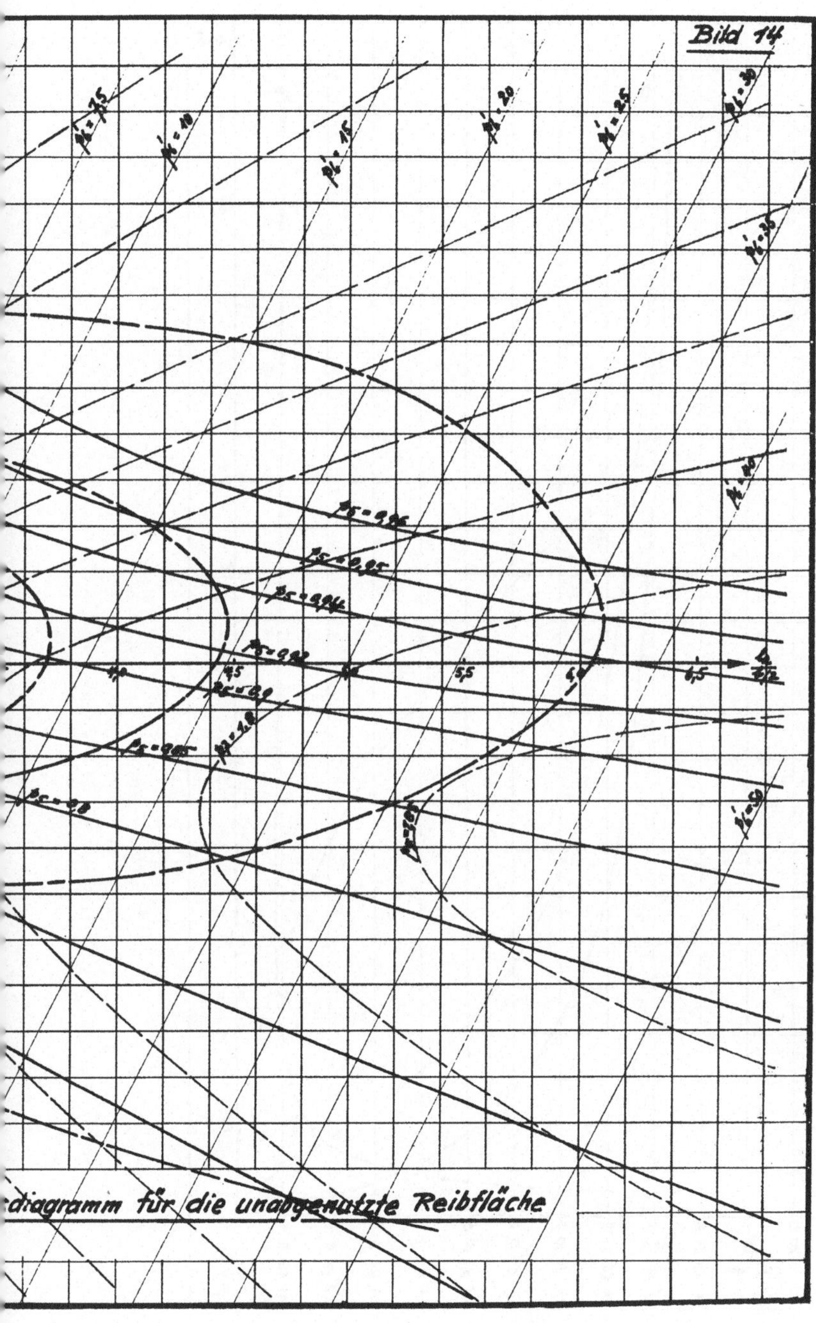
Bild 14
diagramm für die unabgenutzte Reibfläche

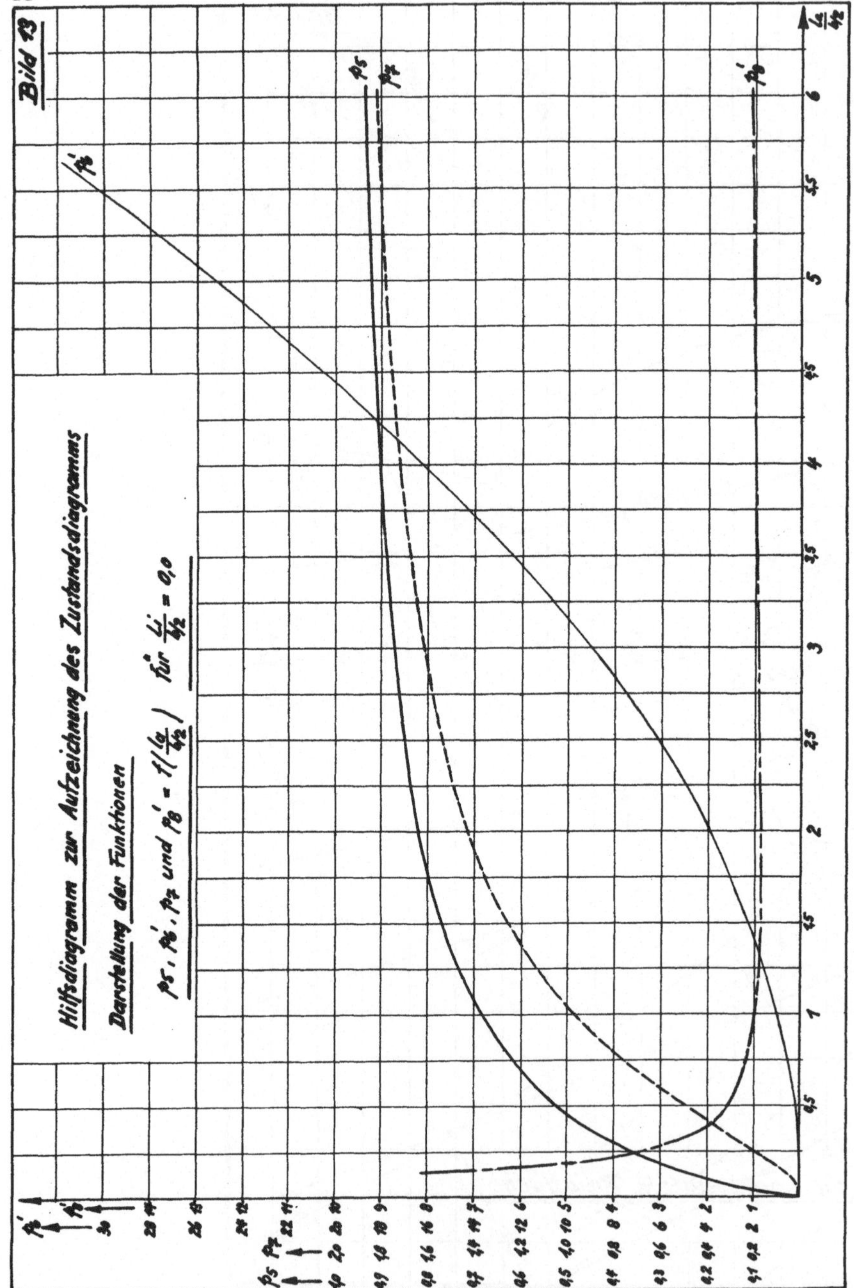
Bild 13
Hilfsdiagramm zur Aufzeichnung des Zustandsdiagramms
Darstellung der Funktionen
p_S, p_B', p_Z und $p_B' = f\left(\frac{L_a}{\lambda/2}\right)$ für $\frac{L_i}{\lambda/2} = 0{,}0$

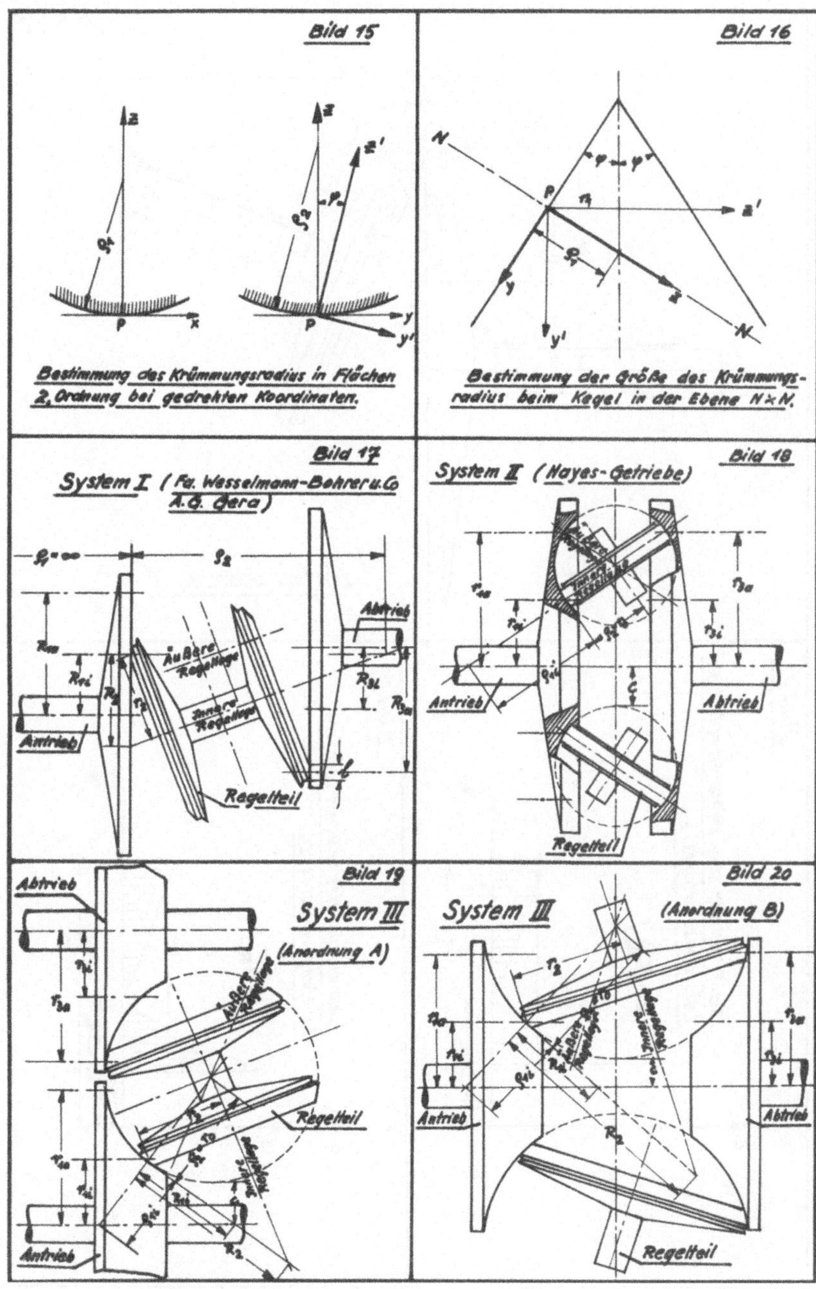
Bild 15
z
z
z'
ρ1
ρ2
P
x
P
y
y'
Bestimmung des Krümmungsradius in Flächen
2. Ordnung bei gedrehten Koordinaten.
Bild 16
N
φ
φ
P
z'
y
y'
z
N
Bestimmung der Größe des Krümmungsradius beim Kegel in der Ebene N×N.
Bild 17
System I (Fa. Wesselmann-Bohrer u. Co
A.G. Gera)
ρ2
Abtrieb
Äußere Regellage
Innere Regellage
Antrieb
Regelteil
Bild 18
System II (Hayes-Getriebe)
Antrieb
Abtrieb
Regelteil
Bild 19
Abtrieb
System III
(Anordnung A)
Äußere Regellage
Regelteil
Antrieb
Bild 20
System III
(Anordnung B)
Antrieb
Abtrieb
Regelteil

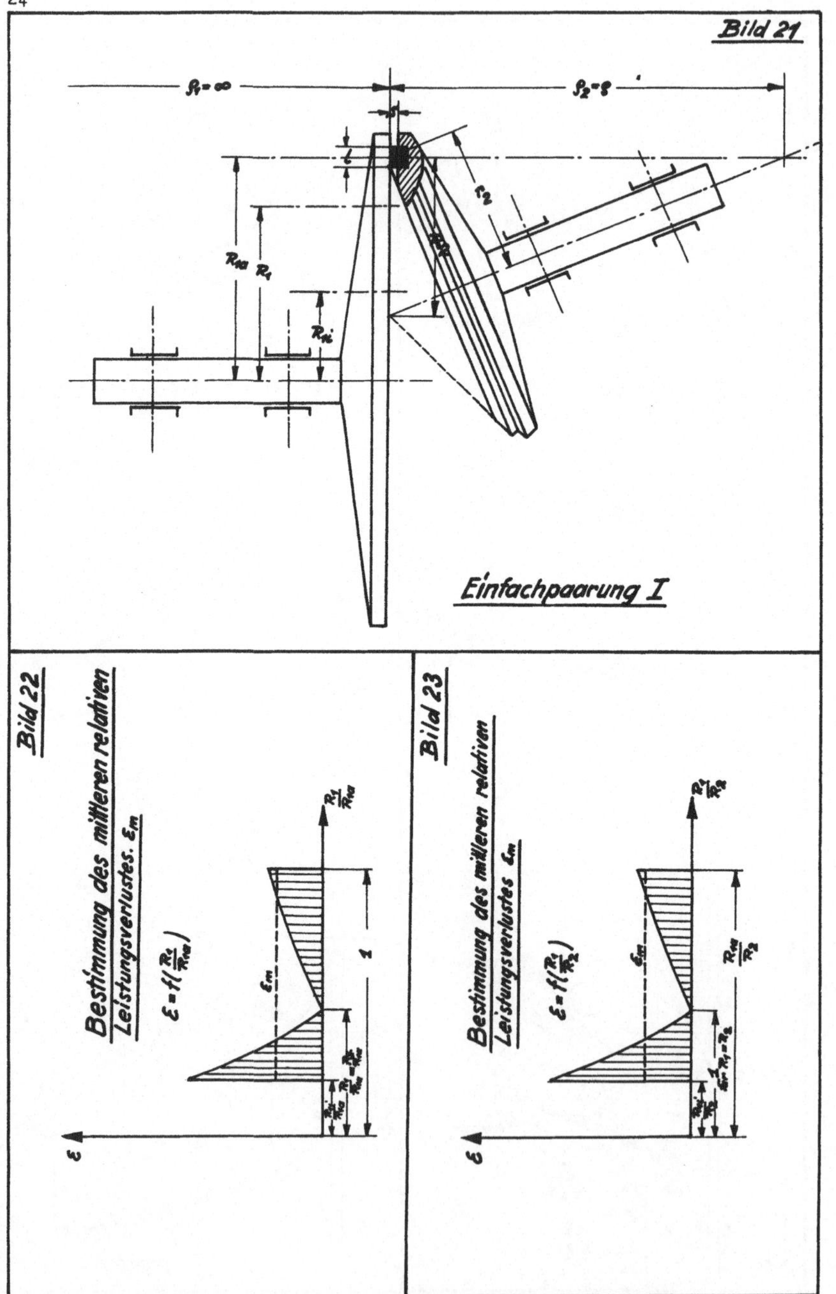

Bild 21
Einfachpaarung I
Bild 22
Bestimmung des mittleren relativen Leistungsverlustes. ε_m
Bild 23
Bestimmung des mittleren relativen Leistungsverlustes ε_m

Einfachpaarung I Regelbereich x = 1 : 4 Mittelbildung ε_{mv} $p'_{6i} = 2$

R_1		2,5	4	6	8	10			
R_{1a}/R_1		4	2,5	1,66	1,25	1,0			
p'_6		2	3,2	4,8	6,4	8	Mittel	ε_{mv}	H_v
p_7		1,2	1,33	1,44	1,52	1,56			
$R_2=10$	$\left\lvert \frac{R_{1a}}{R_2} - \frac{R_{1a}}{R_1} \right\rvert : p_7$	2,5	1,128	0,463	0,164	0,0	0,637	1,51	1,57
$R_2=8$		2,29	0,94	0,284	0,0	0,160	0,488	1,16	1,635
$R_2=6$		1,95	0,63	0,0	0,269	0,427	0,438	1,04	1,368
$R_2=4$		1,25	0,0	0,583	0,822	0,96	0,626	1,485	0,638
$R_2=2,5$		0,0	1,125	1,625	1,81	1,92	1,466	3,475	0,17

	A	B	C	D	E
a	1100	955	810	480	135
b	850	680	565	250	350
c	640	510	385	70	500
d	490	390	255	60	610
e	380	300	155	150	690
f	300	225	80	215	750
g	250	170	20	265	795
h	200	125	20	310	830
i	165	80	60	340	855
j	135	50	100	370	875
k	105	15	125	395	895
l	80	10	150	420	910
m	55	35	170	440	925
n	30	55	190	460	935
o	10	70	210	475	945
$\sum$ a o	4700	3610	3295	4700	11000
$\frac{\sum}{7500}$ = Mittel	0,637	0,488	0,438	0,626	1,466

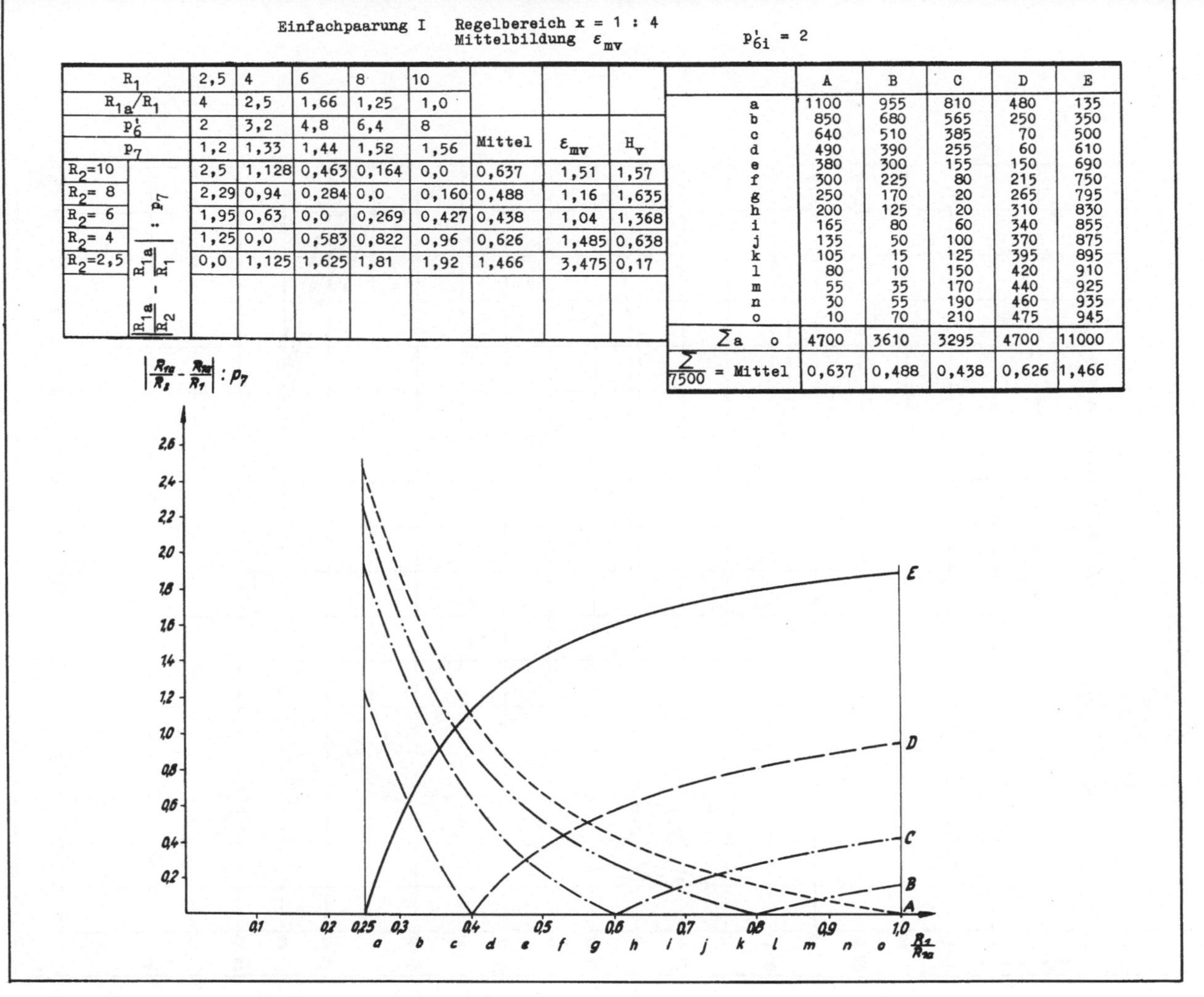

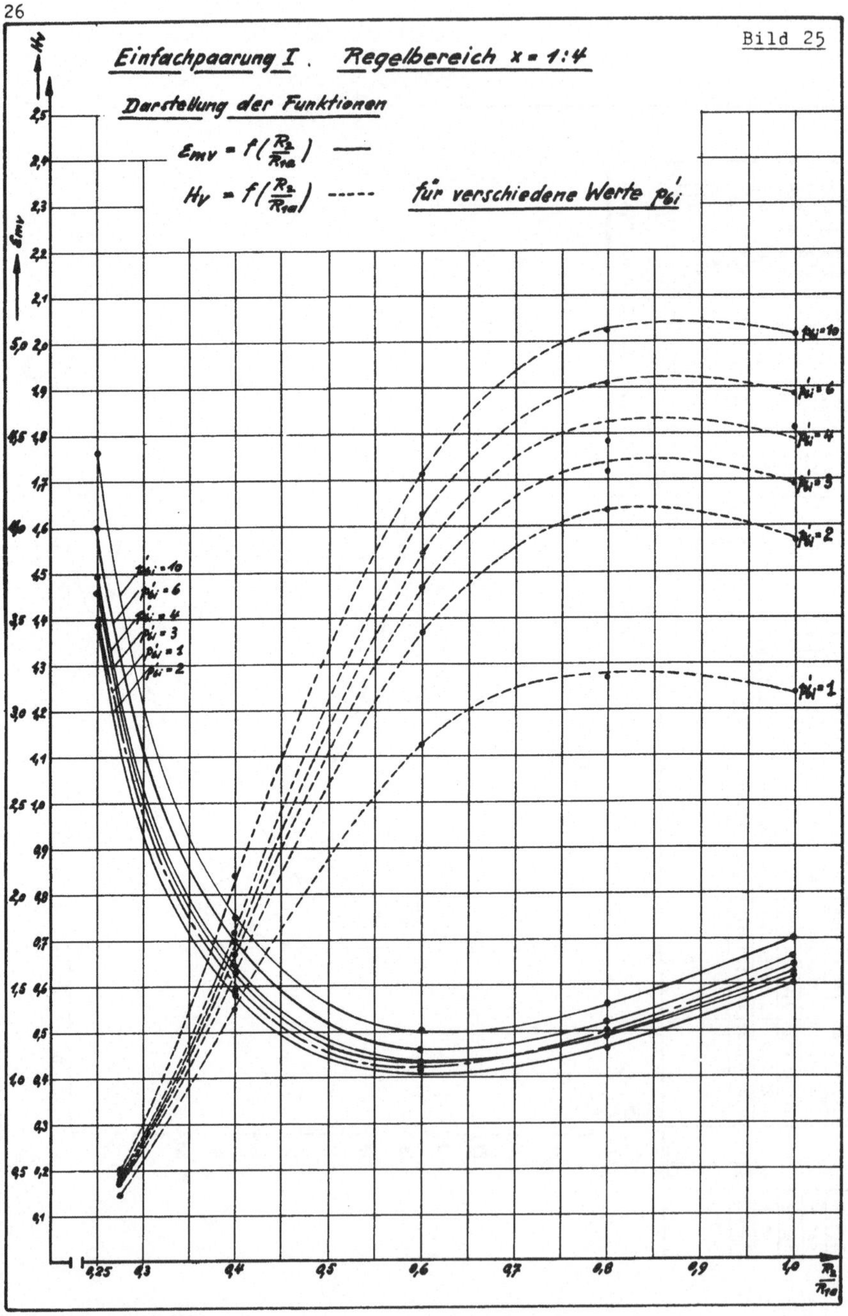
Bild 25
Einfachpaarung I. Regelbereich x = 1:4
Darstellung der Funktionen
$\varepsilon_{mv} = f(\frac{R_2}{R_{1a}})$ ——
$H_V = f(\frac{R_2}{R_{1a}})$ -----
für verschiedene Werte p_{bi}'
H_V
ε_{mv}
$p_{bi}' = 10$
$p_{bi}' = 6$
$p_{bi}' = 4$
$p_{bi}' = 3$
$p_{bi}' = 2$
$p_{bi}' = 1$
$\frac{R_2}{R_{1a}}$

Bild 26

Einfachpaarung I. Regelbereich x = 1:4
Diagramm der Niveaulinien:
$\varepsilon_{mv} = f(\frac{R_2}{R_{1m}}; p_{si}')$
$H_v = f(\frac{R_2}{R_{1m}}; p_{si}')$
p_{si}'
$\frac{R_2}{R_{1m}}$

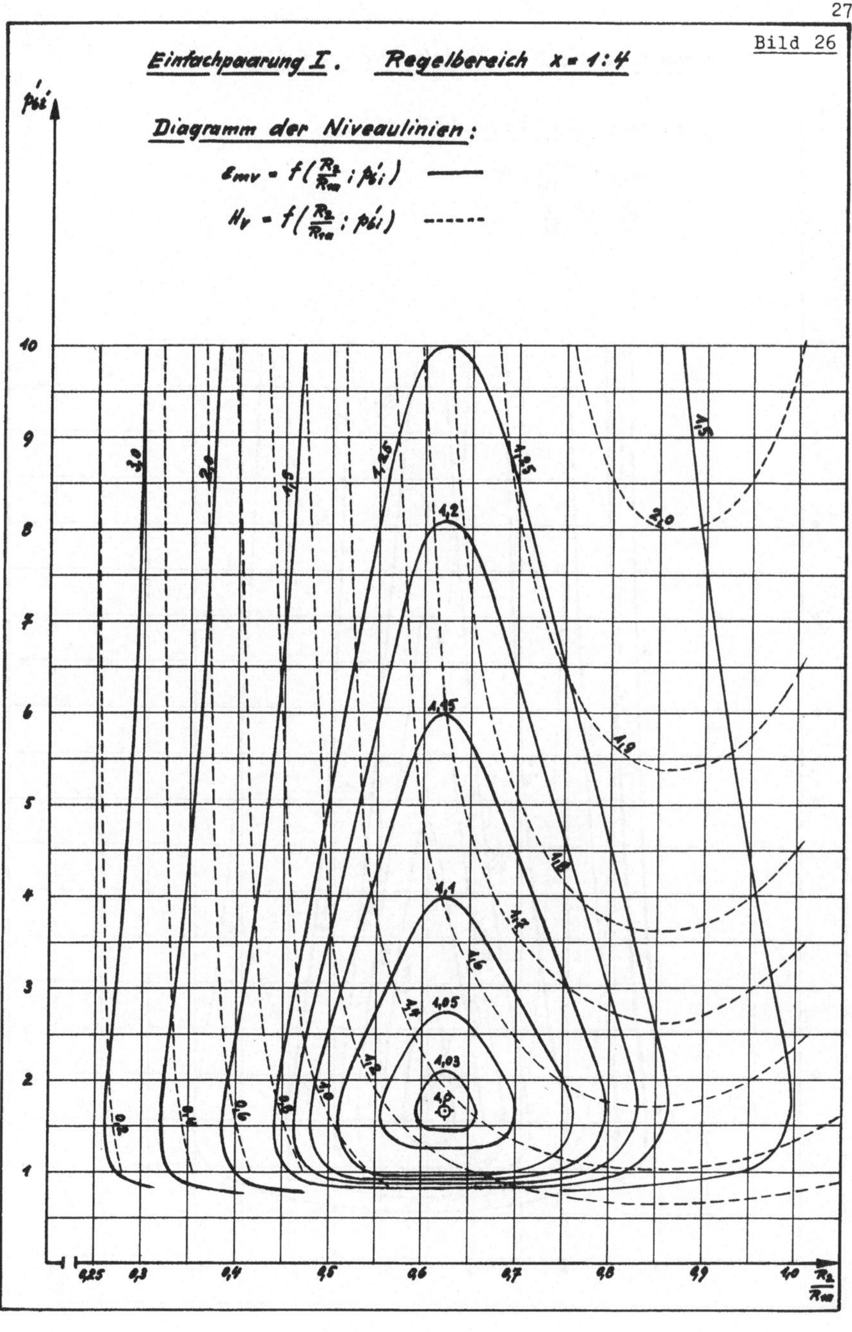

Bild 27

Einfachpaarung I . Regelbereich x = 1:2

Diagramm der Niveaulinien:

$\varepsilon_{mv} = f\left(\frac{R_2}{R_{10}}; p'_{bi}\right)$ ———

$H_V = f\left(\frac{R_2}{R_{10}}; p'_{bi}\right)$ - - - - -

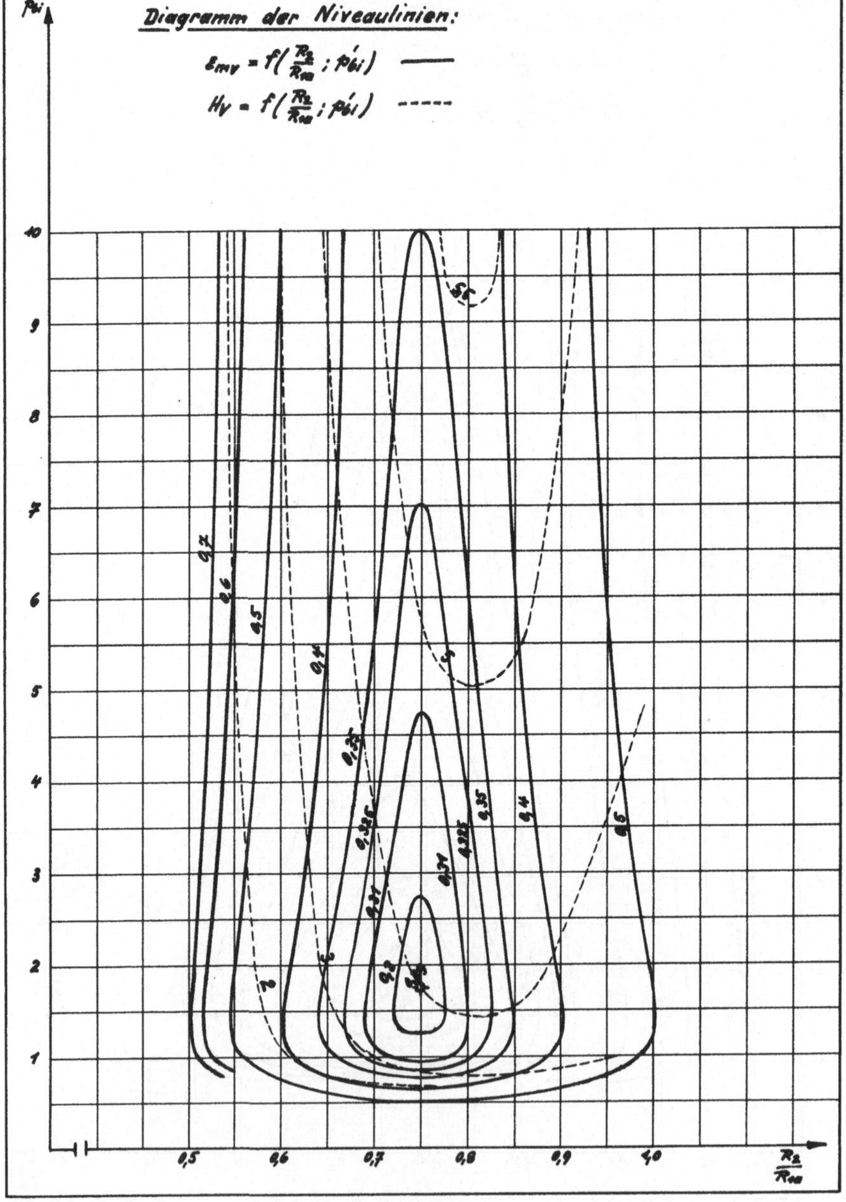

Bild 28

Einfachpaarung I. Regelbereich x = 1:8

Diagramm der Niveaulinien:

$\varepsilon_{mv} = f\left(\frac{R_2}{R_{1a}}; p'_{6i}\right)$ ——

$H_V = f\left(\frac{R_2}{R_{1a}}; p'_{6i}\right)$ -----

p'_{6i}

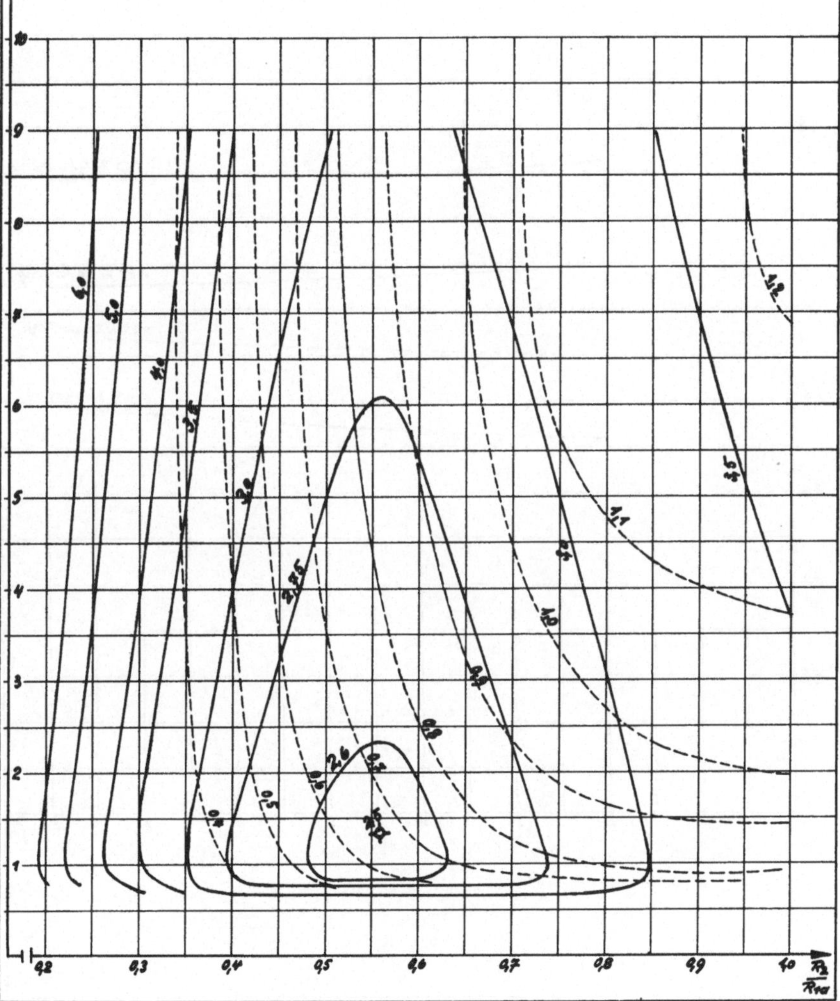

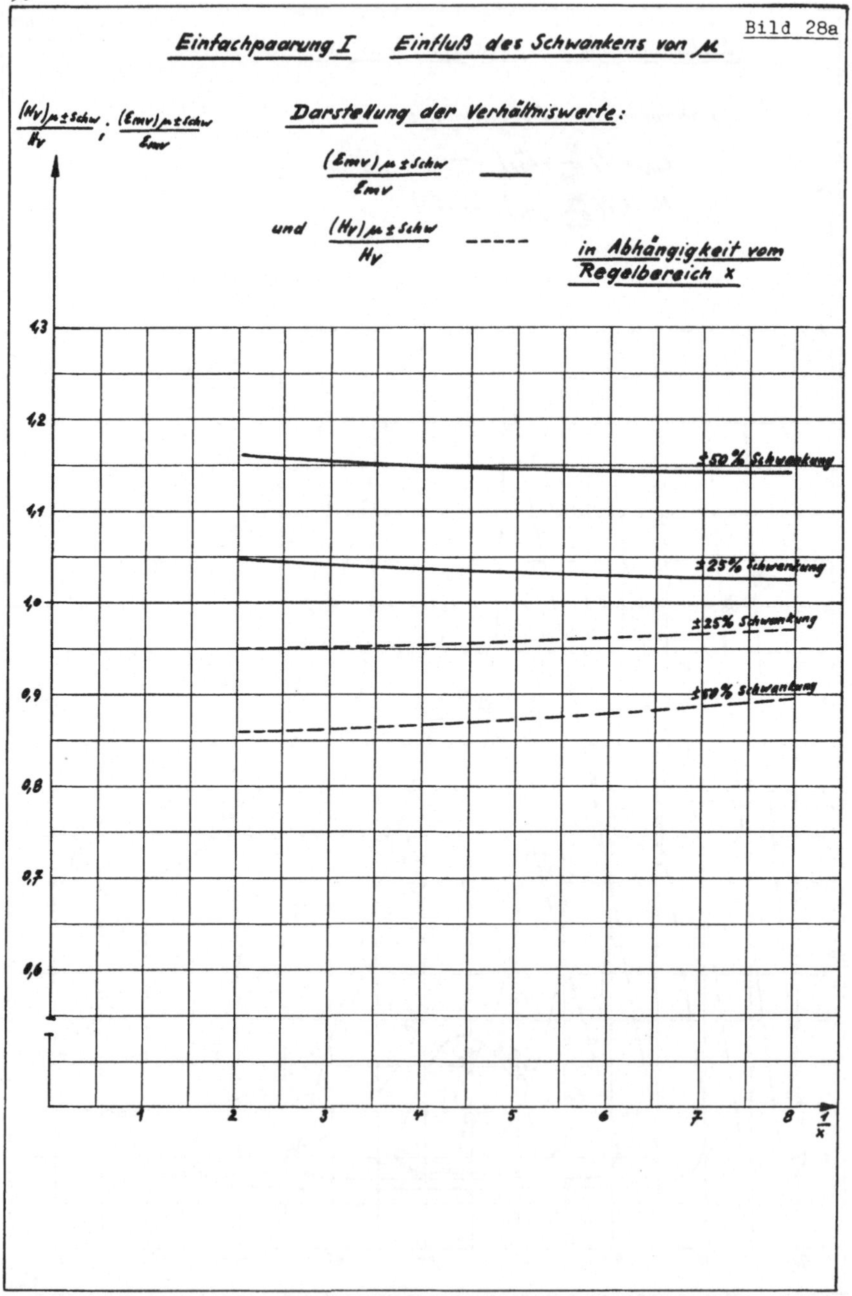

Bild 28a

Einfachpaarung I Einfluß des Schwankens von μ

$\frac{(H_V)_{\mu \pm Schw}}{H_V}$; $\frac{(E_{mV})_{\mu \pm Schw}}{E_{mV}}$

Darstellung der Verhältniswerte:

$\frac{(E_{mV})_{\mu \pm Schw}}{E_{mV}}$ ——

und $\frac{(H_V)_{\mu \pm Schw}}{H_V}$ - - - - -

in Abhängigkeit vom Regelbereich x

1,3
1,2
1,1
1,0
0,9
0,8
0,7
0,6

±50% Schwankung
±25% Schwankung
±25% Schwankung
±50% Schwankung

1 2 3 4 5 6 7 8 $\frac{1}{x}$

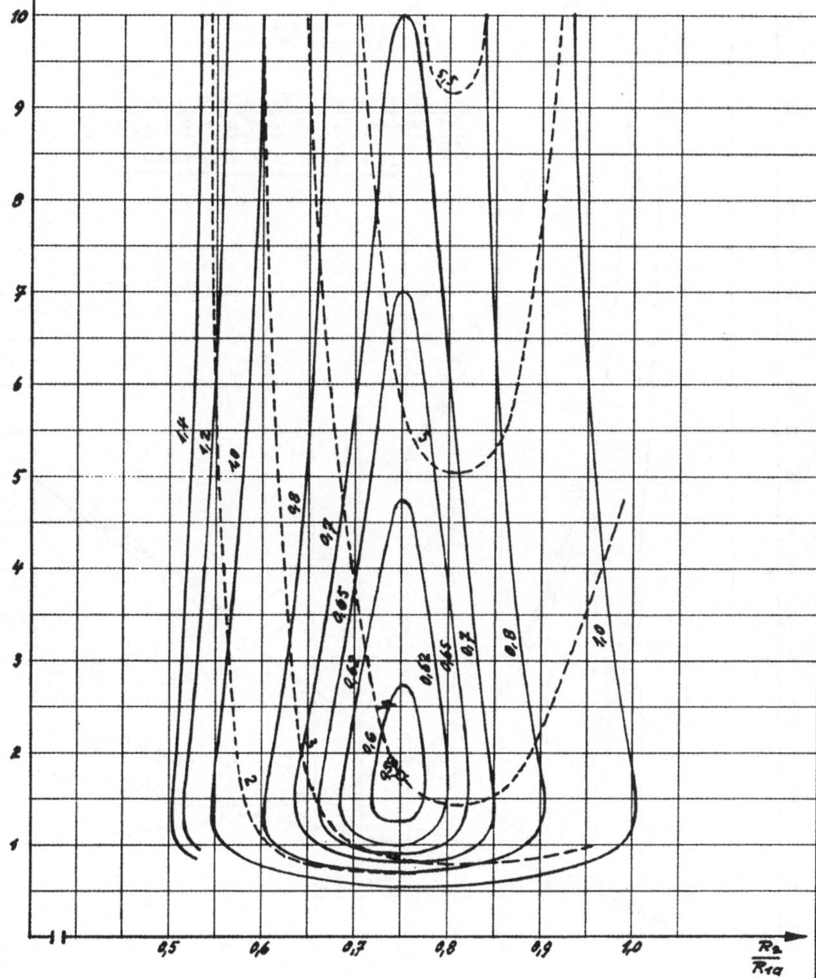
Bild 29
Zweifachpaarung I Regelbereich x = 1:4
Diagramm der Niveaulinien:
$\varepsilon_{mv} = f(\frac{R_2}{R_{1a}}; p'_{bi})$
$H_v = f(\frac{R_2}{R_{1a}}; p'_{bi})$
p'_{bi}
$\frac{R_2}{R_{1a}}$

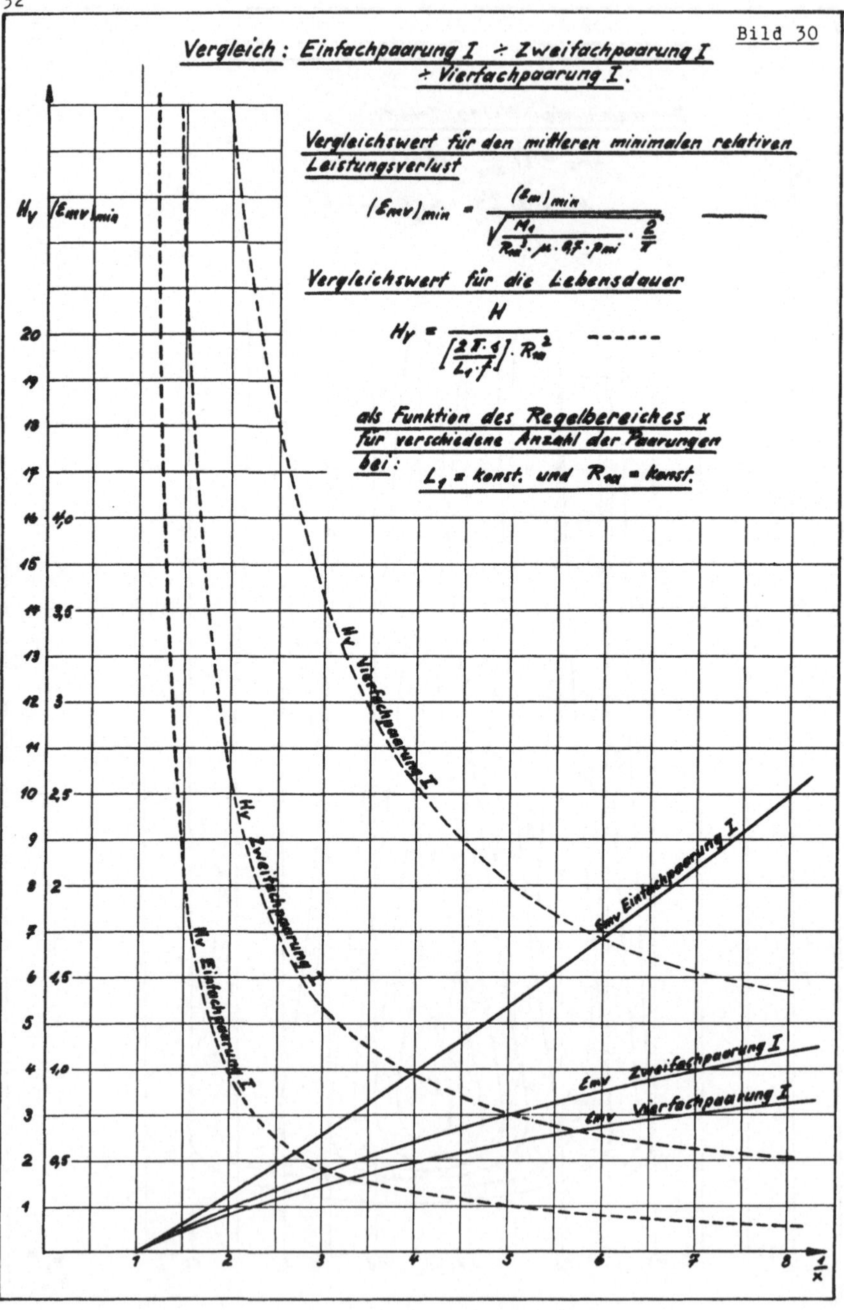
Bild 30
Vergleich : Einfachpaarung I ÷ Zweifachpaarung I ÷ Vierfachpaarung I.
Vergleichswert für den mittleren minimalen relativen Leistungsverlust
Vergleichswert für die Lebensdauer
als Funktion des Regelbereiches x für verschiedene Anzahl der Paarungen
bei: L₁ = konst. und Rₘ = konst.
Hᵥ
(εₘᵥ)ₘᵢₙ
Hᵥ Vierfachpaarung I
Hᵥ Zweifachpaarung I
Hᵥ Einfachpaarung I
εₘᵥ Einfachpaarung I
εₘᵥ Zweifachpaarung I
εₘᵥ Vierfachpaarung I
1/x

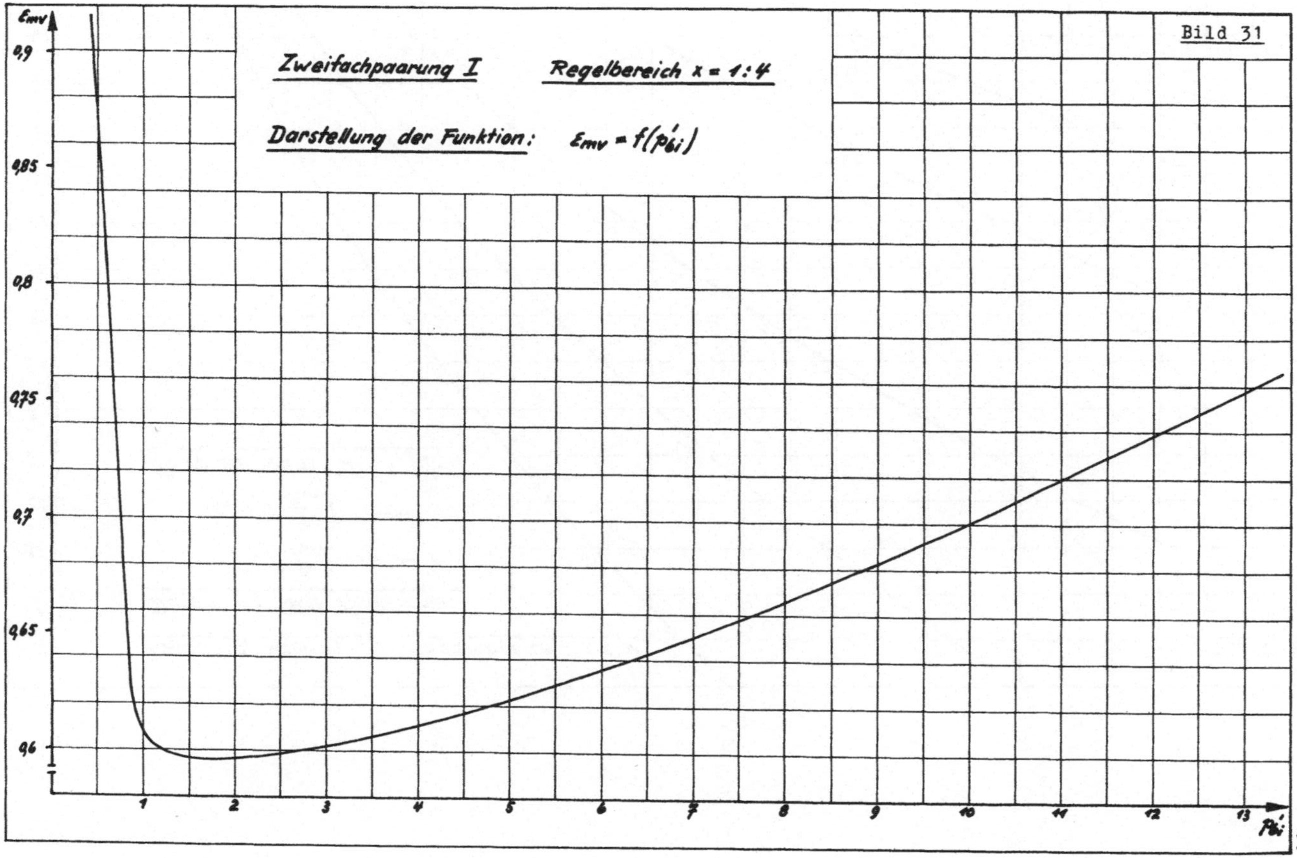

Bild 31

Zweifachpaarung I   Regelbereich $x = 1:4$

Darstellung der Funktion: $\varepsilon_{mv} = f(p'_{bi})$

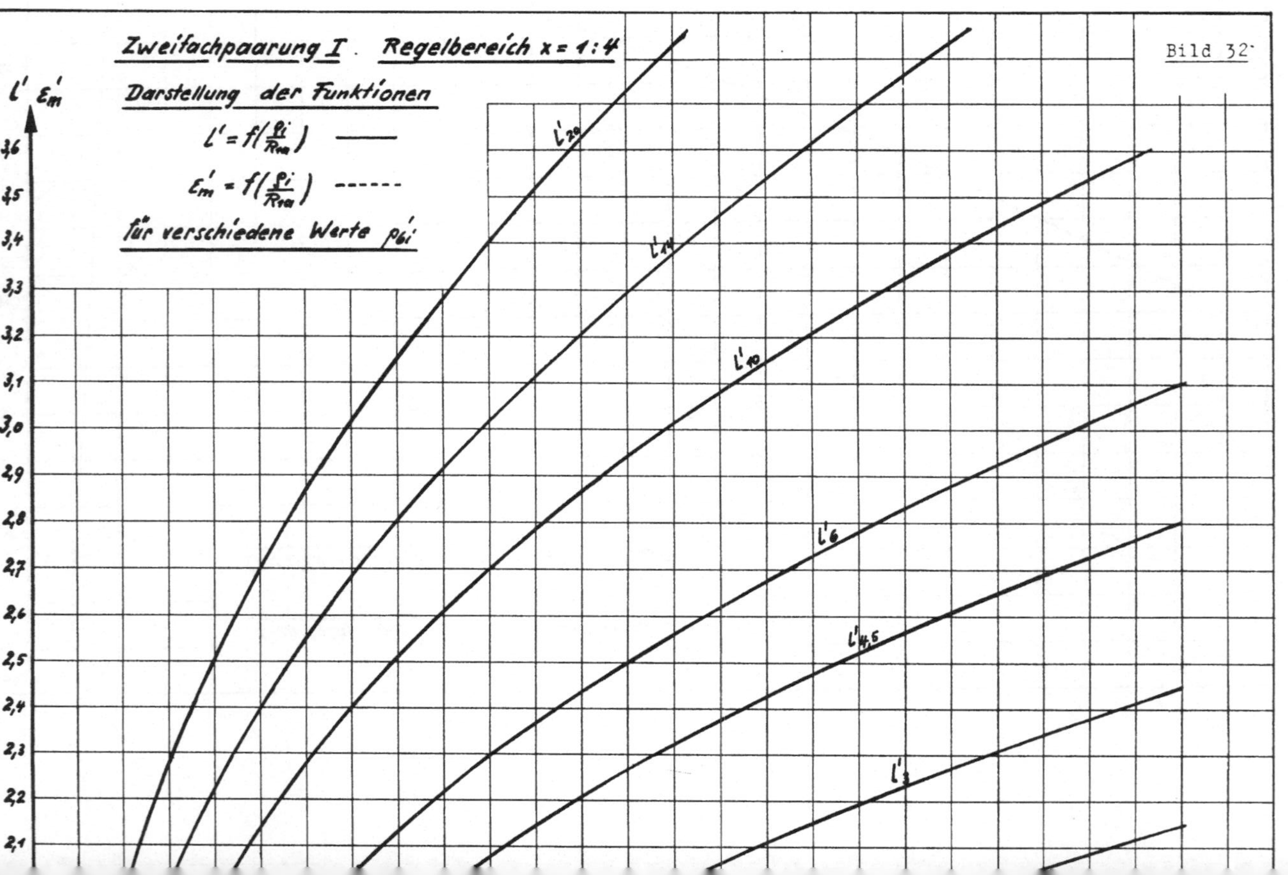
Bild 32
Zweifachpaarung I · Regelbereich x = 1:4
Darstellung der Funktionen
l' = f(ρi/Rm) ——
ε'm = f(ρi/Rm) ------
für verschiedene Werte ρ'bi
l' ε'm
3,6
3,5
3,4
3,3
3,2
3,1
3,0
2,9
2,8
2,7
2,6
2,5
2,4
2,3
2,2
2,1
l'20
l'14
l'10
l'6
l'4,5
l'3

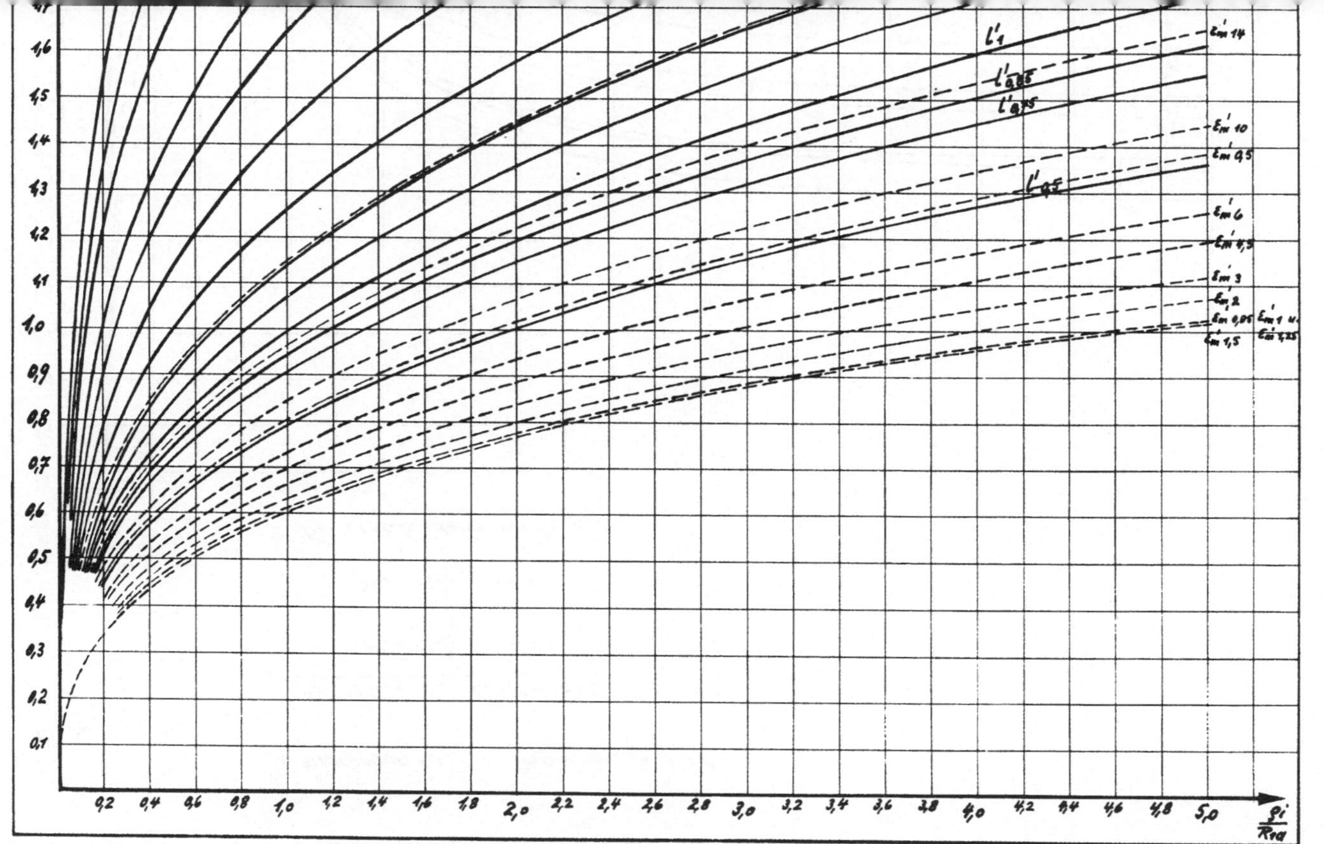

1,6
1,5
1,4
1,3
1,2
1,1
1,0
0,9
0,8
0,7
0,6
0,5
0,4
0,3
0,2
0,1
0,2
0,4
0,6
0,8
1,0
1,2
1,4
1,6
1,8
2,0
2,2
2,4
2,6
2,8
3,0
3,2
3,4
3,6
3,8
4,0
4,2
4,4
4,6
4,8
5,0

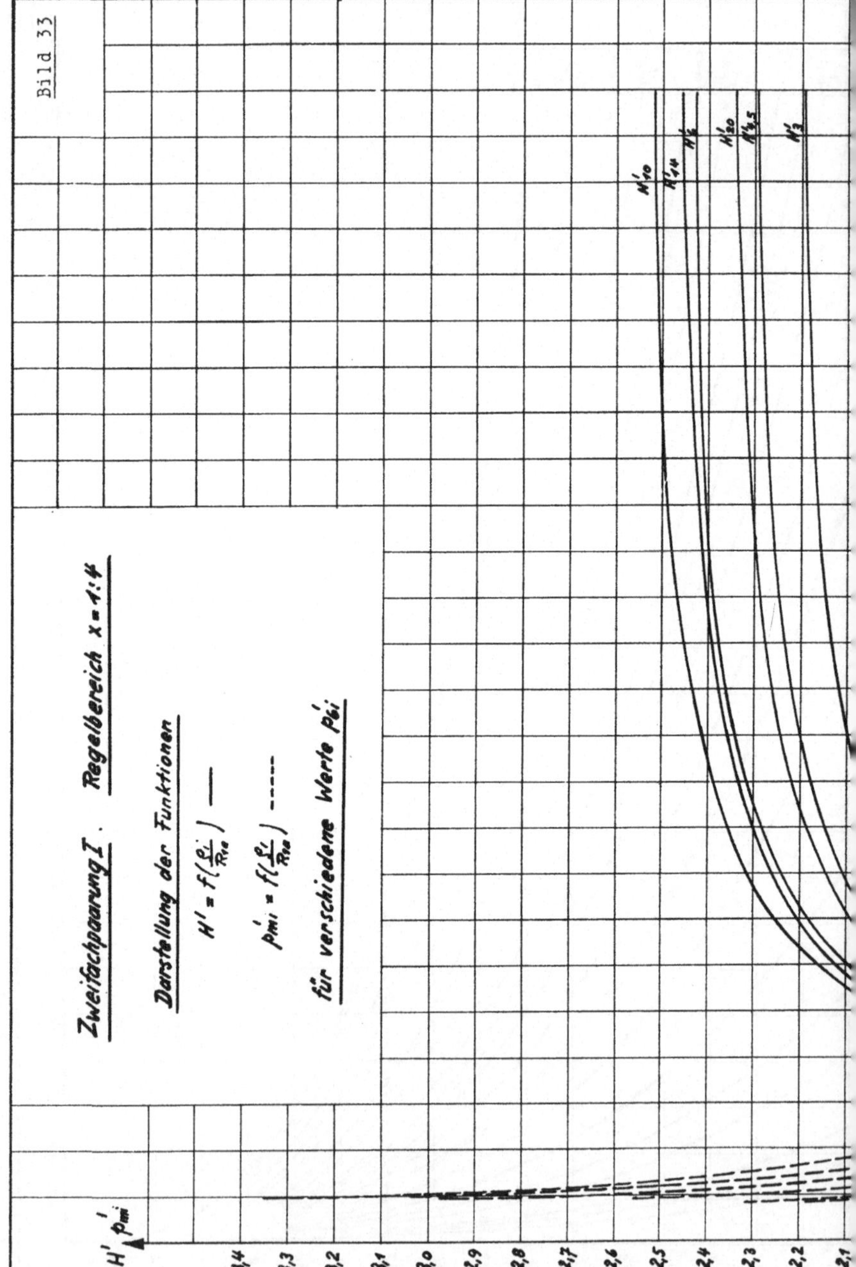

Bild 33
Zweifachpaarung I. Regelbereich x = 1:4
Darstellung der Funktionen
H' = f(ei/R1a) —
p'mi = f(ei/R1a) -----
für verschiedene Werte p'bi
H' p'mi
3,4
3,3
3,2
3,1
3,0
2,9
2,8
2,7
2,6
2,5
2,4
2,3
2,2
2,1
H'10
H'14
H'6
H'20
H'4,5
H'3

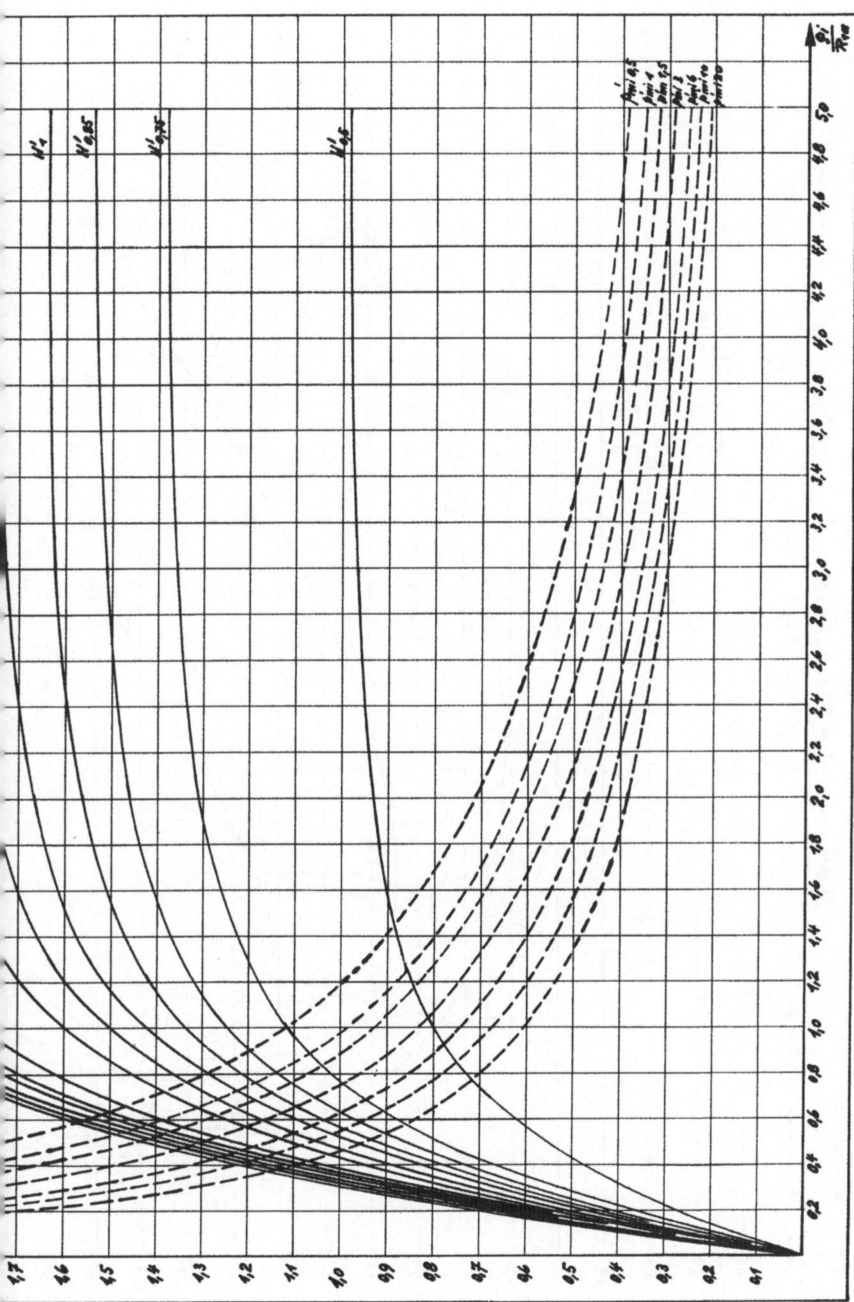

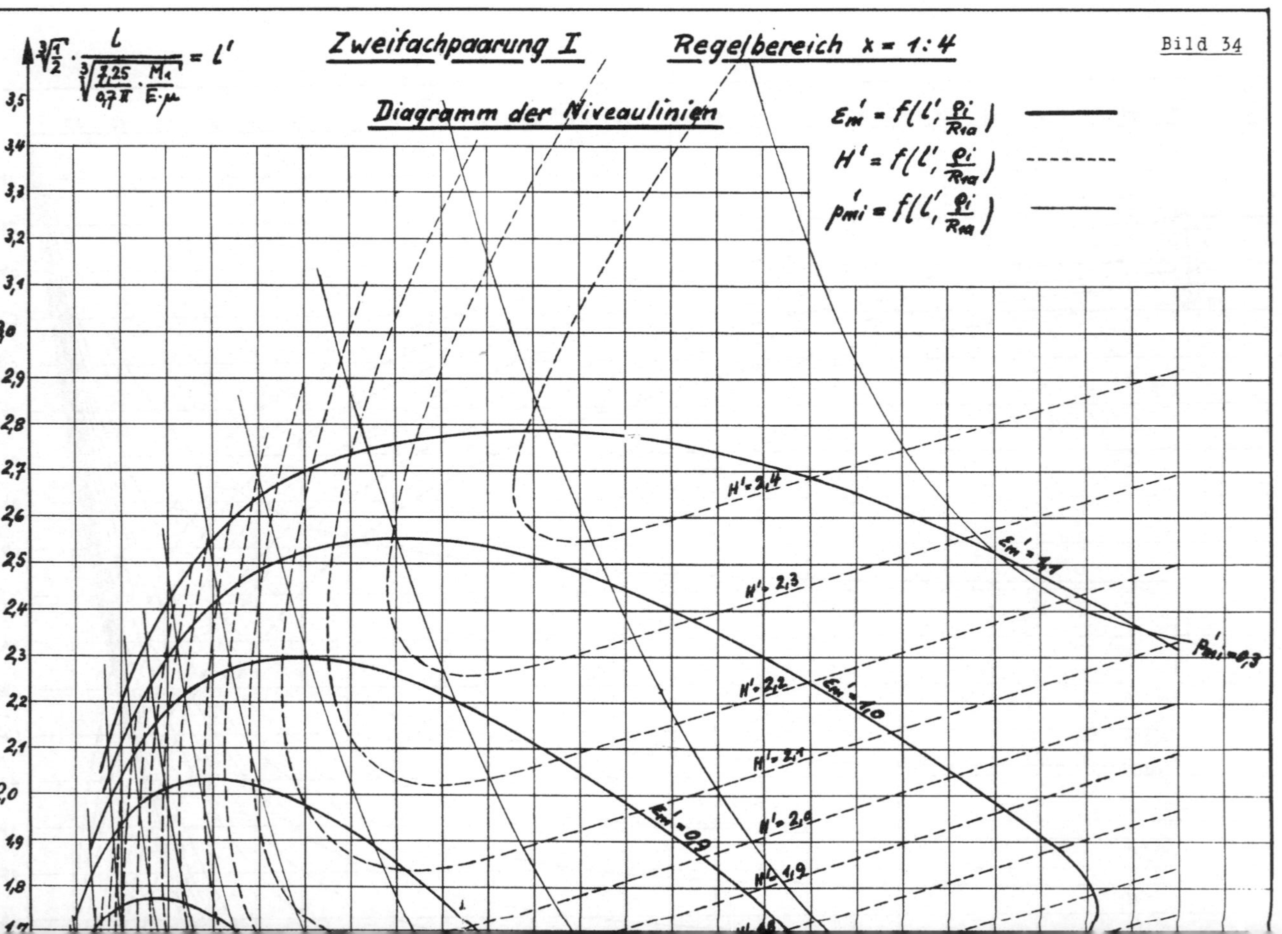

$\sqrt[3]{\frac{1}{2}} \cdot \frac{l}{\sqrt[3]{\frac{1,25}{0,7\pi} \cdot \frac{M_t}{E \cdot \mu}}} = l'$
Zweifachpaarung I
Regelbereich x = 1:4
Bild 34
Diagramm der Niveaulinien
$\varepsilon_m' = f(l', \frac{\varrho_i}{R_{ia}})$
$H' = f(l', \frac{\varrho_i}{R_{ia}})$
$p_{mi}' = f(l', \frac{\varrho_i}{R_{ia}})$
3,5
3,4
3,3
3,2
3,1
3,0
2,9
2,8
2,7
2,6
2,5
2,4
2,3
2,2
2,1
2,0
1,9
1,8
H' = 2,4
H' = 2,3
H' = 2,2
H' = 2,1
H' = 2,0
H' = 1,9
$\varepsilon_m' = 1,1$
$\varepsilon_m' = 1,0$
$\varepsilon_m' = 0,9$
$p_{mi}' = 0,3$

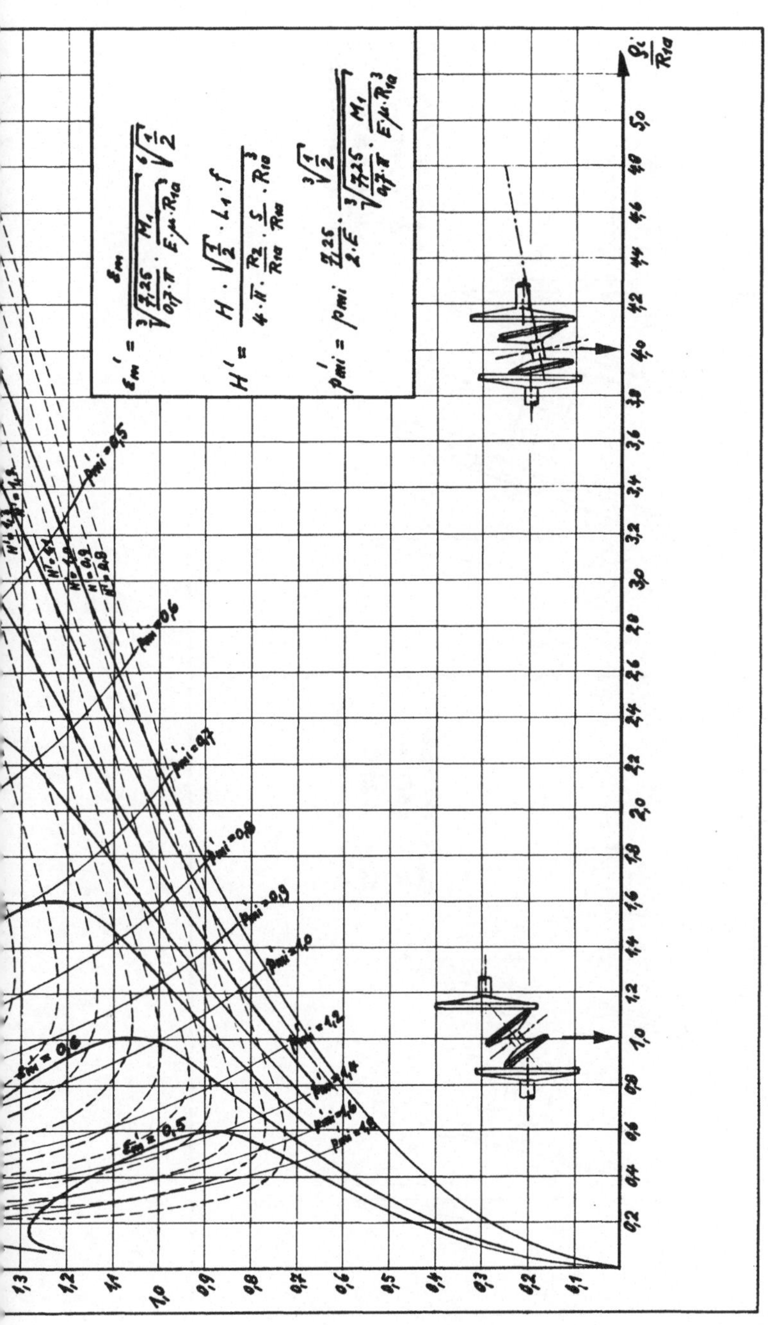

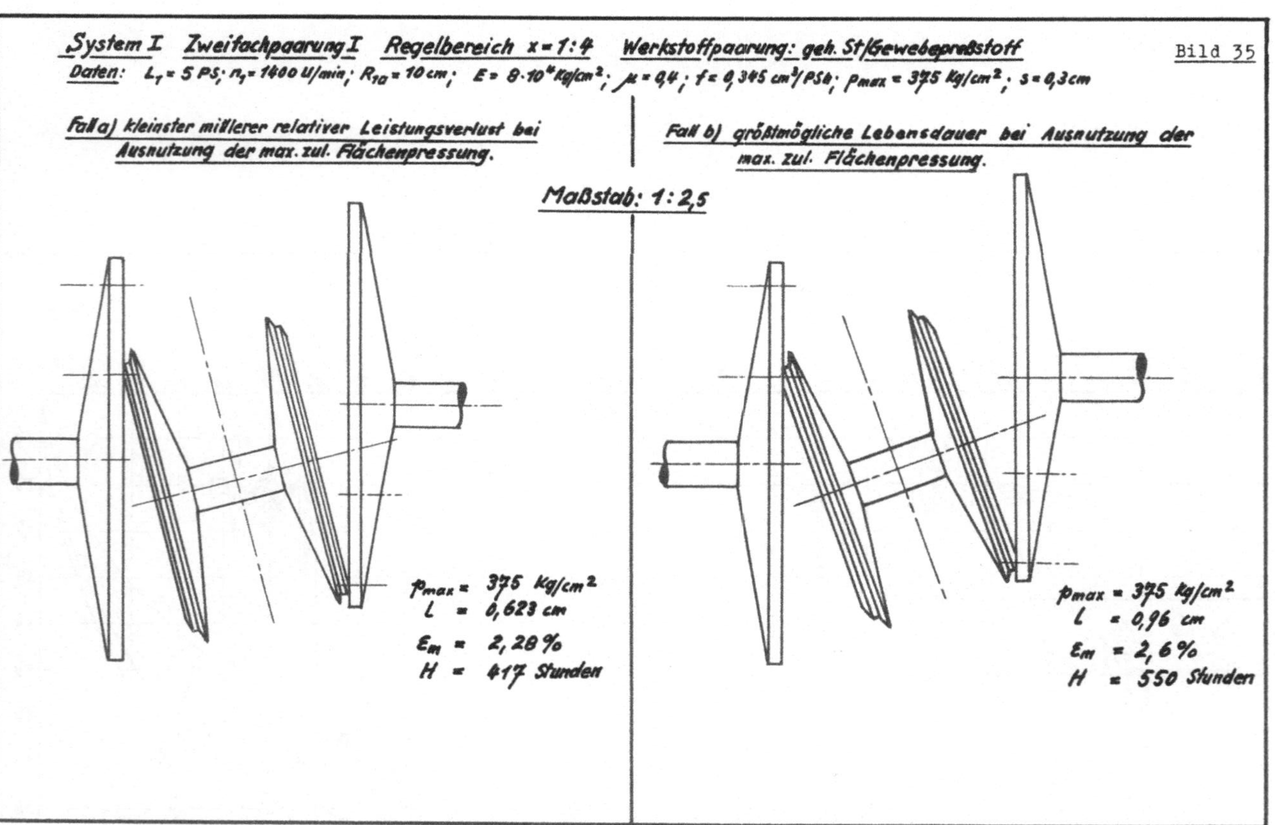
System I Zweifachpaarung I Regelbereich x = 1:4 Werkstoffpaarung: geh. St/Gewebepreßstoff
Bild 35
Daten: L_1 = 5 PS; n_1 = 1400 U/min; R_{1a} = 10 cm; E = 8·10⁴ Kg/cm²; μ = 0,4; f = 0,345 cm³/PSh; p_{max} = 375 Kg/cm²; s = 0,3 cm
Fall a) kleinster mittlerer relativer Leistungsverlust bei Ausnutzung der max. zul. Flächenpressung.
Fall b) größtmögliche Lebensdauer bei Ausnutzung der max. zul. Flächenpressung.
Maßstab: 1:2,5
p_{max} = 375 Kg/cm²
L = 0,623 cm
ε_m = 2,28 %
H = 417 Stunden
p_{max} = 375 Kg/cm²
L = 0,96 cm
ε_m = 2,6 %
H = 550 Stunden

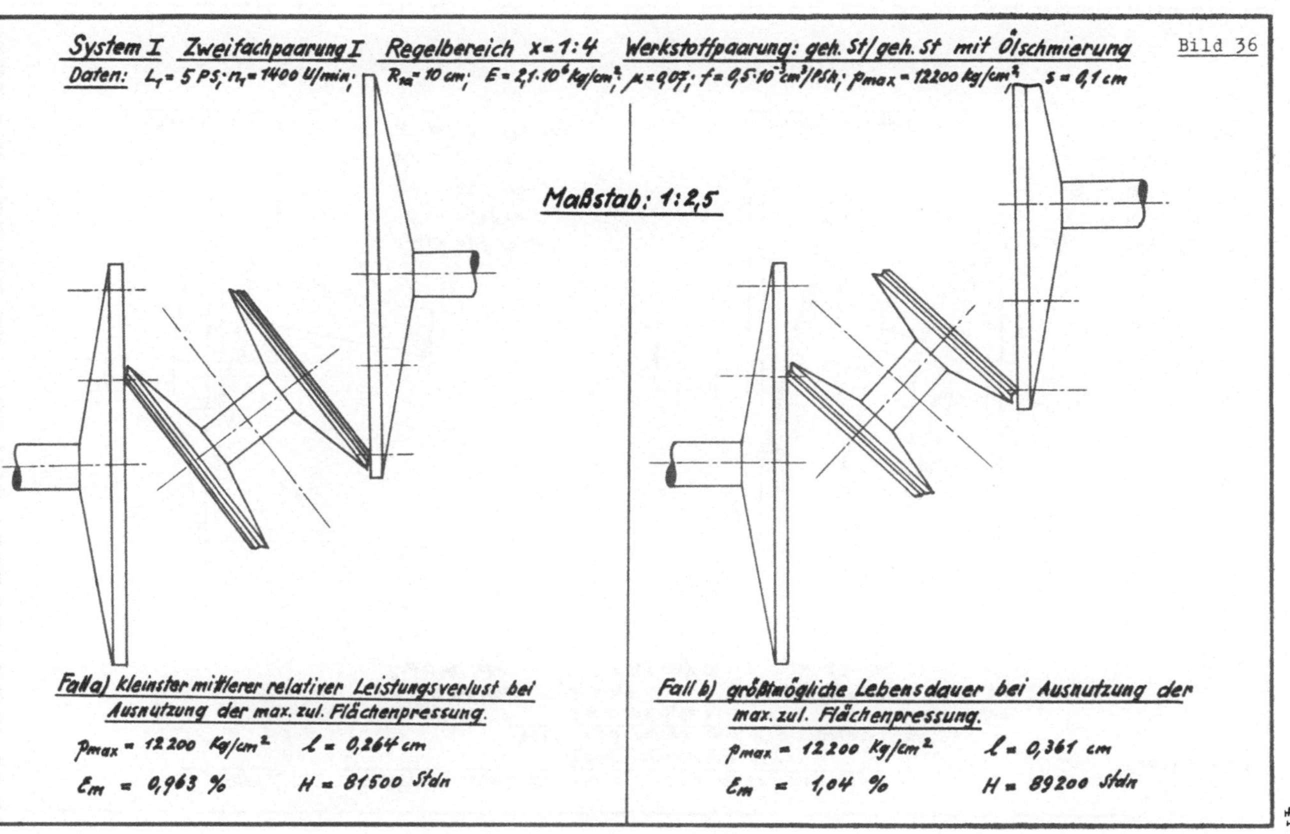
Bild 36
System I Zweifachpaarung I Regelbereich x = 1:4 Werkstoffpaarung: geh. St/geh. St mit Ölschmierung
Daten: L_1 = 5 PS; n_1 = 1400 U/min; R_{1a} = 10 cm; E = 2,1·10⁶ kg/cm²; μ = 0,07; f = 0,5·10⁻³ cm³/PSh; p_{max} = 12200 kg/cm²; s = 0,1 cm
Maßstab: 1:2,5
Fall a) kleinster mittlerer relativer Leistungsverlust bei Ausnutzung der max. zul. Flächenpressung.
p_{max} = 12200 kg/cm² ℓ = 0,264 cm
ε_m = 0,963 % H = 81500 Stdn
Fall b) größtmögliche Lebensdauer bei Ausnutzung der max. zul. Flächenpressung.
p_{max} = 12200 kg/cm² ℓ = 0,361 cm
ε_m = 1,04 % H = 89200 Stdn

System I
Vergleich: Einfachpaarung I ⁒ Zweifachpaarung I
Regelbereich x = 1:4
Materialpaarung: geh. St/Gewebepreßstoff
L1 = 5 PS
n1 = 1400 U/min
R1a = 10 cm
E = 8·10^4 Kg/cm^2
μ = 0,4
f = 0,345 cm^3/PSh
pmax = 375 Kg/cm^2
s = 0,3 cm
Maßstab: 1:2,5
pmax = 375 Kg/cm^2
l = 0,704 cm
ρi = 32,3 cm
εm = 3,05 %
H = 155 Stunden
Einfachpaarung I
pmax = 375 Kg/cm^2
l = 0,623 cm
ρi = 30 cm
εm = 2,28 %
H = 417 Stunden
Zweifachpaarung I
Bild 37

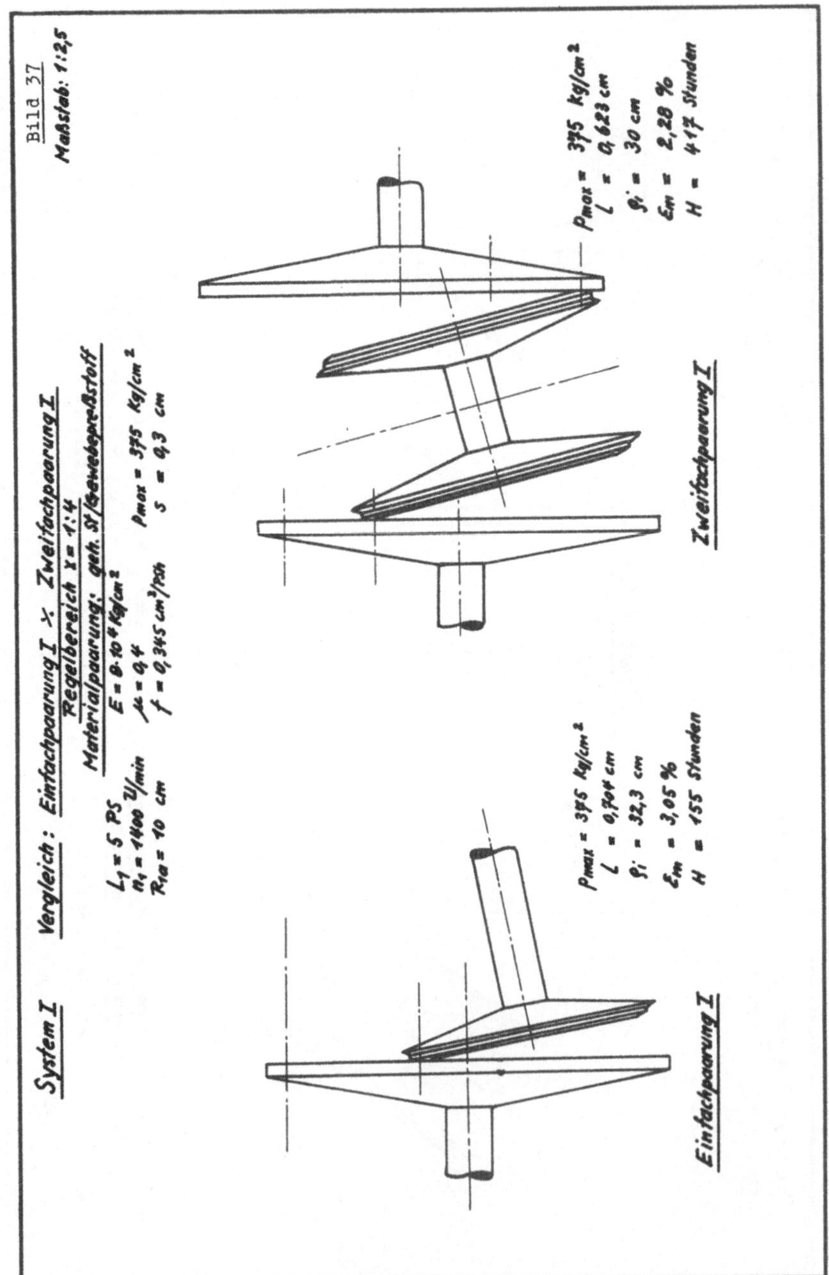

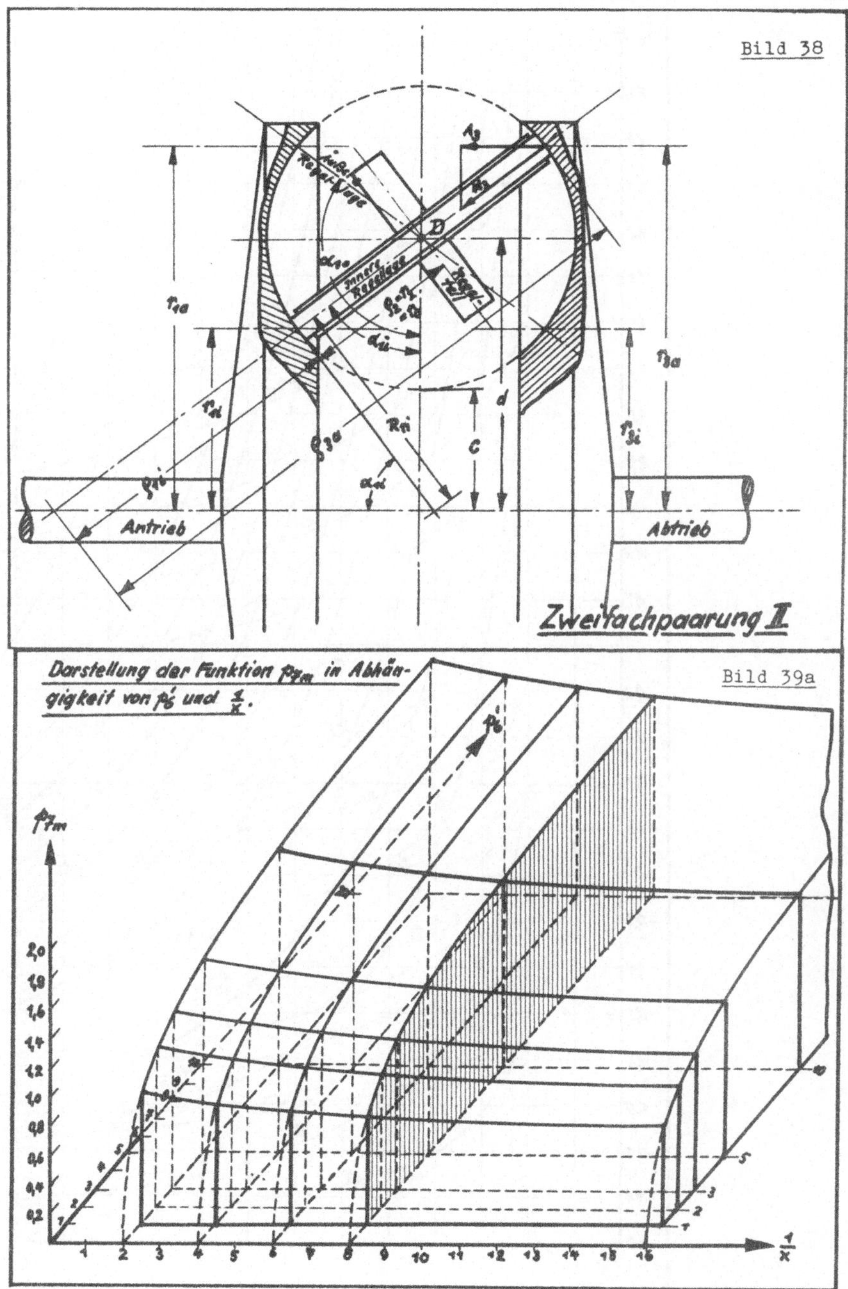
Bild 38
äußere Regellänge
innere Regellänge
Regelfeld
Antrieb
Abtrieb
Zweifachpaarung II
Darstellung der Funktion ρ_{7m} in Abhängigkeit von ρ_6' und $\frac{1}{x}$.
Bild 39a

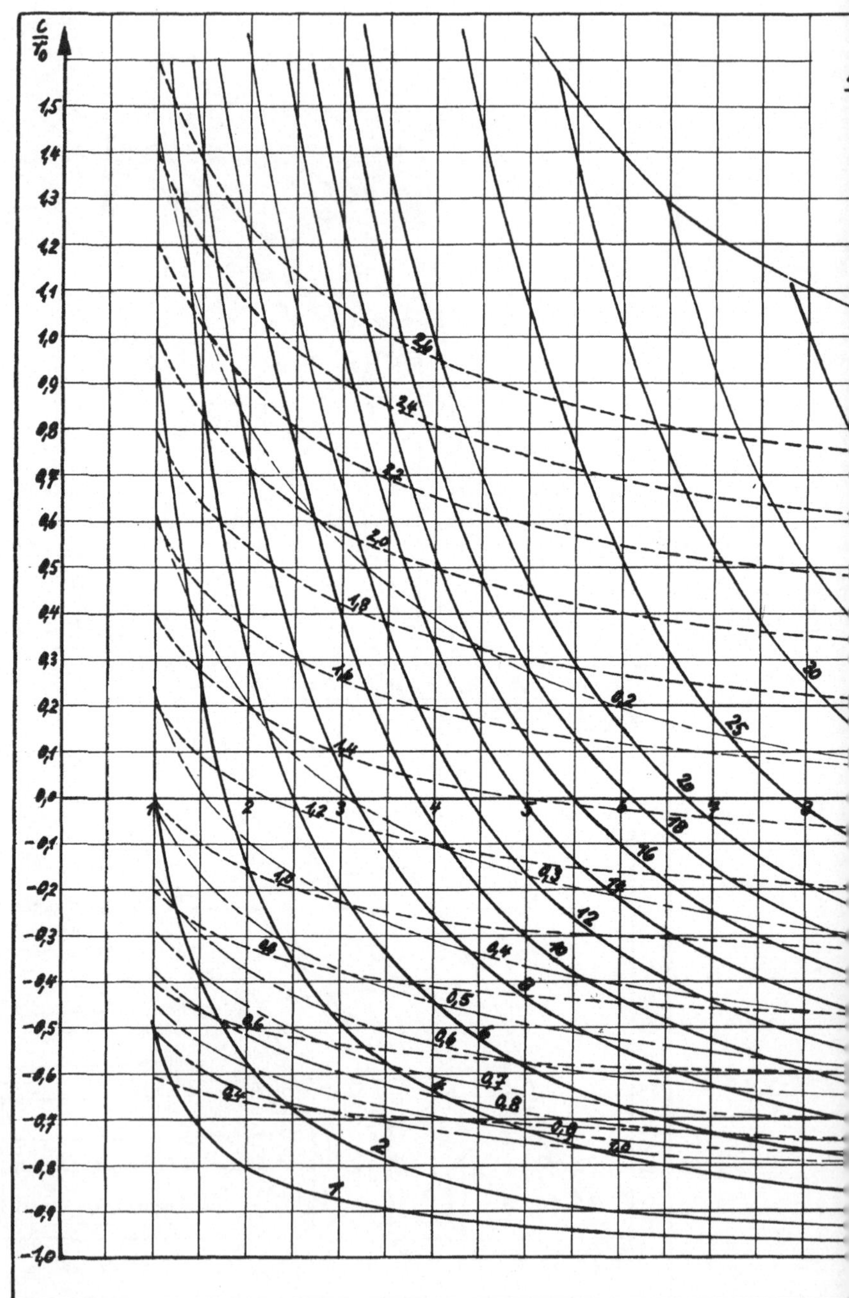

1,5
1,4
1,3
1,2
1,1
1,0
0,9
0,8
0,7
0,6
0,5
0,4
0,3
0,2
0,1
0,0
-0,1
-0,2
-0,3
-0,4
-0,5
-0,6
-0,7
-0,8
-0,9
-1,0
1
2
3
4
5
6
7
8
2,6
2,4
2,2
2,0
1,8
1,6
1,4
1,2
1,0
0,2
0,3
0,4
0,5
0,6
0,7
0,8
0,9
1,0
1
2
4
6
8
10
12
14
16
18
20
25
30

Bild 39

ng II

der Niveaulinien :

$\varepsilon_{mv} = f(\frac{c}{r_0}, x)$ ————

$\frac{r_{1a}}{r_0} = f(\frac{c}{r_0}, x)$ - - - - -

$H_V = f(\frac{c}{r_0}, x)$ —·—·—

$$\varepsilon_{mv} = \frac{\varepsilon_m}{0{,}175 \cdot \frac{E\,M_1}{r_{1a}^3 \cdot \mu \cdot p_{mi}^2 \cdot p_{Mittel} \cdot p_{si}}}$$

$$H_V = H \cdot \frac{L_1 \cdot f}{2 \cdot \pi \cdot s \cdot r_{1a}^2 \cdot p_{Mittel}}$$

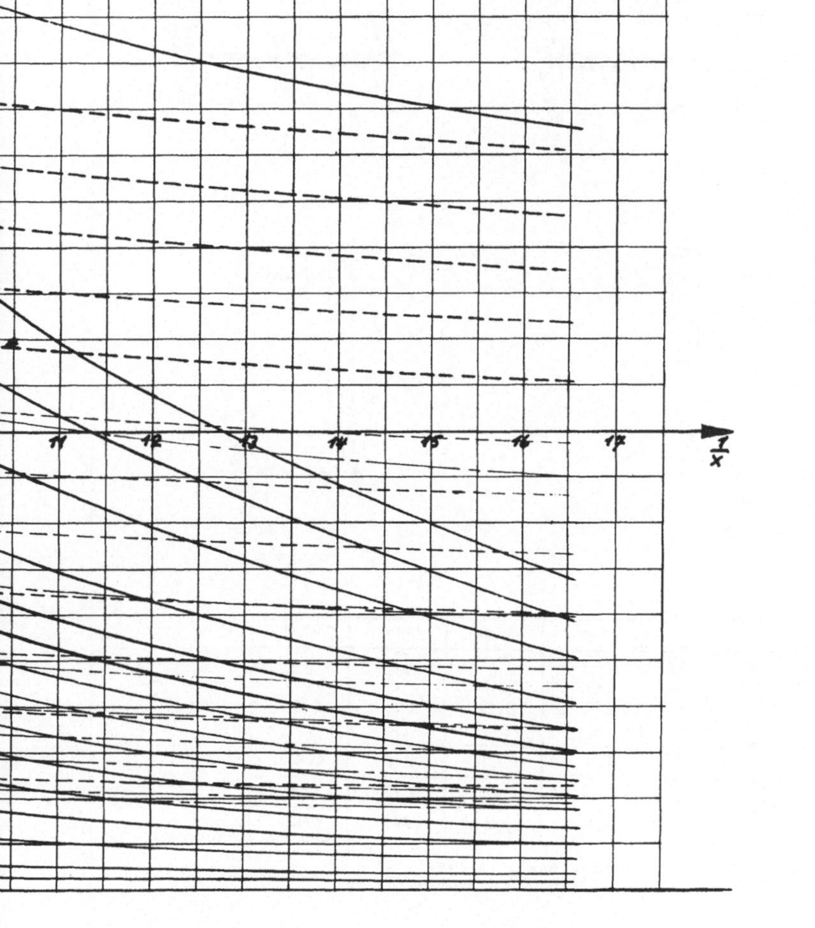

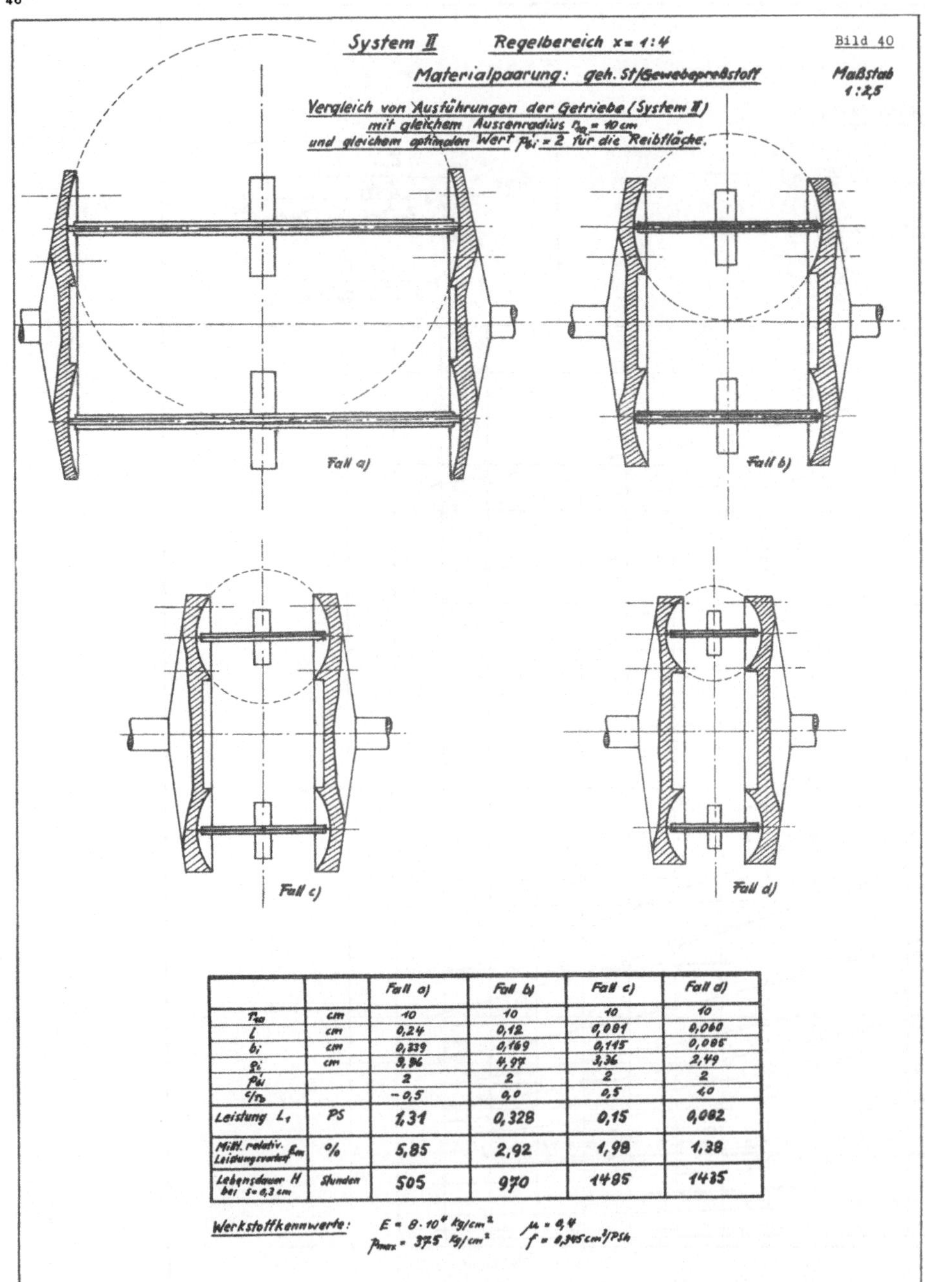

		Fall a)	Fall b)	Fall c)	Fall d)
r_{1a}	cm	10	10	10	10
l	cm	0,24	0,12	0,081	0,060
b_i	cm	0,339	0,169	0,115	0,085
ϱ_i	cm	3,96	4,97	3,36	2,49
ρ_{bi}		2	2	2	2
c/r_b		−0,5	0,0	0,5	1,0
Leistung L_1	PS	1,31	0,328	0,15	0,082
Mittl. relativ. Leistungsverlust ε_m	%	5,85	2,92	1,98	1,38
Lebensdauer H bei s = 0,3 cm	Stunden	505	970	1485	1435

Werkstoffkennwerte: $E = 8 \cdot 10^4$ kg/cm² $\quad \mu = 0,4$
$p_{max} = 375$ kg/cm² $\quad f = 0,345$ cm³/PSh

Bild 41

Einfachpaarung III

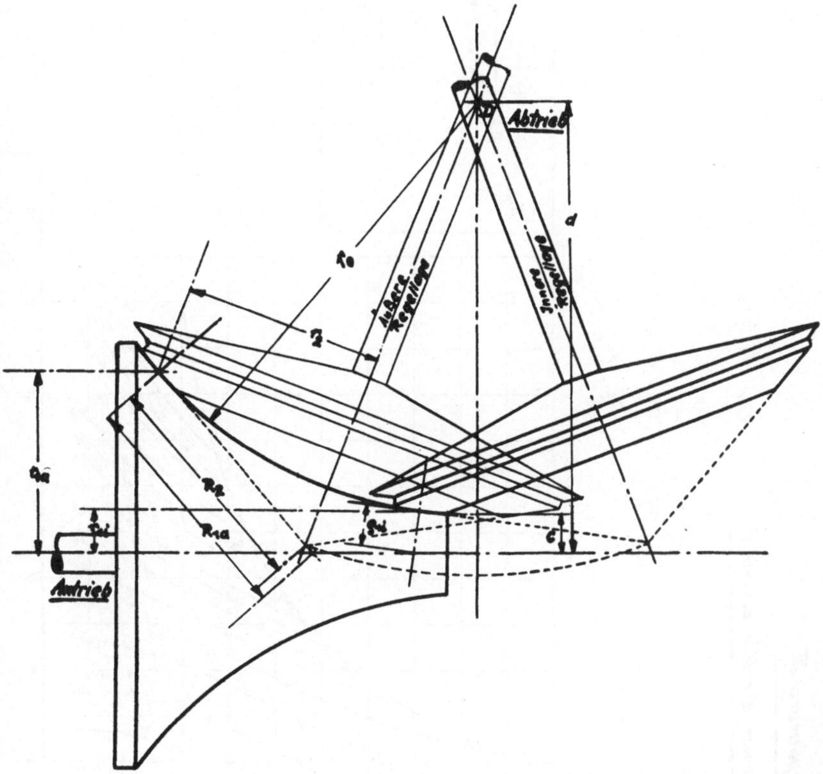

Abtrieb

d

äußere Kegellage

innere Kegellage

Antrieb

Bild 42

Einfachpaarung III

Diagramm der Niveaulinien:

$\varepsilon_{mv} = f\left(\frac{c}{r_0}, \frac{1}{x}\right)$ ———

$H_v = f\left(\frac{c}{r_0}, \frac{1}{x}\right)$ ··········

$\frac{r_{1a}}{r_0} = f\left(\frac{c}{r_0}, \frac{1}{x}\right)$ - - - - -

$\frac{R_2}{r_0} = f\left(\frac{c}{r_0}, \frac{1}{x}\right)$ —·—·—

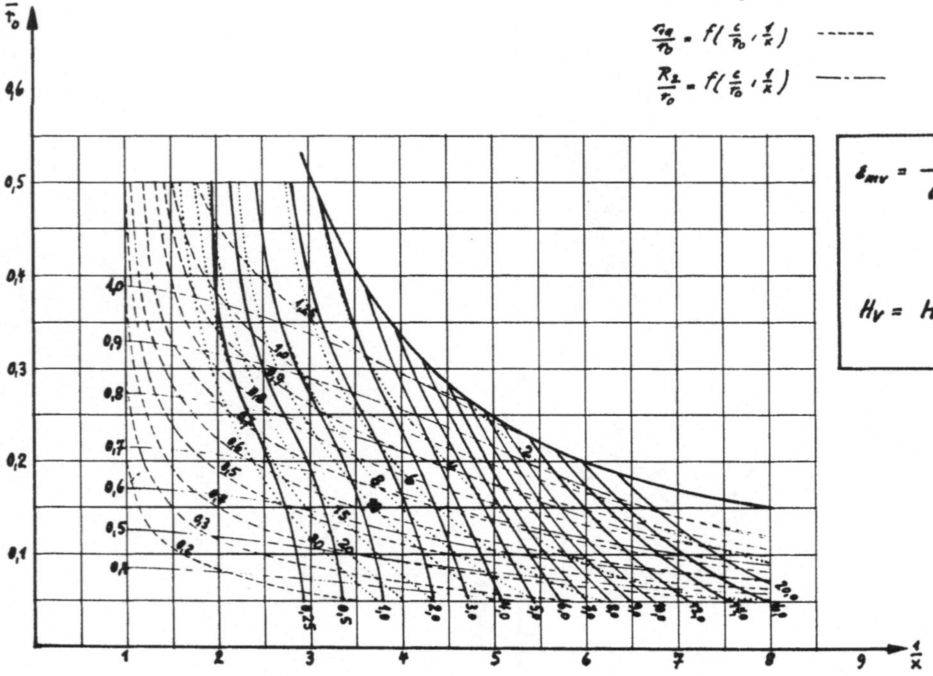

$$\varepsilon_{mv} = \frac{\varepsilon_m}{0{,}25 \dfrac{M_1 \cdot E}{r_{1a}^3 \cdot \mu \cdot p_{mi}^2 \cdot p_{7\,mittel}}}$$

$$H_v = H \cdot \frac{L_1 \cdot f}{2 \cdot \pi \cdot r_{1a}^2 \cdot s \cdot p_{7\,mittel}}$$

$\frac{c}{r_0}$: 0,1; 0,2; 0,3; 0,4; 0,5; 0,6

$\frac{1}{x}$: 1; 2; 3; 4; 5; 6; 7; 8; 9

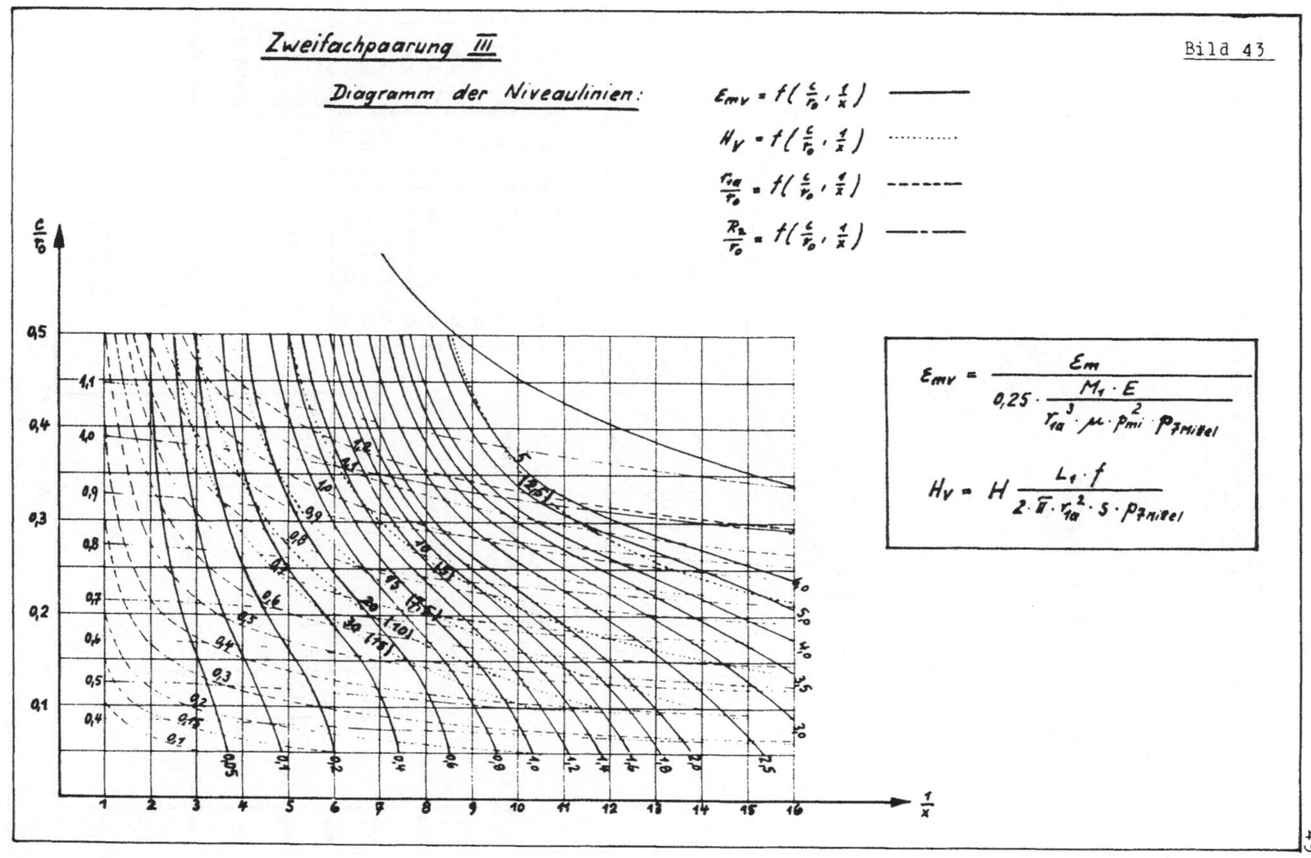

Zweifachpaarung III
Bild 43
Diagramm der Niveaulinien:
$\varepsilon_{mv} = f(\frac{c}{r_0}, \frac{1}{x})$
$H_V = f(\frac{c}{r_0}, \frac{1}{x})$
$\frac{r_{1a}}{r_0} = f(\frac{c}{r_0}, \frac{1}{x})$
$\frac{R_2}{r_0} = f(\frac{c}{r_0}, \frac{1}{x})$
$\varepsilon_{mv} = \frac{\varepsilon_m}{0,25 \cdot \frac{M_1 \cdot E}{r_{1a}^3 \cdot \mu \cdot p_{mi}^2 \cdot p_{7\,Mittel}}}$
$H_V = H \frac{L_1 \cdot f}{2 \cdot \pi \cdot r_{1a}^2 \cdot s \cdot p_{7\,Mittel}}$
$\frac{c}{r_0}$
0,5
0,4
0,3
0,2
0,1
$\frac{1}{x}$
1
2
3
4
5
6
7
8
9
10
11
12
13
14
15
16

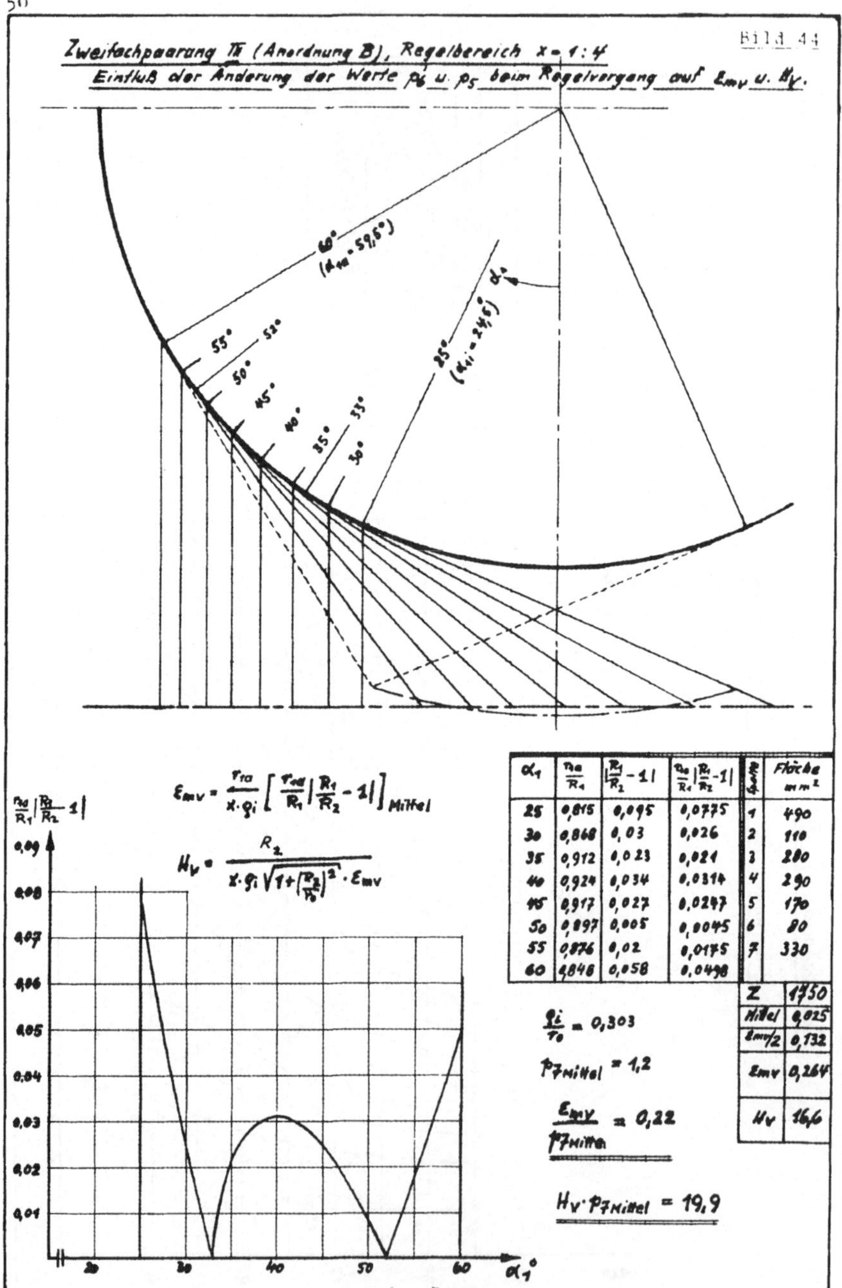

α_1	$\frac{r_{1a}}{R_1}$	$\left\lvert\frac{R_1}{R_2}-1\right\rvert$	$\frac{r_{1a}}{R_1}\left\lvert\frac{R_1}{R_2}-1\right\rvert$	Feld	Fläche mm^2
25	0,815	0,095	0,0775	1	490
30	0,868	0,03	0,026	2	110
35	0,912	0,023	0,021	3	280
40	0,924	0,034	0,0314	4	290
45	0,917	0,027	0,0247	5	170
50	0,897	0,005	0,0045	6	80
55	0,876	0,02	0,0175	7	330
60	0,846	0,058	0,0498		

Σ	1750
Mittel	0,025
$\varepsilon_{mv}/2$	0,132
ε_{mv}	0,264
H_v	16,6

Zweifachpaarung III (Anordnung B) Regelbereich $x = 1:4$
Einfluß der Änderung der Werte p_6' u. p_5 beim Regelvorgang auf ε_{mv} u. H_V. Bild 45

		(1) Antrieb - Regelteil				(2) Regelteil - Abtrieb					(1)	(2)
α_1	$2\varphi-\alpha_1$	p_6'	p_5	p_7	$\frac{r_{1a}}{R_1 \cdot p_7}\left\lvert\frac{R_1}{R_2}-1\right\rvert$	p_6'	p_5	p_7	$\frac{r_{1a}}{R_1 \cdot p_7}\left\lvert\frac{R_1}{R_2}-1\right\rvert$	Spalte Nr	Fläche mm^2	Fläche mm^2
25	59	2,0	0,65	1,16	0,0668	1	0,65	0,95	0,0846	1	410	500
30	54	2,16	0,675	1,21	0,0215	1,3	0,675	1,04	0,025	2	110	110
35	49	2,21	0,69	1,22	0,0172	1,63	0,69	1,135	0,0185	3	230	235
40	44	2,25	0,70	1,23	0,0255	2,01	0,7	1,202	0,0261	4	230	230
45	39	2,26	0,695	1,22	0,0202	2,53	0,695	1,25	0,0197	5	140	130
50	34	2,21	0,675	1,21	0,0037	2,97	0,675	1,285	0,0035	6	50	60
55	29	2,12	0,64	1,16	0,0151	3,47	0,64	1,3	0,0135	7	300	260
60	24	1,95	0,585	1,065	0,0468	3,9	0,585	1,25	0,04			
										Σ	1470	1525
										Mittelwert	0,021	0,0218
										$\frac{\varepsilon_{mv}}{p_7}$	0,11	0,114

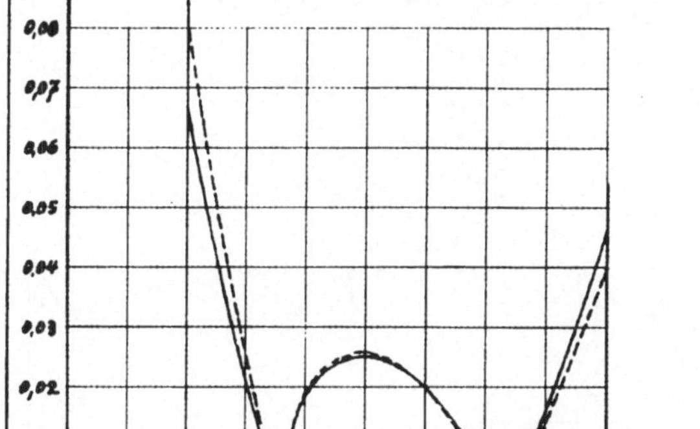

$$\frac{\varepsilon_{mv}}{p_7} = \frac{r_{1a}}{x \cdot g_i}\left[\frac{r_{1a}}{R_1 p_7}\left\lvert\frac{R_1}{R_2}-1\right\rvert\right]_{Mittel}$$

$$\frac{\varepsilon_{mv}}{p_7} = 0{,}224$$

$$H_V \cdot p_7 = 19{,}56$$

Bei dieser Untersuchung wurde $p_{6ri}' = 2$ und $p_{5\,max} = 0{,}7$ gewählt.

Im Zustandsdiagramm befinden sich dann die Betriebspunkte in dem Gebiet, wo die Werte p_7 sich relativ stark ändern.

Ergebnis der Untersuchung: Die Berücksichtigung der Veränderung der Werte p_6' und p_5 und damit die Änderung der Werte p_7 infolge des Regelvorgangs hat auf die zahlenmäßige Größe der Werte ε_{mv} und H_V keinen großen Einfluß.

Für das behandelte Beispiel ergibt sich:

1) bei Einführung von $p_{7\,Mittel}$:

$$\frac{\varepsilon_{mv}}{p_{7\,Mittel}} = 0{,}22$$

$$H_V \cdot p_{7\,Mittel} = 19{,}9$$

2) bei genauer Berechnung:

$$\frac{\varepsilon_{mv}}{p_7} = 0{,}224$$

$$H_V \cdot p_7 = 19{,}56$$

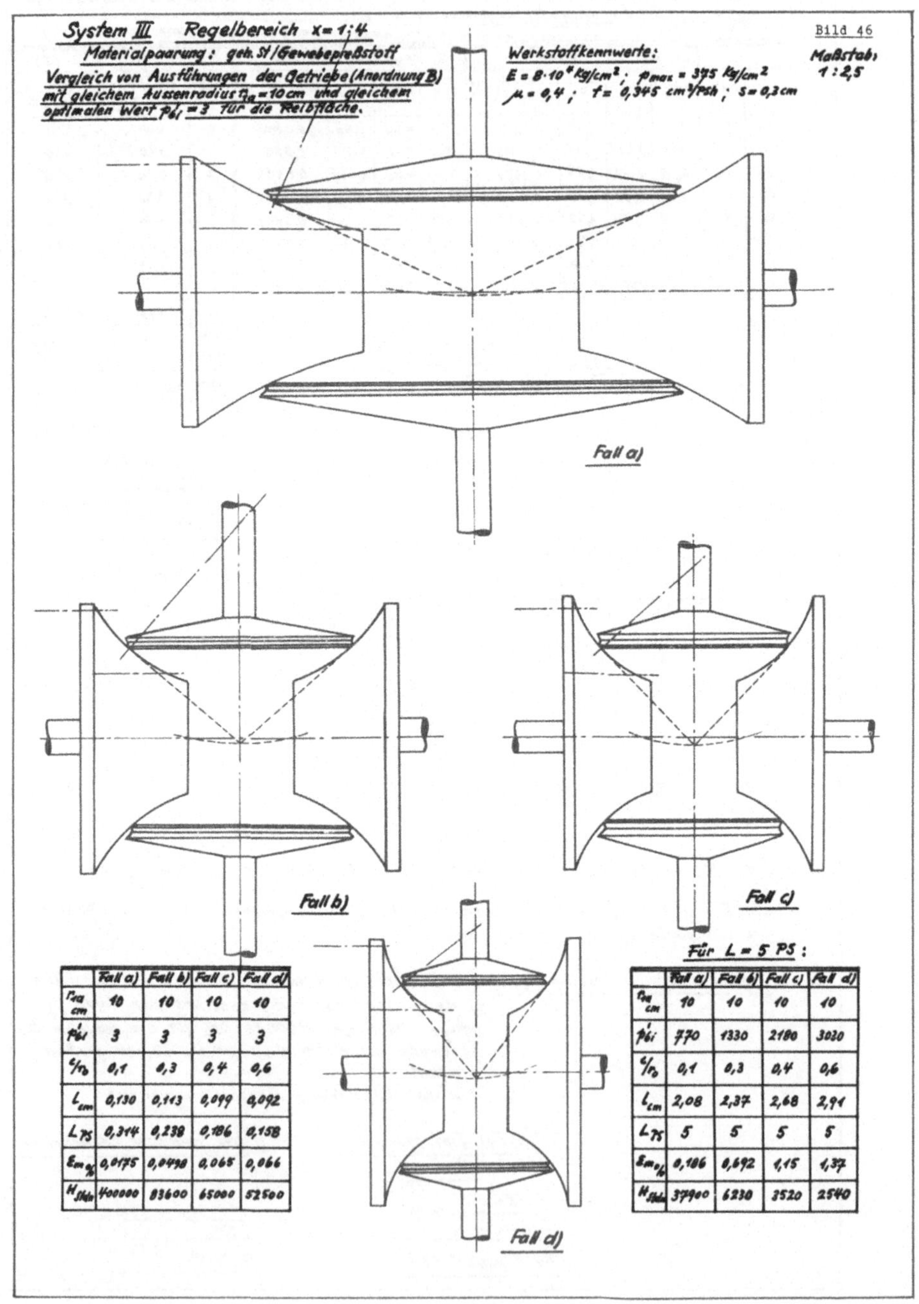

	Fall a)	Fall b)	Fall c)	Fall d)
r_{1a} cm	10	10	10	10
p'_{ki}	3	3	3	3
e/r_0	0,1	0,3	0,4	0,6
l_{cm}	0,130	0,113	0,099	0,092
L_{PS}	0,314	0,238	0,186	0,158
$\varepsilon_{m\,\%}$	0,0175	0,0498	0,065	0,066
H_{Std}	400000	83600	65000	52500

Für L = 5 PS:

	Fall a)	Fall b)	Fall c)	Fall d)
r_{1a} cm	10	10	10	10
p'_{ki}	770	1330	2180	3030
e/r_0	0,1	0,3	0,4	0,6
l_{cm}	2,08	2,37	2,68	2,91
L_{PS}	5	5	5	5
$\varepsilon_{m\,\%}$	0,186	0,692	1,15	1,37
H_{Std}	37900	6230	3520	2540

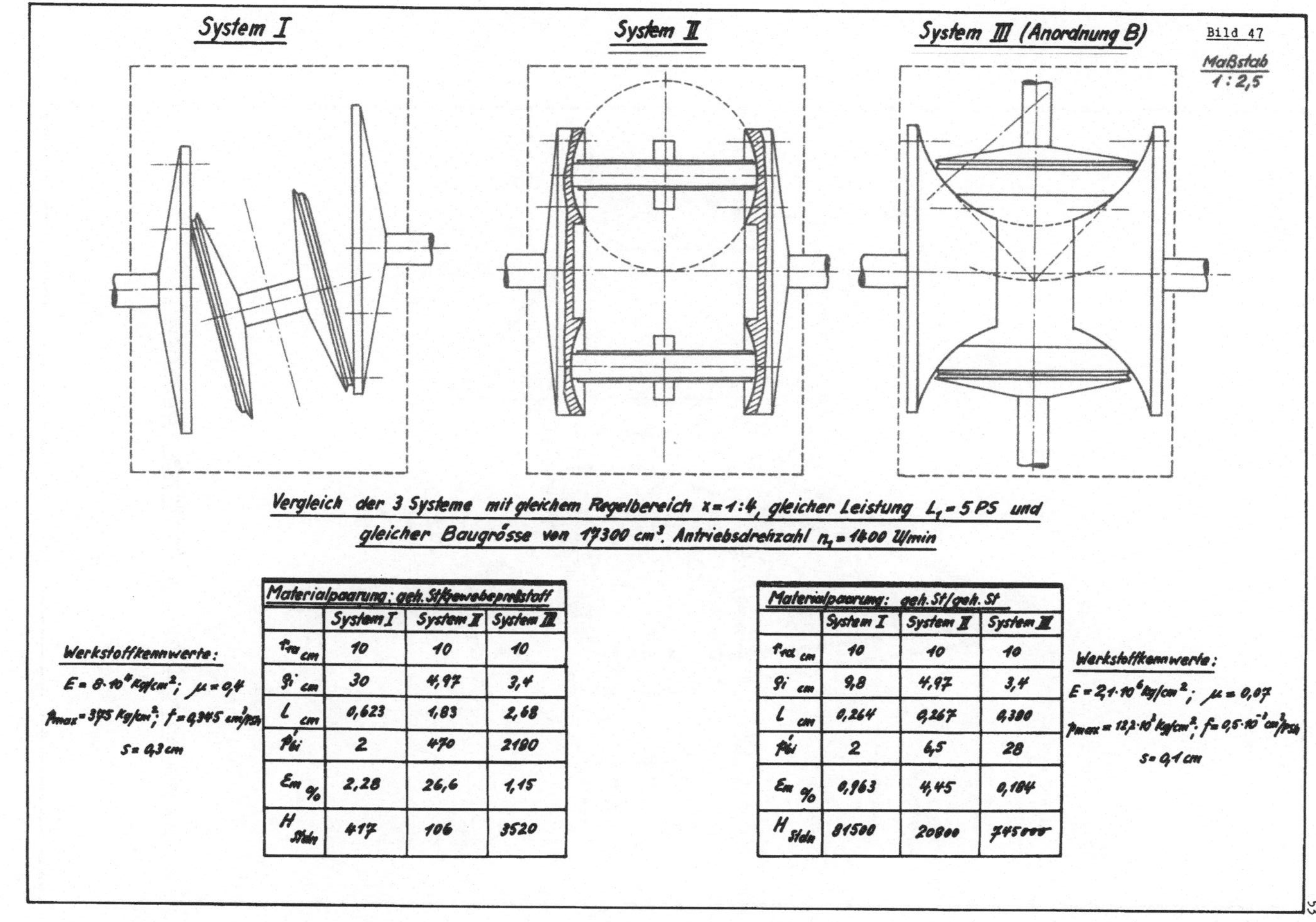

Materialpaarung: geh. St/Kunstpreßstoff

	System I	System II	System III
r_{rel} cm	10	10	10
g_i cm	30	4,97	3,4
L cm	0,623	1,83	2,68
p'_{bi}	2	470	2100
ε_m %	2,28	26,6	1,15
H Stdn	417	106	3520

Materialpaarung: geh. St/geh. St

	System I	System II	System III
r_{rel} cm	10	10	10
g_i cm	9,8	4,97	3,4
L cm	0,264	0,267	0,380
p'_{bi}	2	6,5	28
ε_m %	0,963	4,45	0,184
H Stdn	81500	20800	745000

Bild 48

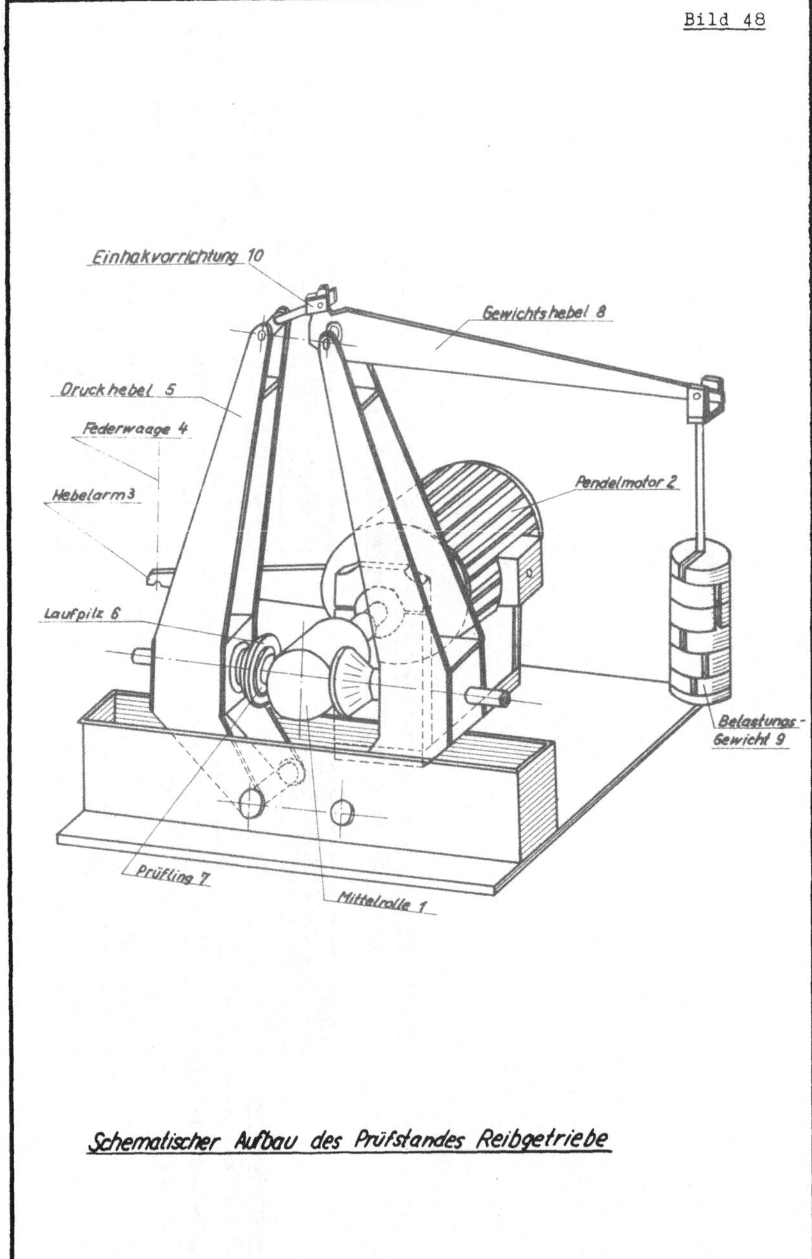

Schematischer Aufbau des Prüfstandes Reibgetriebe

Bild 49. Kleiner Prüfstand "Reibgetriebe" für die Versuche mit Kunst- u.Preßstoffen

Bild 50. Kleiner Prüfstand "Reibgetriebe" mit zur Seite gelegten Druckhebeln

Bild 51. Großer Prüfstand "Reibgetriebe" für die Versuche mit Metallen (Ölschmierung).

Daten der Prüfstände			
	Prüfstand I	Prüfstand II	Prüfstand III
Antriebsmotor (Pendel-Drehstr.-Motor)	Fa.A.Piller,Osterode (Harz), Typ 00216 N=0,5kW, n=2775U/min Nr.197650 220/380 V, 2,62/1,46 A, cos φ =0,82, 50 Hz	Fa.A.Piller,Osterode (Harz), Typ 00215 N=0,3kW, n=2760U/min 220/380 V, 1,39/0,77 A, cos φ =0,8, 50 Hz	Fa.Siemens-Schuckert Nr. E 2259937 N=2,2 kW, n=1410 U/min 220/380 V, 9,5/5,2 A
Ölpumpe	(vorgesehen für Tauchschmierung)	(vorgesehen für Tauchschmierung)	Fa.Rickmeyer-Werdohl Typ FM 1,5/15, Nr.16731,3 l/min, n=1400 U/min, angeflanscht am Drehstrommotor, Fa.Garbe & Lahmeyer A.G.
Länge des Hebelarms am Pendelmotor	29,5 cm	29,5 cm	30,2 cm
Übersetzungsverhältnis von Belastungs- und Druckhebel	als Funktion der Exzentrizität der Mittelrolle nach Diagramm 84 u.85	Diagramm 86	39,5
Gewichtsanteil d.Al.-Belastungshebels	15 g	15 g	
Gewichtsanteil des Stahlhebels	250 g	250 g	260 g
Exzentrizität u. Durchm. d. Mittelrolle	für jeden Versuch gemessen und im Versuchsprotokoll festgelegt		
Verlustmoment (Abzugsmoment) M_A	nach Diagramm 88	nach Diagramm 88	nach Diagramm 89

Bild 52

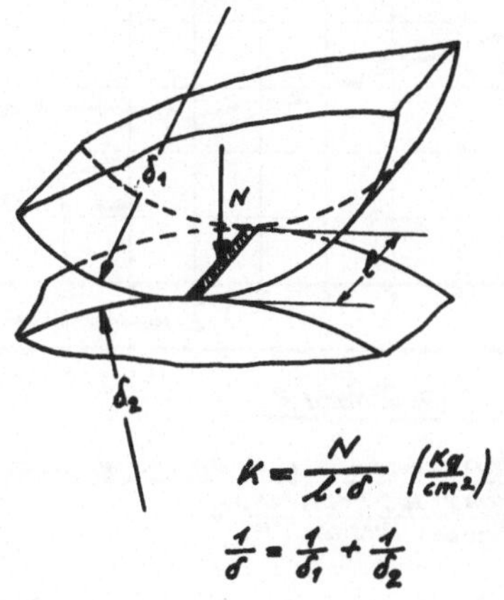

Bild 56

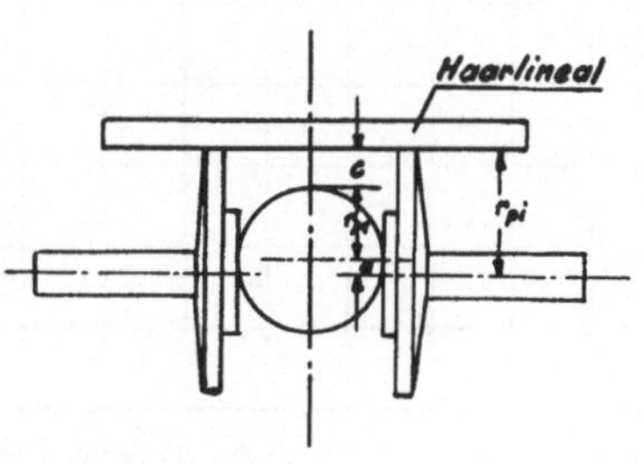

Bild 59

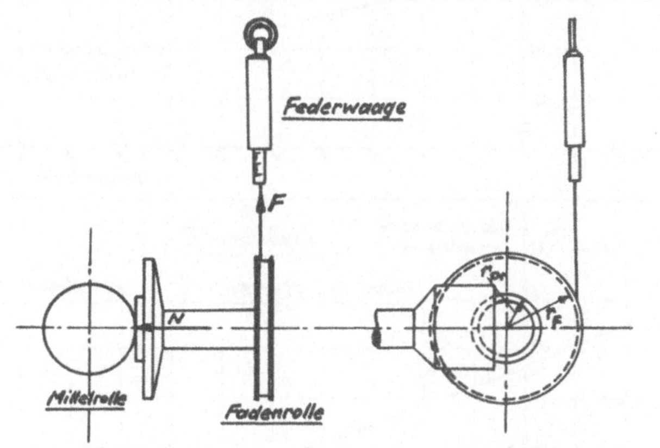

$N \cdot \mu \cdot r_{pr} = F \cdot r_F$ $\quad \mu = \frac{F}{N} \cdot \frac{r_F}{r_{pr}}$ $\quad r_F = 4{,}25$ cm, $r_{pr} = 2{,}0$ cm

Anordnung für Kontrollrutschversuch

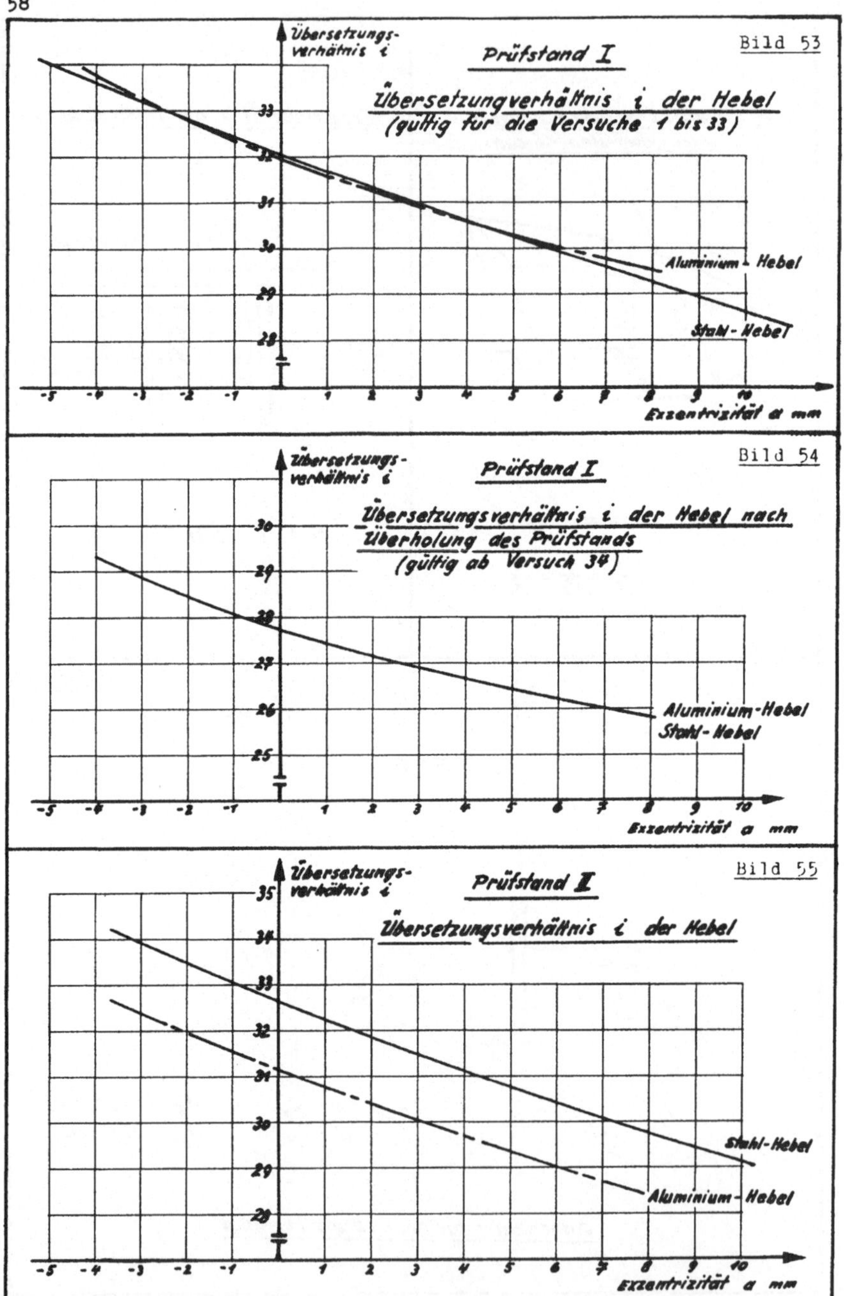

Übersetzungs-verhältnis i
Prüfstand I
Bild 53
Übersetzungverhältnis i der Hebel
(gültig für die Versuche 1 bis 33)
33
32
31
30
29
28
Aluminium - Hebel
Stahl - Hebel
-5
-4
-3
-2
-1
1
2
3
4
5
6
7
8
9
10
Exzentrizität a mm
Übersetzungs-verhältnis i
Prüfstand I
Bild 54
Übersetzungsverhältnis i der Hebel nach Überholung des Prüfstands
(gültig ab Versuch 34)
30
29
28
27
26
25
Aluminium-Hebel
Stahl-Hebel
Exzentrizität a mm
Übersetzungs-verhältnis i
Prüfstand II
Bild 55
Übersetzungsverhältnis i der Hebel
35
34
33
32
31
30
29
28
Stahl-Hebel
Aluminium - Hebel
Exzentrizität a mm

Bild 57

Abzugsmoment M_A für Prüfstand I u. II
Abzugsmoment M_A cmkg
3,8
3,6
3,4
3,2
3,0
2,8
2,6
2,4
2,2
2,0
1,8
1,6
2 4 6 8 10 12 14 16 18 20 22 24 26 28 30 32 34 36 38 40 42 44 46
Anpreßkraft N kg
Prüfstand I
Prüfstand II

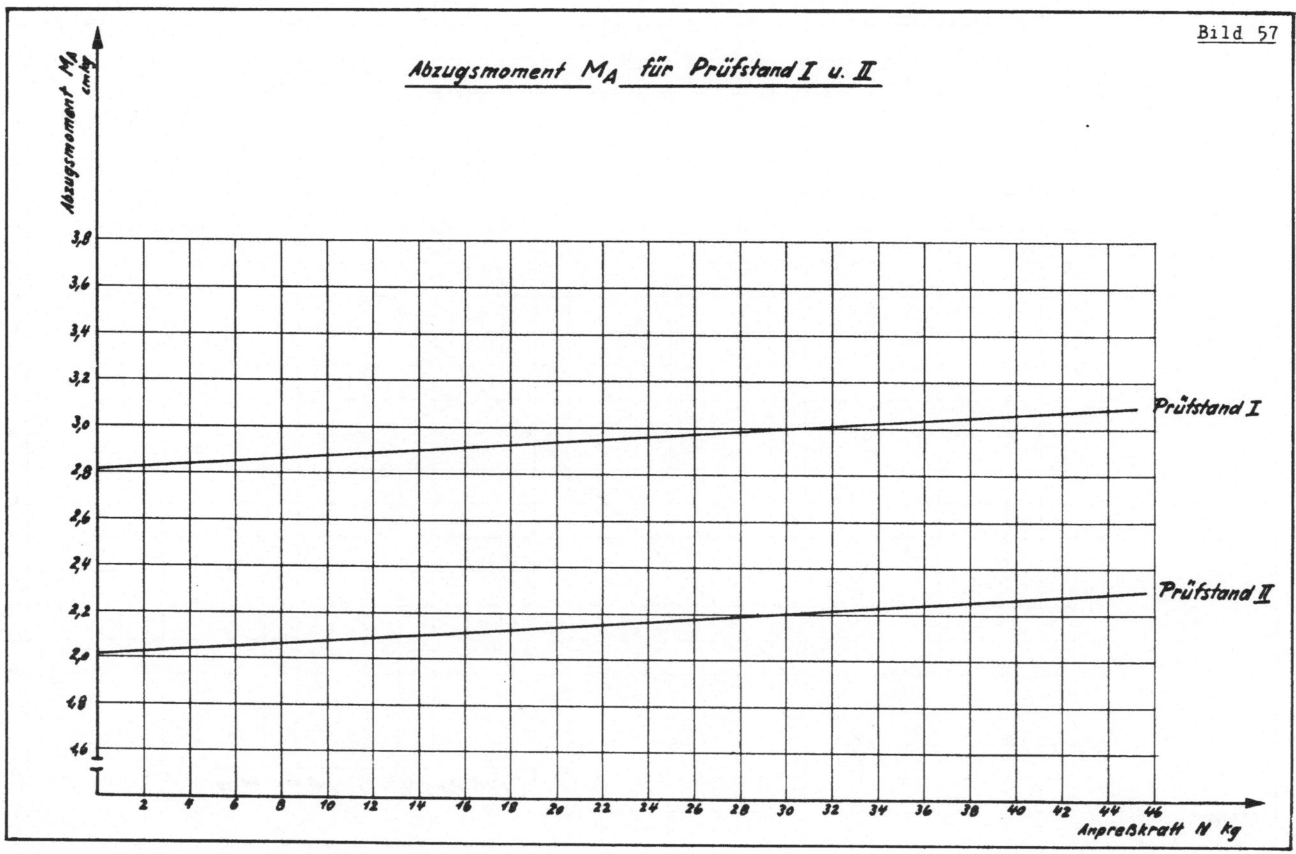

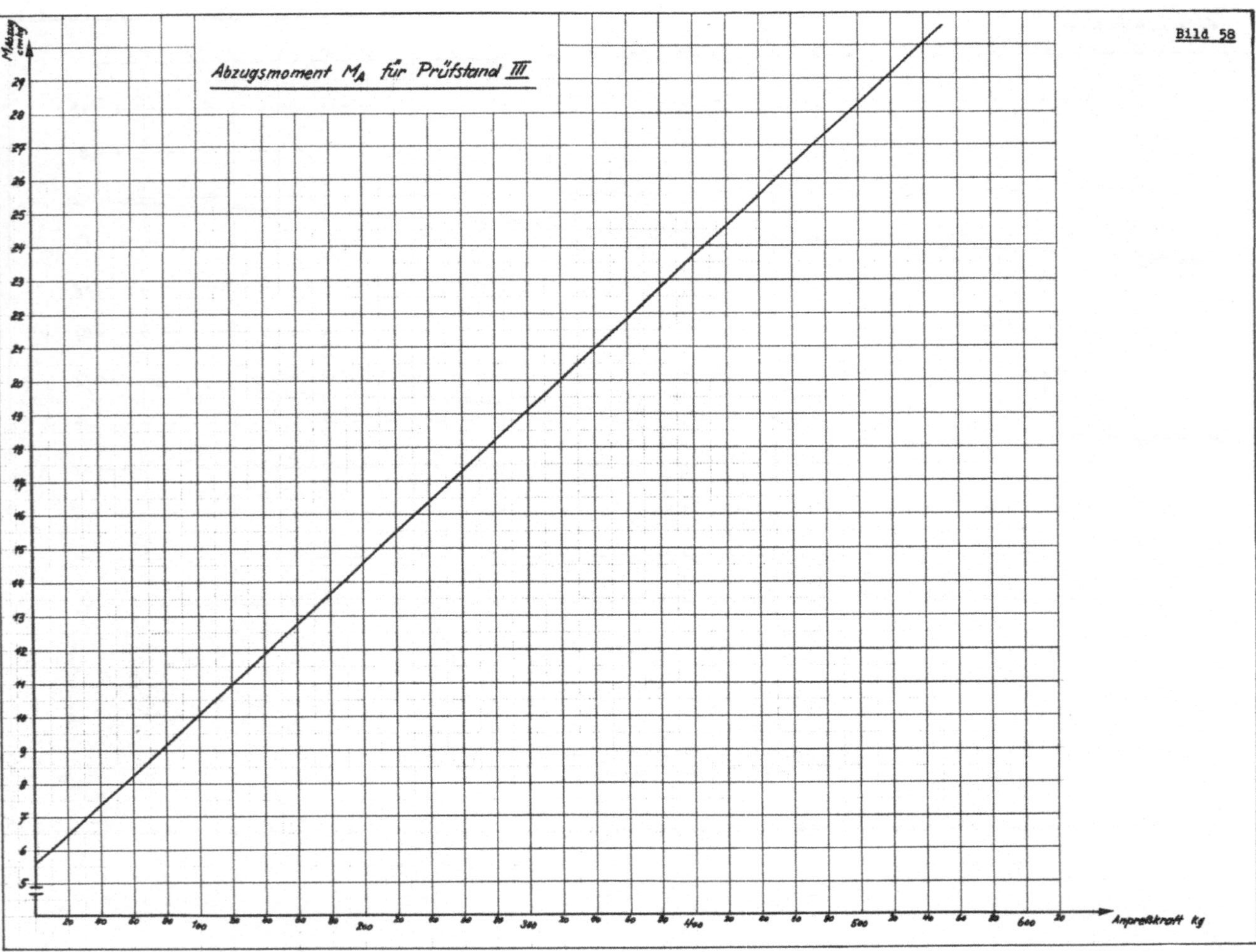
Bild 58
Abzugsmoment M_A für Prüfstand III
M Abzug cmkg
5
6
7
8
9
10
11
12
13
14
15
16
17
18
19
20
21
22
23
24
25
26
27
28
29
100
200
300
400
500
600
Anpreßkraft kg

Bild 60

Materialpaarung: geh. St / Hartgewebe Aclait

Bestimmung des E-Moduls durch Messung der Druckflächenbreite nach der Beziehung:

$$E = 1{,}16 \frac{N \cdot d}{\ell \cdot (b/2)^2} \left[\frac{Kg}{cm^2}\right]$$

d = Durchmesser der Mittelrolle = 5,88 cm
ℓ = Ringbreite = 0,5 cm
b = Druckflächenbreite

Lfd. Nr.	Belastungsgewicht	Normal-Kraft N	Druckbreite b 1. Messung	Druckbreite b 2. Messung	b_{Mittel}	$\frac{b_{Mittel}}{2}$	Elastizitätsmodul E	E_{Mittel}
	g	Kg	mm	mm	mm	mm	Kg/cm²	Kg/cm²
1	225	6,98	0,8	0,75	0,775	0,388	62900	77820
2	510	15,8	1,1	1,1	1,1	0,55	70200	
3	1010	31,4	1,4	1,45	1,43	0,715	83200	
4	1510	46,7	1,7	1,75	1,73	0,865	84200	
5	2010	62,3	1,9	2,0	1,96	0,975	88600	

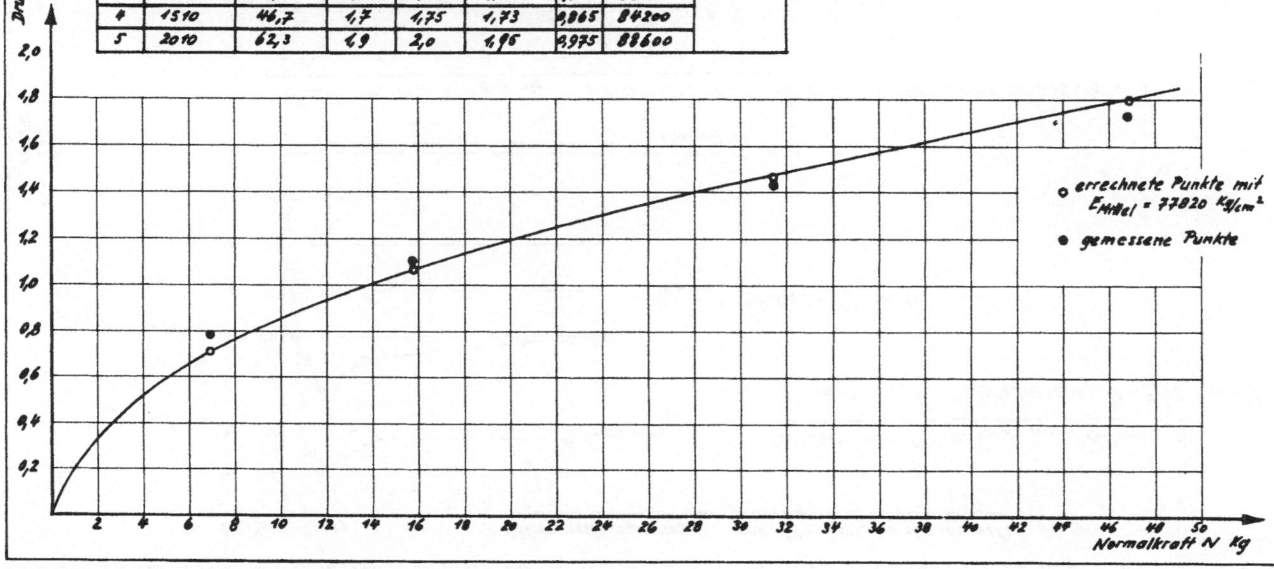

Bild 61

Materialpaarung: geh. St/Hartgewebe Aclait
Verlauf von M_G u. $t_{Mittelrolle}$ während des Versuchs 16/II (Wälzpressung k = 5,73 kg/cm²)
$M_{G Mittel}$ = 1,67 · 2,95 = 4,93 cmkg
$t_{Mittelrolle}$ °C
M_G: 2,95 cmkg
80
70
60
50
40
30
20
2,2
2,0
1,8
1,6
1,4
1,2
1,0
200
400
600
800
1000
1200
1400
Laufzeit Min
$t_{Mittelrolle}$
M_G
Verlauf von M_G u. $t_{Mittelrolle}$ während des Versuchs 8/II (Wälzpressung k = 2,38 kg/cm²)
M_G: 2,95 cmkg
110
100
90
80
70
60
1,6
1,4
1,2
1,0
0,80
0,60
1000
2000
3000
4000
5000
6000
7000
Laufzeit Min.
M_G
$t_{Mittelrolle}$
$M_{G Mittel}$ = 1,34 · 2,95 = 3,98 cmkg

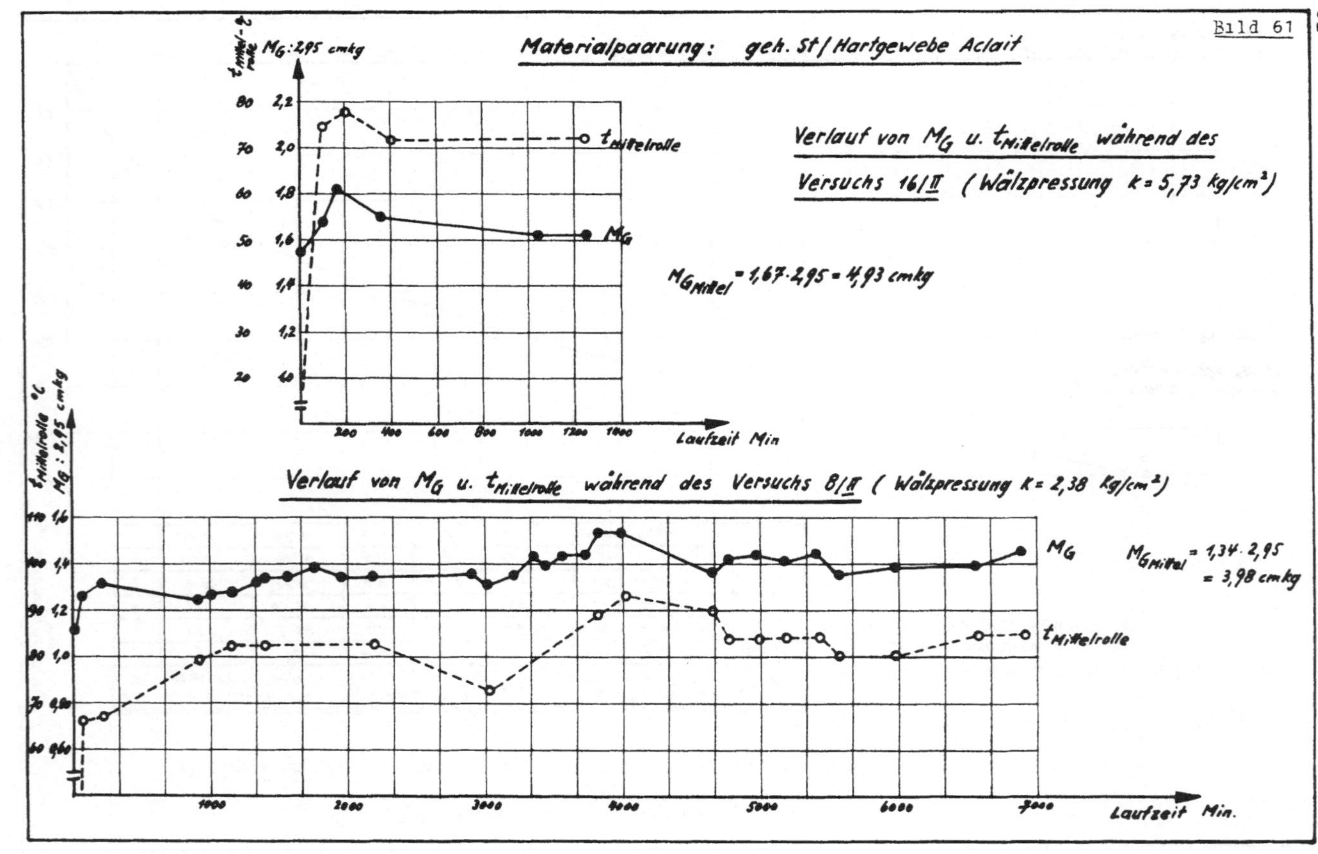

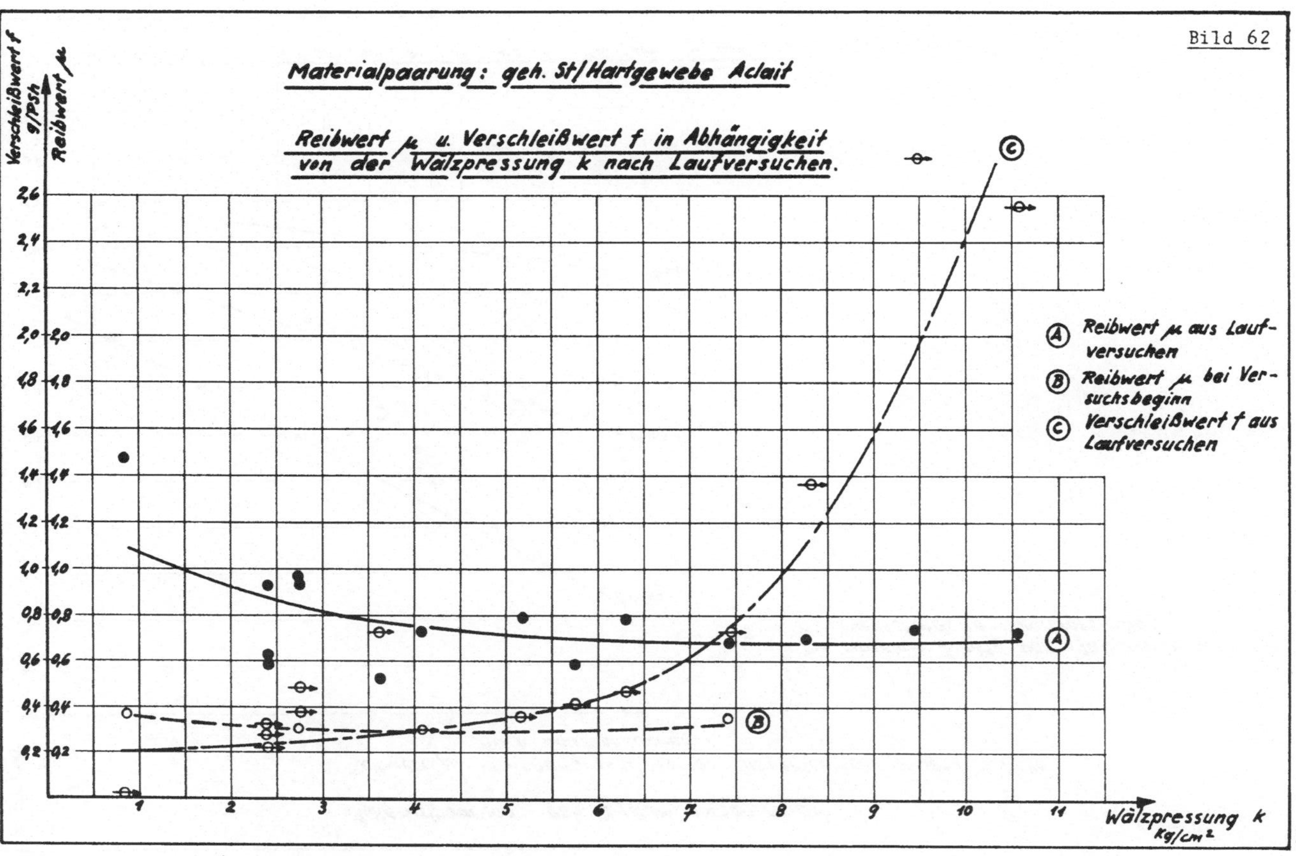
Bild 62
Materialpaarung: geh. St/Hartgewebe Aclait
Reibwert μ u. Verschleißwert f in Abhängigkeit von der Wälzpressung k nach Laufversuchen.
Verschleißwert f g/PSh
Reibwert μ
2,6
2,4
2,2
2,0
1,8
1,6
1,4
1,2
1,0
0,8
0,6
0,4
0,2
1
2
3
4
5
6
7
8
9
10
11
Wälzpressung k kg/cm²
Ⓐ Reibwert μ aus Laufversuchen
Ⓑ Reibwert μ bei Versuchsbeginn
Ⓒ Verschleißwert f aus Laufversuchen
A
B
C

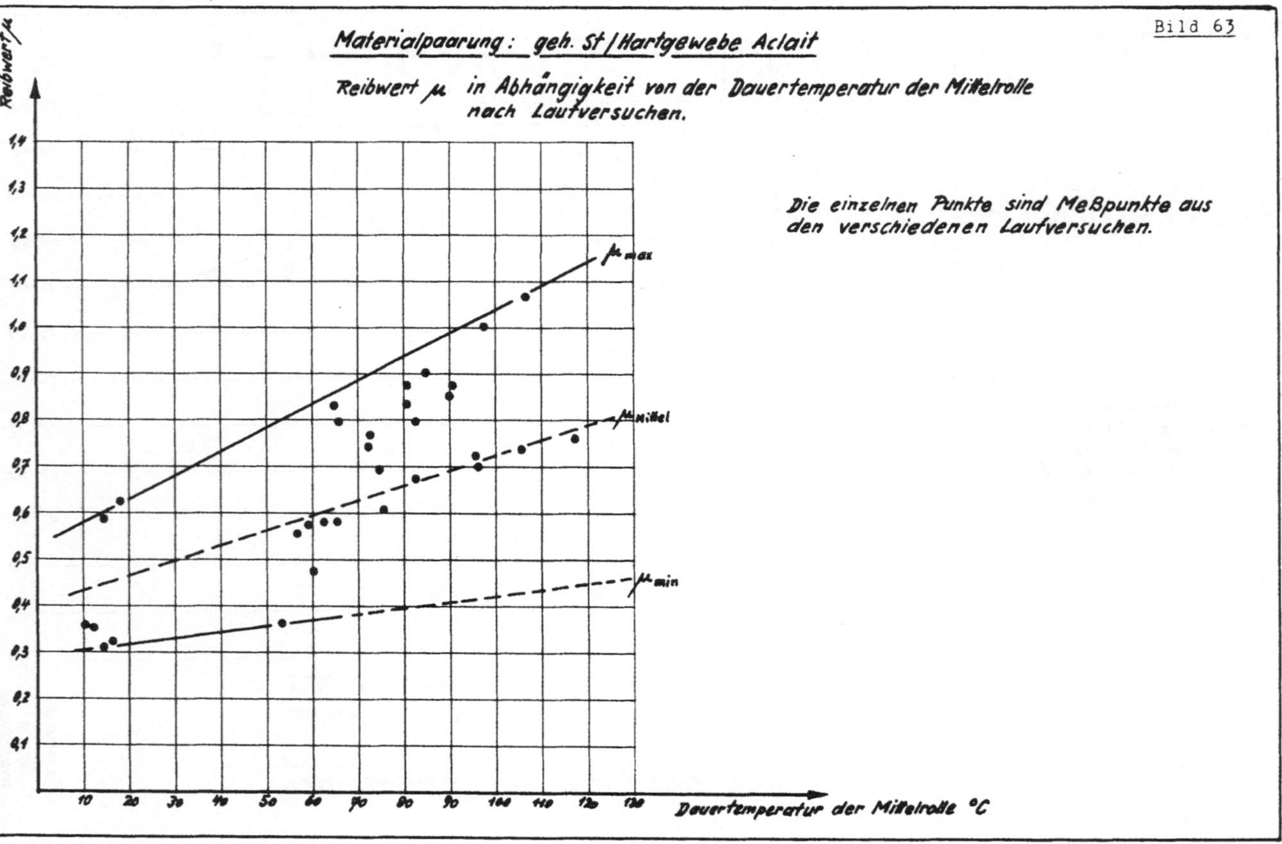
Bild 63
Materialpaarung: geh. St/Hartgewebe Aclait
Reibwert μ in Abhängigkeit von der Dauertemperatur der Mittelrolle nach Laufversuchen.
Die einzelnen Punkte sind Meßpunkte aus den verschiedenen Laufversuchen.
Reibwert μ
1,4
1,3
1,2
1,1
1,0
0,9
0,8
0,7
0,6
0,5
0,4
0,3
0,2
0,1
μ max
μ mittel
μ min
10
20
30
40
50
60
70
80
90
100
110
120
130
Dauertemperatur der Mittelrolle °C

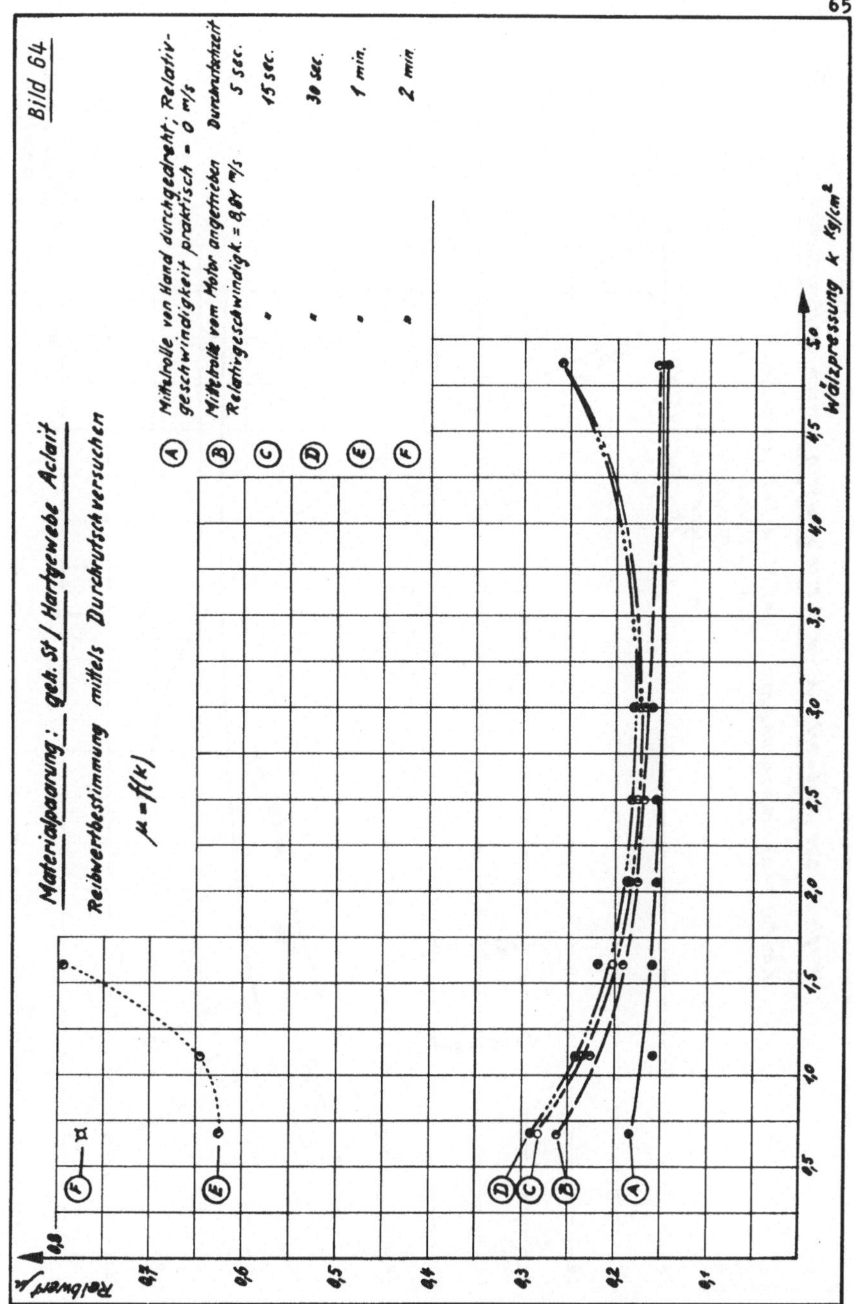
Bild 64
Materialpaarung: geh. St / Hartgewebe Aclait
Reibwertbestimmung mittels Durchrutschversuchen
μ = f(k)
A Mittelrolle von Hand durchgedreht; Relativgeschwindigkeit praktisch = 0 m/s
B Mittelrolle vom Motor angetrieben Relativgeschwindigk. = 8,81 m/s
Durchrutschzeit
5 sec.
C " 15 sec.
D " 30 sec.
E " 1 min.
F " 2 min.
Reibwert μ
0,1
0,2
0,3
0,4
0,5
0,6
0,7
0,8
0,5
1,0
1,5
2,0
2,5
3,0
3,5
4,0
4,5
5,0
Wälzpressung k Kg/cm²

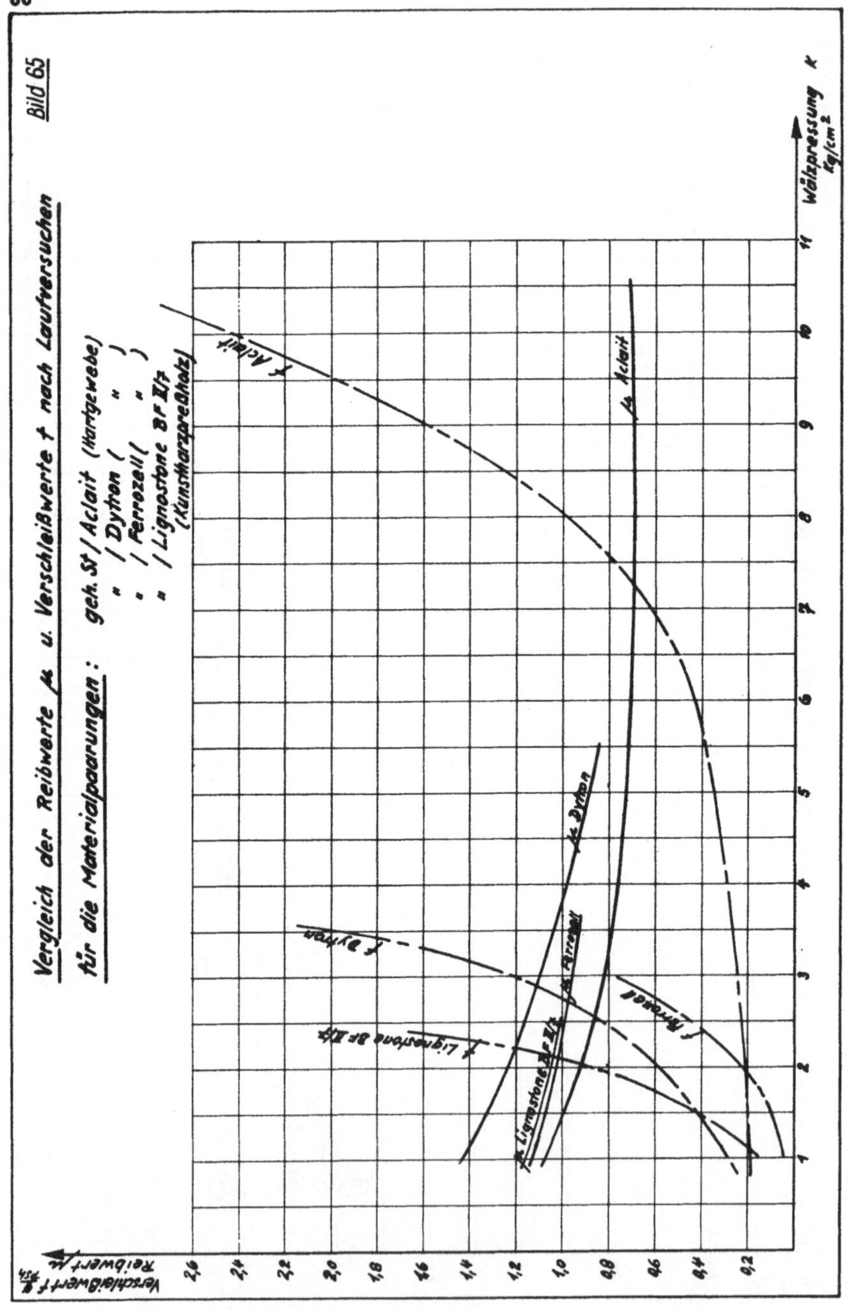
Vergleich der Reibwerte μ u. Verschleißwerte f nach Laufversuchen
Bild 65
für die Materialpaarungen: geh. St / Aclait (Hartgewebe)
" / Dytron (")
" / Ferrozell (")
" / Lignostone BF II/7
(Kunstharzpreßholz)
Verschleißwert f
Reibwert μ
2,6
2,4
2,2
2,0
1,8
1,6
1,4
1,2
1,0
0,8
0,6
0,4
0,2
1
2
3
4
5
6
7
8
9
10
11
Wälzpressung k
Kg/cm²
f Aclait
μ Aclait
f Dytron
μ Dytron
μ Ferrozell
f Ferrozell
f Lignostone BF II/7
μ Lignostone BF II/7

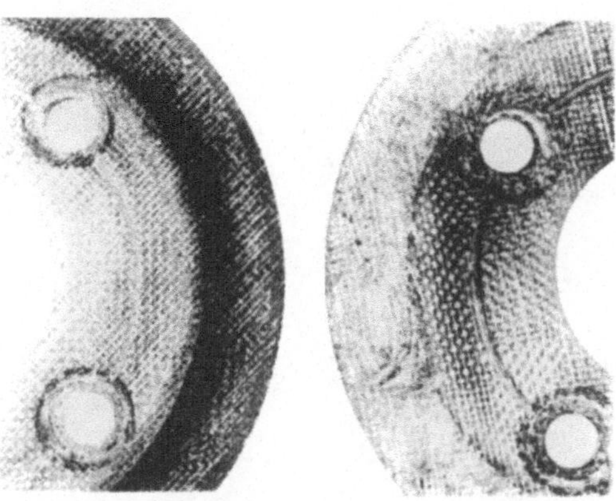

Bild 66. Prüflinge aus Hartgewebe Aclait

linker Prüfling: glatt und gleichmäßig verschlissen
rechter Prüfling: ungleichmäßig und aufgerauht verschlissen
Vergrößerung: etwa 1,7-fach

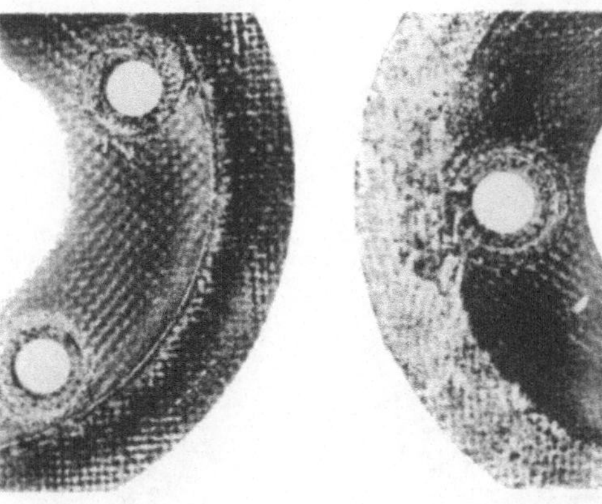

Bild 67: Prüflinge aus Hartgewebe Dytron

linker Prüfling: glatt und gleichmäßig verschlissen
rechter Prüfling: ungleichmäßig und aufgerauht verschlissen
Vergrößerung: etwa 1,7-fach

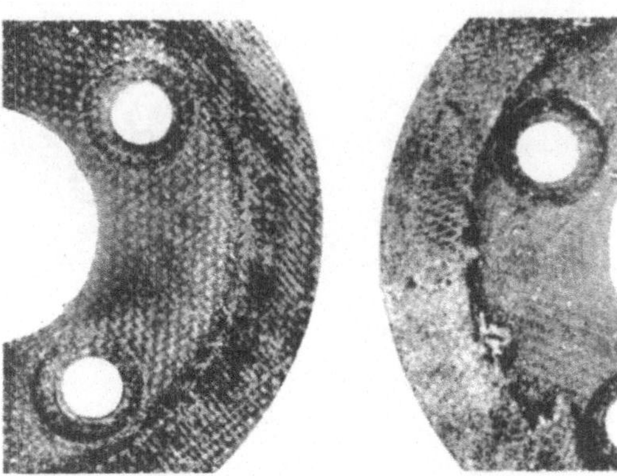

Bild 68. Prüflinge aus Hartgewebe Ferrozell

linker Prüfling: glatt und gleichmäßig verschlissen
rechter Prüfling: ungleichmäßig und aufgerauht verschlissen
Vergrößerung: etwa 1,7-fach

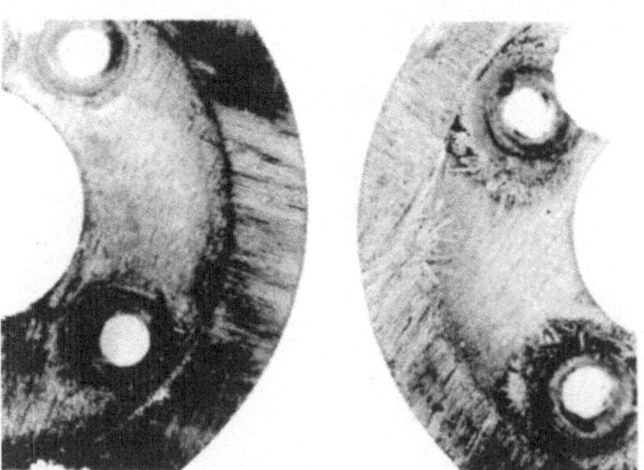

Bild 69. Prüflinge aus Lignostone BF II/7

linker Prüfling: Beginn des Ausfransens der Lauffläche
rechter Prüfling: stark ausgebrochene Lauffläche
Vergrößerung: etwa 1,6-fach

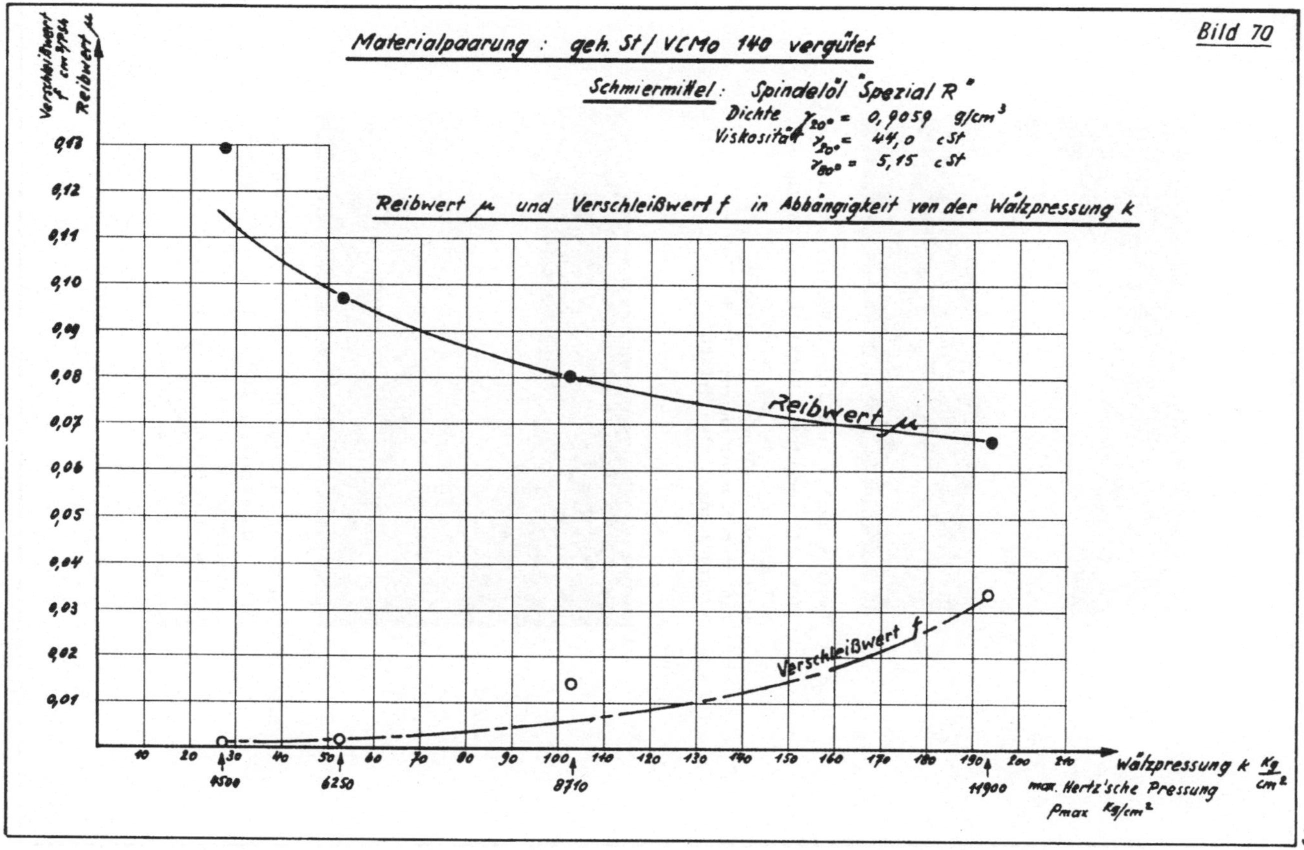

Bild 70

Materialpaarung : geh. St / VCMo 140 vergütet

Schmiermittel : Spindelöl "Spezial R"

Dichte γ_{20° = 0,9059 g/cm³

Viskosität ν_{20° = 44,0 cSt

ν_{80° = 5,15 cSt

Reibwert μ und Verschleißwert f in Abhängigkeit von der Wälzpressung k

Verschleißwert f cm³/PSh

Reibwert μ

0,13
0,12
0,11
0,10
0,09
0,08
0,07
0,06
0,05
0,04
0,03
0,02
0,01

Reibwert μ

Verschleißwert f

10 20 30 40 50 60 70 80 90 100 110 120 130 140 150 160 170 180 190 200 210

Wälzpressung k Kg/cm²

4500 6250 8710 11900

max. Hertz'sche Pressung p_{max} Kg/cm²

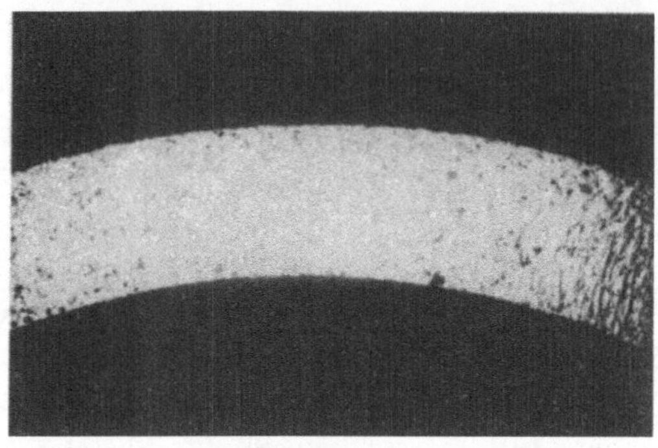

Bild 71. Lauffläche des Prüflings VCMo n 2 nach dem Lauf
(VCMo 140 vergütet, Härte: H_{v50} = 440 kg/mm²)
Wälzpressung: k = 103 kg/cm²
Hertz'sche Pressung: p = 8710 kg/cm²
Zahl der Überrollungen: 15,8 . 10^6
Vergrößerung: etwa 4-fach

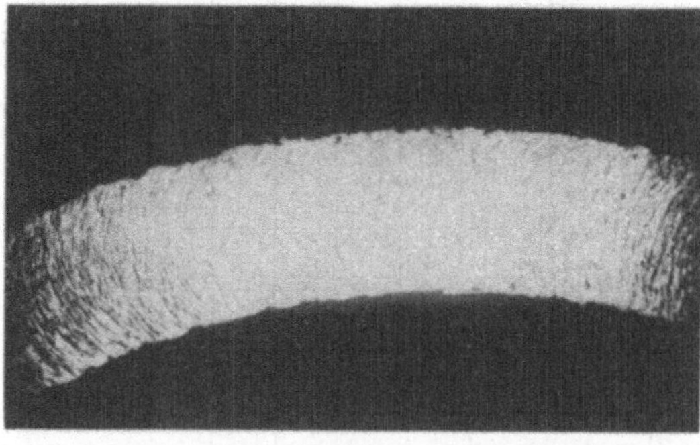

Bild 72. Lauffläche des Prüflings VCMo n 4 nach dem Lauf
(VCMo 140 vergütet, Härte: H_{v50} = 433 kg/mm²)
Wälzpressung: k = 194 kg/cm²
Hertz'sche Pressung: p = 11900 kg/cm²
Zahl der Überrollungen: 4,95 · 10^6
Vergrößerung: etwa 4-fach

Bild 73

Aufnahmen mit Tomlinson-Gerät
Prüfling: VCMo n2
Härte: H_{V50} = 440 kg/mm²
Wälzpressung: K = 103 kg/cm²
Zahl der Überrollungen: 15,8·10⁶
Prüfling: VCMo n4
Härte: H_{V50} = 433 kg/mm²
Wälzpressung: K = 194 kg/cm²
Zahl der Überrollungen: 4,95·10⁶
I
II
III
Luft
Werkstoff
Tastrichtung
Vergrößerung: senkrecht 1200 fach
waagrecht 12 fach
Tastrichtung
I
II
III
Drehrichtung

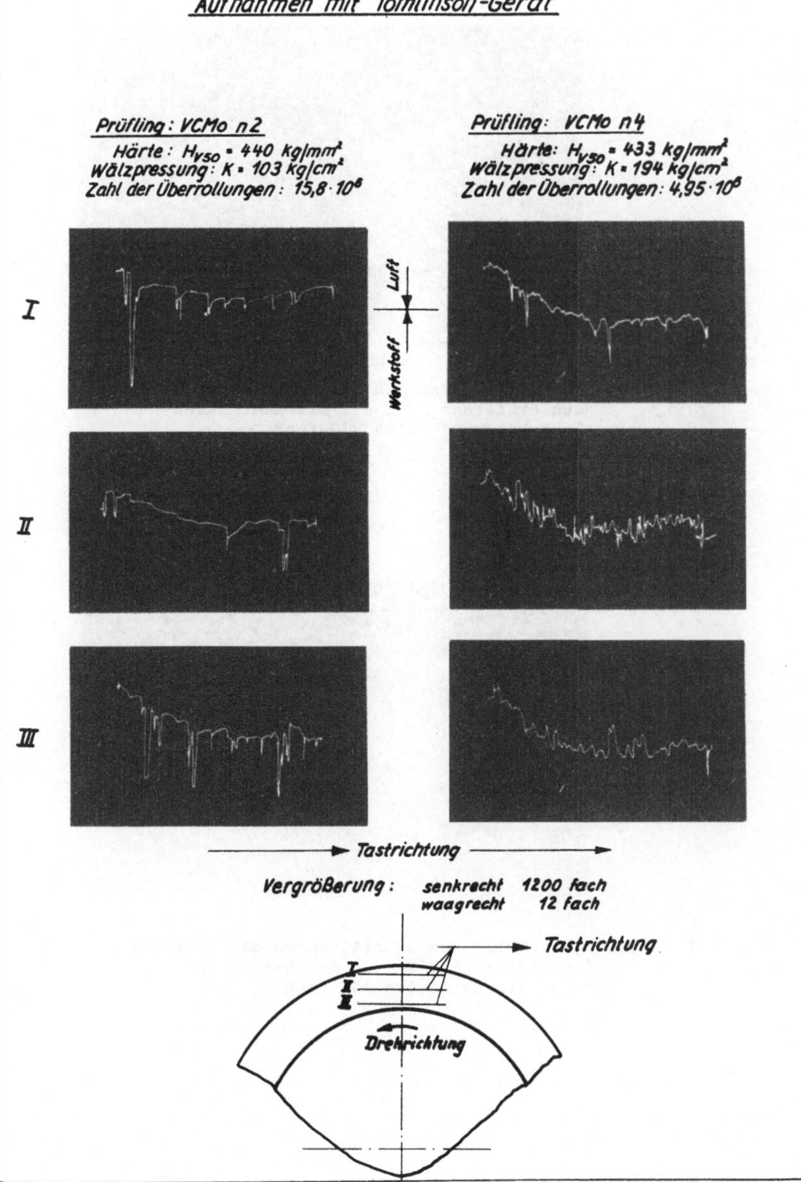

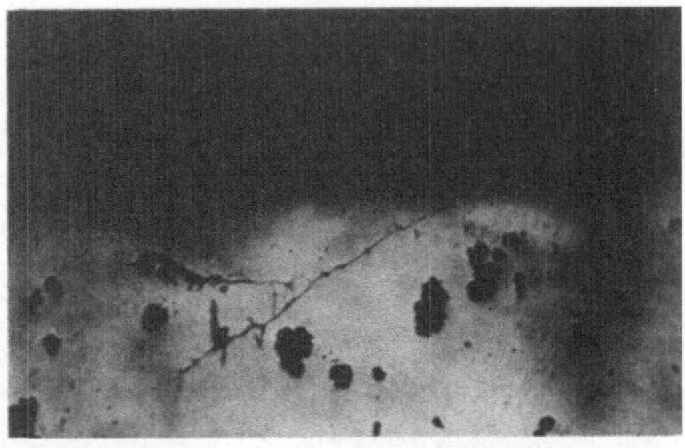

Bild 74: Schliffbild vom Schnitt durch die Lauffläche des Prüflings VCMo n 2 mit Haarrissen Vergrößerung: etwa 279-fach

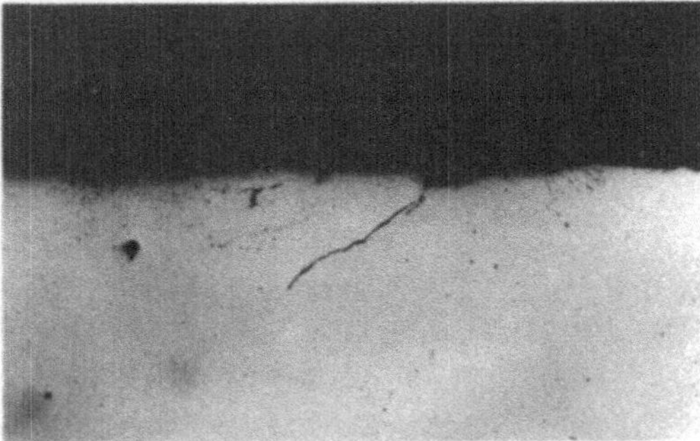

Bild 75. Schliffbild vom Schnitt durch die Lauffläche des Prüflings VCMo n 4 mit Haarrissen Vergrößerung: etwa 138-fach

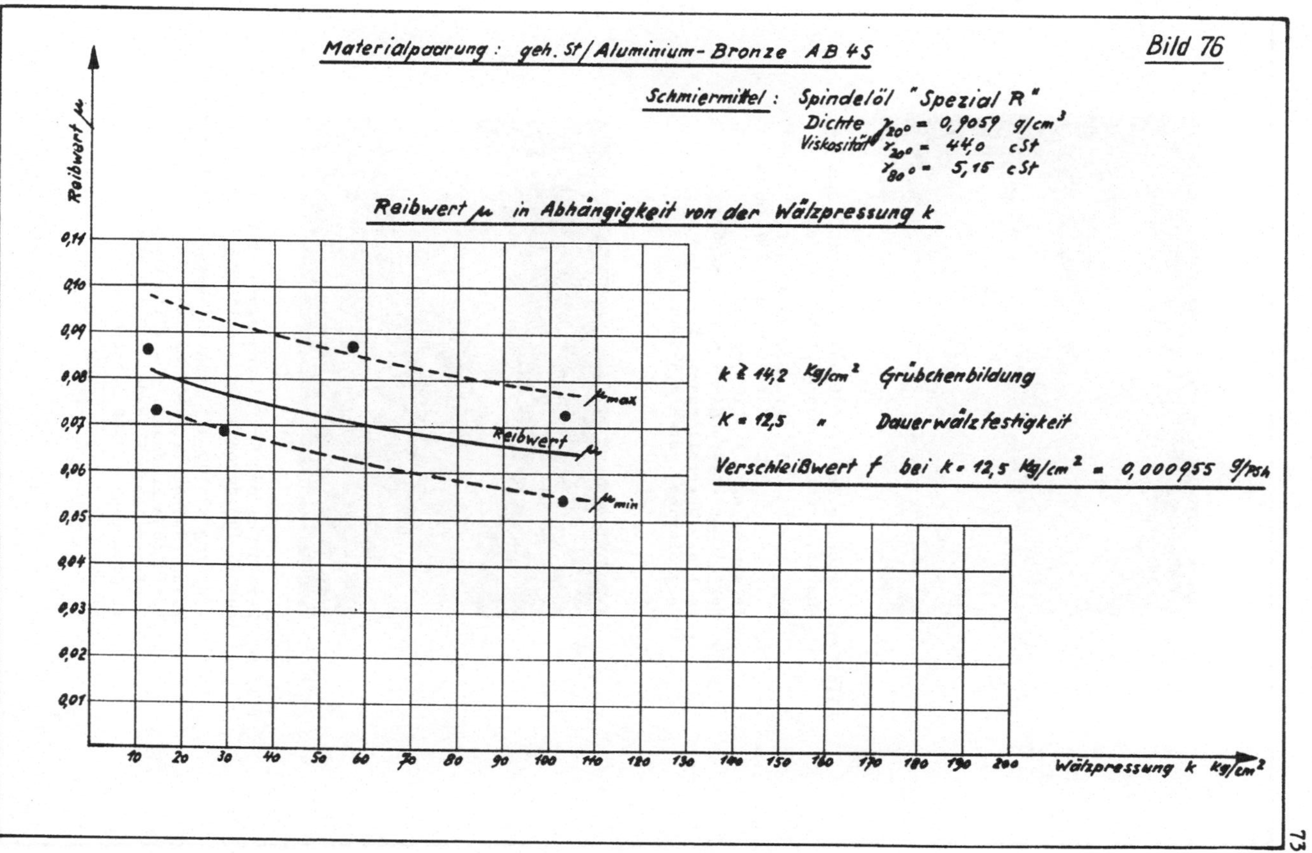

Bild 76
Materialpaarung: geh. St/Aluminium-Bronze AB 4S
Schmiermittel: Spindelöl "Spezial R"
Dichte γ20° = 0,9059 g/cm³
Viskosität ν20° = 44,0 cSt
ν80° = 5,15 cSt
Reibwert μ in Abhängigkeit von der Wälzpressung k
Reibwert μ
0,11
0,10
0,09
0,08
0,07
0,06
0,05
0,04
0,03
0,02
0,01
10 20 30 40 50 60 70 80 90 100 110 120 130 140 150 160 170 180 190 200
Wälzpressung k kg/cm²
μmax
Reibwert μ
μmin
k ≧ 14,2 kg/cm² Grübchenbildung
K = 12,5 " Dauerwälzfestigkeit
Verschleißwert f bei k = 12,5 kg/cm² = 0,000955 g/PSh

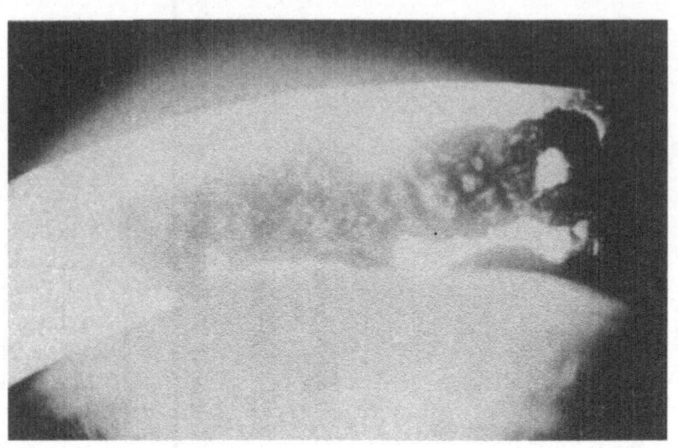

Bild 77. Zerstörung der Lauffläche eines Prüflings aus Al.-Bronze durch Grübchenbildung

Prüfling Br n 3 (Al.-Bronze AB 4 S, Härte: H_{v50} = 237 kg/mm^2)
Wälzpressung: k = 103 kg/cm^2
Hertz'sche Pressung: p = 7100 kg/cm^2
Zahl der Überrollungen: 4,3 · 10^6
Vergrößerung: etwa 4,5-fach

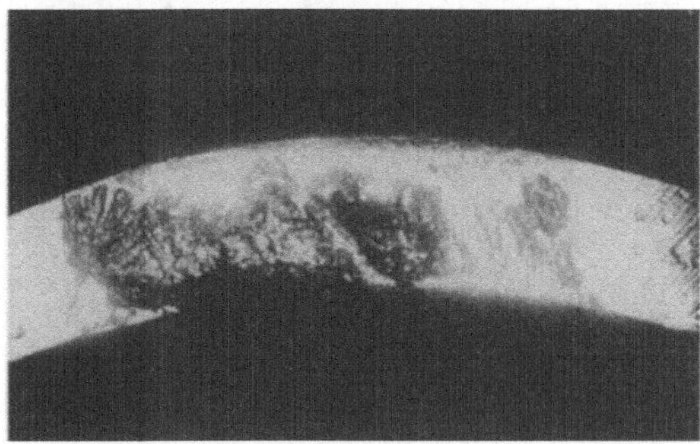

Bild 80. Zerstörung der Lauffläche eines Prüflings aus EC 100 durch Grübchenbildung

Prüfling EC 100 n 1 (Härte: H_{v50} = 746 kg/mm^2)
Wälzpressung: k = 202 kg/cm^2
Hertz'sche Pressung: p = 12310 kg/cm^2
Zahl der Überrollungen: 17,4 · 10^6
Vergrößerung: etwa 3,3-fach

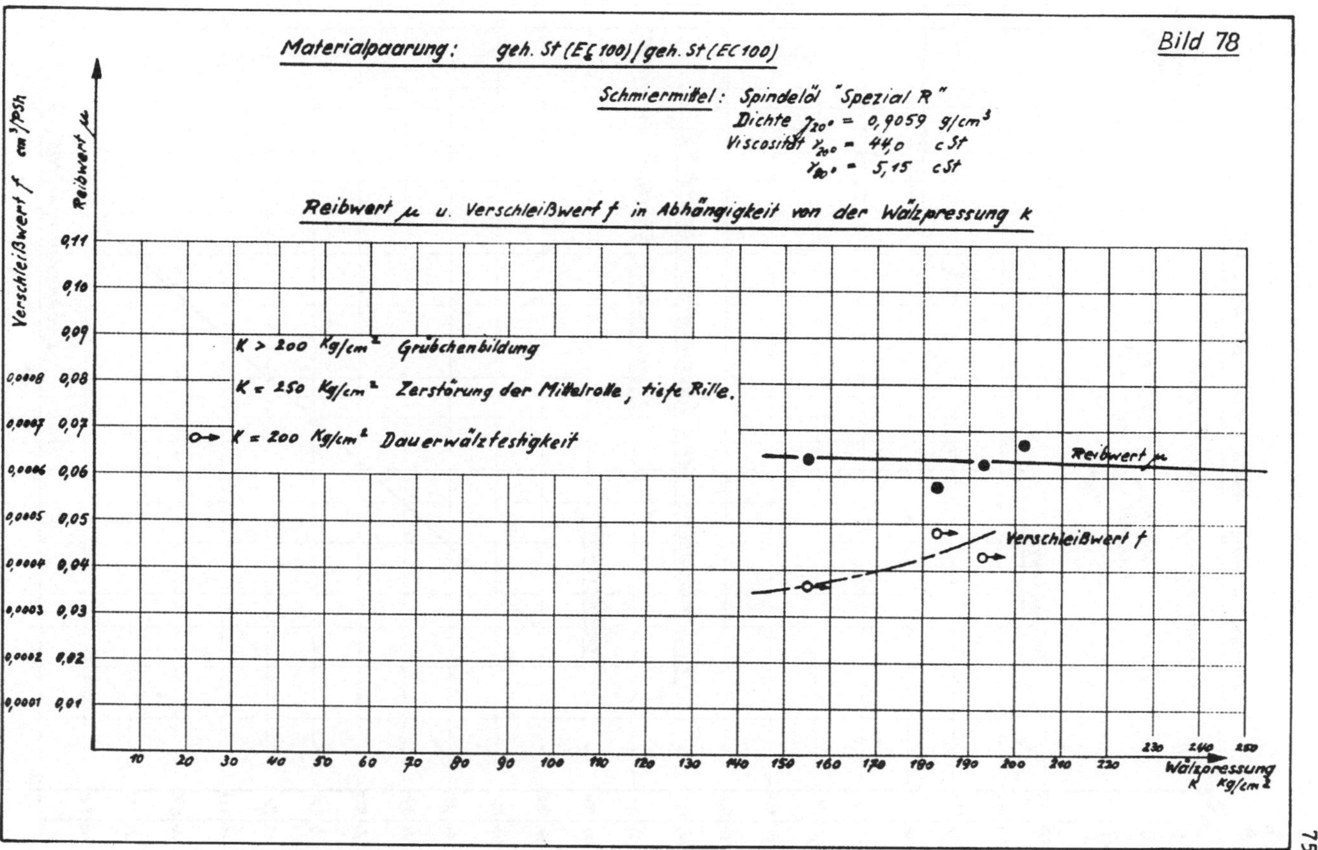
Materialpaarung: geh. St (EC 100) / geh. St (EC 100)
Bild 78
Schmiermittel: Spindelöl "Spezial R"
Dichte γ20° = 0,9059 g/cm³
Viscosität ν20° = 44,0 cSt
ν80° = 5,15 cSt
Reibwert μ u. Verschleißwert f in Abhängigkeit von der Wälzpressung k
Verschleißwert f cm³/PSh
Reibwert μ
0,11
0,10
0,09
0,0008 0,08
0,0007 0,07
0,0006 0,06
0,0005 0,05
0,0004 0,04
0,0003 0,03
0,0002 0,02
0,0001 0,01
K > 200 Kg/cm² Grübchenbildung
K = 250 Kg/cm² Zerstörung der Mittelrolle, tiefe Rille.
K = 200 Kg/cm² Dauerwälzfestigkeit
Reibwert μ
Verschleißwert f
10 20 30 40 50 60 70 80 90 100 110 120 130 140 150 160 170 180 190 200 210 220 230 240 250
Wälzpressung k Kg/cm²

Bild 79

Materialpaarung: geh. St (EC100)/ geh. St (EC 100)
Schmiermittel: Spindelöl "Spezial R"
Dichte $\gamma_{20°}$ = 0,9059 g/cm³
Viscosität $\nu_{20°}$ = 44,0 cSt
$\nu_{80°}$ = 5,15 cSt
(Zerstörung der Mittelrolle durch tiefe Rille!)
Wöhlerkurve
Materialpaarung: geh. St / Aluminium-Bronze AB 4 S
Schmiermittel: Spindelöl "Spezial R"
Wöhlerkurve
Wälzpressung k kg/cm²
$\sqrt{k}$
Lebensdauer in Millionen Überrollungen
10^6
10^7
10^8

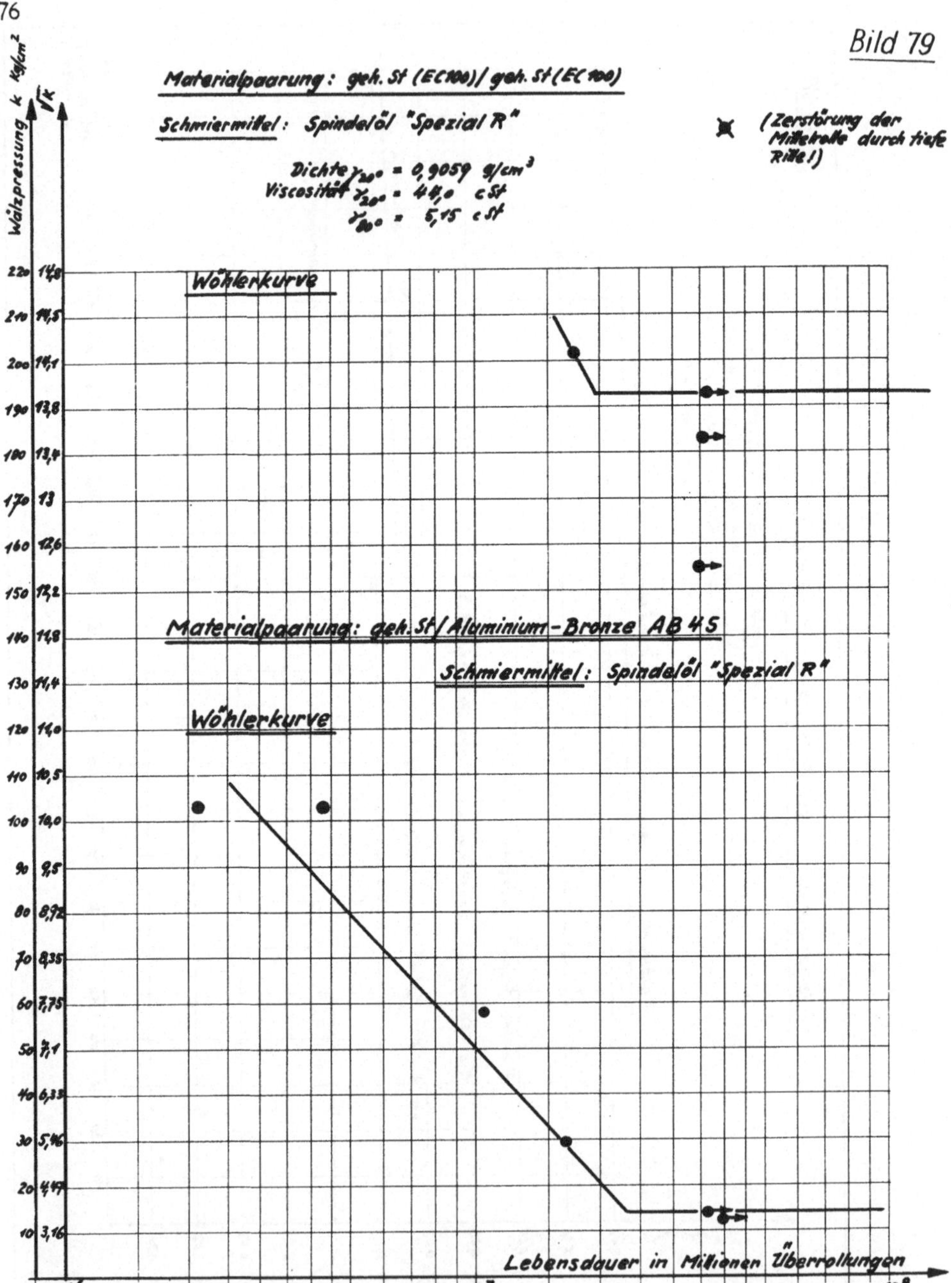